2015年
中国水稻产业发展报告

中国水稻研究所
国家水稻产业技术研发中心

中国农业科学技术出版社

图书在版编目（CIP）数据

2015 年中国水稻产业发展报告 / 中国水稻研究所，国家水稻产业技术研发中心编.
—北京：中国农业科学技术出版社，2015.10
ISBN 978 - 7 - 5116 - 2248 - 8

Ⅰ.①2⋯　Ⅱ.①中⋯　②国⋯　Ⅲ.①水稻-产业发展-研究报告-中国-2015　Ⅳ.①F326.11

中国版本图书馆 CIP 数据核字（2015）第 206117 号

责任编辑	崔改泵
责任校对	贾海霞

出 版 者	中国农业科学技术出版社
	北京市中关村南大街 12 号　邮编：100081
电　　话	（010）82109194（编辑室）　（010）82109704（发行部）
	（010）82109709（读者服务部）
传　　真	（010）82106650
网　　址	http://www.castp.cn
经 销 者	各地新华书店
印 刷 者	北京富泰印刷有限责任公司
开　　本	787 mm×1 092 mm　1/16
印　　张	13.5
字　　数	304 千字
版　　次	2015 年 10 月第 1 版　2015 年 10 月第 1 次印刷
定　　价	65.00 元

前　言

2014 年，全国水稻种植面积 45 463.8 万亩，比 2013 年略减 3.8 万亩；亩产 454.0 千克，提高 6.2 千克；总产 20 642.5 万吨，增产 281.3 万吨，单产和总产齐创历史新高。在国家最低收购价继续提高、国外低价大米大量进口以及整体物价水平上涨等因素的综合影响下，国内稻米价格整体高于 2013 年水平，但涨幅较小。据监测，2014 年 12 月，早籼稻、晚籼稻和粳稻的月平均收购价格分别为每 50 千克 132.75 元、137.54 元、153.09 元，同比分别上涨 3.6%、3.2%、4.3%。

2014 年，世界稻谷产量 7.06 亿吨，比 2013 年略减 100 万吨。中国、孟加拉国、缅甸、越南和菲律宾稻谷均有不同程度增产，但印度、印度尼西亚、斯里兰卡和泰国等国家水稻生长期间遭遇不同程度灾害，稻谷产量出现下滑。2014 年，国际大米贸易量继续增加，市场价格持续下跌，全年大米平均价格仅为每吨 385.0 美元，比 2013 年大幅下跌了 19.4%。

本年度报告基本涵盖了水稻产业发展的各个方面。上篇中的前六章分别由中国水稻研究所种质保存与评价、基因定位、分子育种、高产生理、转基因生态、种质创新研究室组织撰写，上篇中的第七章和下篇中的第十章由农业部稻米质检中心组织撰写，其余章节在中粮集团大米部、中种集团战略规划部、全国农业技术推广服务中心粮食作物处等单位的热心支持下，由中国水稻研究所稻作发展研究室完成撰写。此外，报告还引用了大量不同领域学者和专家的观点，我们在此表示衷心感谢！

囿于编者水平，疏漏及不足之处在所难免，敬请广大读者和专家批评指正。

编　者

2015 年 6 月

目　　录

上篇　2014 年中国水稻科技进展动态

下篇　2014 年中国水稻生产、质量与贸易发展动态

上篇

2014 年
中国水稻科技进展动态

第一章　水稻品种资源研究动态

2014 年，国内外科学家在栽培稻驯化研究上取得了新进展，美国亚利桑那大学研究人员带领的一个国际研究小组完成了非洲栽培稻的全基因组测序，认为非洲栽培稻起源于尼日尔河附近（Wang et al.，2014）。美中科学家从考古学与遗传学相结合的角度研究了水稻驯化进程，结果表明，水稻起源于中国南方的长江流域（Gross and Zhao，2014）。在遗传多样性研究方面，中国科学家对来自全球 979 份水稻资源进行了基因型分析，除进一步证实全球稻种资源分类中的 5 种类群外，还发现 *rayada* 在分类系统中作为独特一类群的存在（Wang et al.，2014）。

第一节　国内水稻品种资源研究进展

一、栽培稻的起源与驯化

稻属 AA 型物种包含栽培稻和与其最近缘的野生稻物种，是稻属植物中一个重要的类群。姜斌等（2014）为了探究稻属 AA 型物种叶绿体基因组的适应性进化，以 AA 型稻属物种中已经公布的 6 个叶绿体基因组为对象，利用 PAML 和 Selecton 对叶绿体基因进行适应性进化分析。研究发现，4 个基因（*matK*、*ccsA*、*psbB* 和 *rpoC2*）经历了正选择作用，并对基因的正选择位点进行了定位。

作为驯化的结果，水稻柱头外露率影响不育系的制种产量。尹成等（2014）利用岳早籼 6 号和Ⅱ-32B 构建的重组自交系（RILs）群体，对柱头双外露率和柱头单外露率进行 QTL 分析。两年共检测到 16 个控制柱头外露率的 QTLs。其中，位于第 1 染色体 RM472-RM12276 和第 9 染色体 RM278-RM107 两个区段中的 QTLs，在两种表型的两年重复数据中均有稳定的定位。Li 等（2014）利用中国香稻（ZX）和川香 29B（CX29B）构建的 RIL 群体两年共检测到 11 个控制水稻柱头外露率的 QTLs。在第 1 和第 6 染色体上检测到 2 个主效 QTL *qSe1* 和 *qSe6*，研究人员针对这 2 个 QTL 构建了以 CX29B 为遗传背景的近等基因系。与 CX29B 相比，近等基因系 CX29B（*qSe1*[ZX]）携带来自 ZX 纯和的 *qSe1*，使柱头双外露率和单外露率分别增加 18.35% 和 16.24%。上述遗传稳定的 QTLs 对于不育系分子遗传改良和研究水稻驯化具有重要意义。

为了说明江苏省杂草稻红色果皮基因的变异类型及探讨其来源，李潇艳等（2014）测定了来自江苏省 10 个市的杂草稻样品的 *Rc* 基因序列（全长 6.4kb），并整理现有文献中全球 166 份稻属的 *Rc* 基因序列。通过序列共线性分析和核苷酸多态性、单倍型分析发现，江苏杂草稻 *Rc* 基因等位基因类型全部为 *Rc* 野生型，有 10 份江苏杂草稻 *Rc* 基因的核苷酸多态性（$\pi = 0.19$）和分离位点比率（$\theta_w = 0.28$）均高于 56 份美国杂草稻（$\pi = 0.09$；$\theta_w = 0.07$）。另外，研究人员还对单倍型的进化网络和系统进化树分析发现，江苏杂草稻 Rc 基因并非直接来源于普通白色栽培稻回复突变。

二、遗传多样性与资源筛选

遗传多样性是水稻遗传改良的重要基础。为了探明全球亚洲栽培稻及中国栽培稻的遗传结构及其分类，Wang 等（2014）利用 84 对 SSR 标记，对来自全球的 979 份水稻品种进行了基因型分析。结果表明，除进一步证实全球稻种资源分类中 *indica*、*aus*、*aromatic*、*temperate japonica*、*tropical japonica* 5 种类群外，还发现 *rayada* 在分类系统中作为独特一类群存在，应该被列为新的（即第六种）类群。另外，该研究发现中国栽培稻稻种资源三大主要类群中均含有季节生态型（早、中、晚），土壤生态型（水、陆）以及黏糯生态型分布，这一结论有悖于前人提出的 *indica* 亚种中以偏早、中偏晚类型的季节生态型为主，*japonica* 亚种中以水、陆类型的土壤水分生态型为主。可能是由于通过多次的人工选择，稻种资源逐渐形成适应于当地环境的分化特征。

骨干亲本是水稻育种的重要基础，对骨干亲本的演变及多样性分析有利于骨干亲本的利用和新品种选育。赵一洲等（2014）对辽宁省 1981—2010 年审定的 221 个水稻品种进行系谱分析，结果表明，福锦、黎明和丰锦等共 16 个品种是辽宁省水稻品种选育过程中的骨干亲本。但随着育种时间的推移，骨干亲本不断更替，亲本利用更加向少数骨干亲本集中。在此基础上利用系谱分析、亲缘系数分析等方法分析了骨干亲本间的亲缘关系，结果表明，骨干亲本有直接或间接的系谱关系，骨干亲本间的亲缘系数平均为 0.159，显示出骨干亲本间较近的亲缘关系和较小的表型差异。

杨贤莉等（2014）以沈农 265、沈农 606、沈农 9741、千重浪 1 号、沈农 9903、沈农 9816 等 6 个高产品种及其衍生的 570 份品系为材料，通过对 $DEP1$、$GS5$、$qSW5$、$Gn1a$、$qGW8$、$GS3$ 和 $GW2$ 等 7 个功能基因位点的检测来分析这些已经克隆的控制产量性状的基因在辽宁水稻育种中的应用情况。结果表明，除了 $GW2$ 外，其他 6 个功能基因位点均检测到等位基因的变异。576 份材料中，$DEP1$、$qSW5$ 和 $qGW8$ 在沈农系列粳稻品种中被广泛利用。检测到 467 份材料含有 $DEP1$ 基因，占总数的 81.9%；550 份材料含有 $qSW5$ 基因，占 96.5%；351 份材料含有 $qGW8$，占 61.6%；而 $GS5$、$Gn1a$ 以及 $GS3$ 在育种中利用较少。张涛等（2014）利用 44 个根据文献共同报道的 QTL 位点或者已经被精细定位或已克隆的与水稻产量性状基因紧密连锁的功能基因标记，以及 29 个覆盖水稻 12 条染色体的在三系杂交水稻亲本间多态性高、带型清晰、重复性好的 SSR 标记分析 76 个三系杂交水稻亲本的遗传多样性。结果表明，44 个功能基因标记中有 37 个标记具有多态性，多态性位点百分率（P）84.09%，共检测到 86 个等位基因位点，平均每个位点 2.32 个，变化范围 2～4 个；其中，有效等位基因（Ne）62.95 个，占 73.2%，Nei's 遗传多样性指数（He）变幅为 0.049～0.831，平均值为 0.585。76 份材料间的遗传相似系数（GS）变幅为 0.323～0.973，平均值为 0.650。聚类分析表明，在遗传相似系数 0.618 处分为保持系和恢复系两类。保持系和恢复系间的遗传分化系数（Fst）为 0.151，属高度遗传分化，Nei 遗传距离（GD）为 0.185，类群内遗传距离相对较小，类群间遗传距离相对较大。从结果来看，三系杂交稻亲本在 44 个产量功能基因位点的亲缘关系较近，遗传基础狭窄，同源性较高。但保持系群和恢复系群间在这些功能基因位点的遗传差异较大，遗传分化程度较高，杂交水稻骨干亲本在产量性状上仍具有较高的杂种优势利用空间。

水稻拥有非常丰富的种质资源，是进行关联分析的理想材料，但利用关联分析方法进行中国水稻稻种资源对纹枯病抗性基因定位的研究目前未见报道。孙晓棠等（2014）采用苗期微室接种鉴定法，用 144 个分布于水稻全基因组的多态性标记，利用 TASSEL 软件 GLM（Q）、MLM（Q＋K）和 MLM（PCA＋K）3 种模型对 456 份水稻材料组成的自然群体进行纹枯病抗性关联分析。结果发现，有 13 个标记位点至少在 2 种模型中均被检测到与纹枯病抗性显著关联，单个位点可解释表型变异的 1.84%～8.42%；其中 10 个标记位点位于以往报道的连锁定位的抗纹枯病 QTL 附近，3 个标记位点（RM1036、RM5371 和 RM7585）是未曾报道的新的抗病相关位点。

水稻种子活力和直播密切相关。以往报道过的种子活力相关 QTL 位点的鉴定主要来源于双亲分离群体，而没有在自然群体中有报道。Dang 等（2014）利用筛选的 540 份水稻品种（419 份来自中国，121 份来自越南）进行种子活力关联分析。利用 262 个 SSR 标记进行群体结构评价。分别在 2011 年和 2012 年利用根长、茎长、茎干重指标对种子活力进行测定。对研究群体的大量表型和遗传多样性进行了鉴定。将该群体分为 7 个亚群，连锁不平衡遗传距离为 10～80cM。共鉴定出 27 个标记和性状关联，其中包括：18 个标记与 3 个性状关联。根据所检测到的 QTL 位点等位基因的表型效应，开发优异等位基因。研究结果表明，关联分析能补助和加强之前报道的分子标记辅助选择和育种设计的 QTL 信息。

王宝祥等（2014）通过分析水稻黑条矮缩病田间鉴定所需灰飞虱的有效接种密度、带毒率及播期等，提出水稻黑条矮缩病田间鉴定有效接种的灰飞虱密度在 800 万头/hm² 左右较为合理，而带毒率应不低于 5%。并进一步对现有黑条矮缩病人工接种鉴定的循回期、接种虫量、接种时间及虫龄等进行了优化。利用上述鉴定体系，2010 年对来源于 20 个国家的共 1 240 份水稻种质进行黑条矮缩病田间鉴定，初步获得发病率低于 10% 的品种 34 个；2011—2012 连续两年对这 34 个品种进行多年多点重复抗性鉴定，发现来自东南亚地区的 3 个品种 Kanyakumari 29、Madurai 25 和 Vietnam 160 连续 3 年发病率均低于 10%，表现出较高的黑条矮缩病抗性。该研究建立的田间鉴定与室内鉴定相结合的黑条矮缩病鉴定体系准确、可靠，可用于黑条矮缩病的大规模鉴定，该体系的建立及高抗黑条矮缩病水稻资源的发掘为水稻抗黑条矮缩病基因的鉴定及育种利用提供了重要的方法和材料基础。

覃宝祥等（2014）利用华南籼稻区优势菌株（Ⅳ型），对 1 498 份广西壮族自治区

（以下简称广西）的普通野生稻进行抗性初筛鉴定；并根据初筛获得的部分抗性稳定材料进行多菌系重复鉴定；对广西普通野生稻的居群抗病性与遗传多样性进行相关分析。经抗性初筛，获得 70 份对白叶枯病抗性稳定的材料；利用 7 个广西优势菌株（广西Ⅰ～Ⅶ型菌株）对其中 60 份材料进行广谱抗性筛选鉴定，结果发现，在 60 份材料中，两份材料（RB11 和 RB19）对 7 个供试菌株均表现为抗水平；3 份材料（RB5、RB7 和 RB31）分别对Ⅶ、Ⅴ、Ⅴ型菌株表现高抗。该研究鉴定获得一批广谱抗源和高抗野生稻材料，可作为今后水稻白叶枯病抗性育种的重要抗源亲本。

近年来，重金属对稻米的污染已引起人们的极大关注，成为研究热点。黄晓群等（2014）采用土培盆栽方法设置了 0、0.5、1.0、2.0、5.0 毫克/千克 5 个镉处理浓度，研究了 12 份水稻品种在分蘖盛期对镉的吸收特征差异，结果表明，植株体内镉含量，是最佳的可直接用于鉴定筛选低镉吸收品种的指标，由间接和直接鉴定指标判定龙粳 16、龙粳 14、龙粳 12 及龙粳 21 为低镉吸收品种。陈新红等（2014）以生长于盆钵中的两系杂交稻和三系杂交稻共 6 个组合为试验材料，设置土壤铅（Pb）浓度为 500 毫克/千克和不加铅（Pb）土壤（对照）两个处理，测定水稻植株不同器官 Pb 的浓度和累积量，结果表明，不同基因型水稻植株对 Pb 的吸收与积累存在差异，以 103 S/郑粳 2 号和两优培九累积量最多，K 优 818 累积量最少；水稻植株不同器官 Pb 的浓度和累积量的大小顺序为根＞茎鞘＞叶片。籽粒不同部位 Pb 的浓度大小顺序为糠层＞颖壳＞精米，精米中 Pb 累积量仅为谷粒的 25％左右，精米中 Pb 的浓度以 103 S/郑粳 2 号最高，K 优 818 最低；在抽穗期和成熟期，同一器官 Pb 浓度与累积量呈显著或极显著正相关，但不同器官之间相关不显著。

土壤有效磷缺乏是限制很多地区水稻产量的主要因子之一，筛选和选育植物磷高效利用品种是目前解决土壤缺磷问题最为可行的办法。李华惠等（2014）对前人用不同方法筛选出的 28 份耐低磷种质资源在同一条件下进行苗期耐低磷能力研究，结果表明，35×10 毫克/千克磷水平下可有效鉴定苗期各水稻基因型的耐低磷能力，以苗期相对根干重作为水稻耐低磷能力的鉴定指标即可。以相对根干重为筛选指标获得苗期耐低磷种质共 14 份，这些品种可作为磷高效遗传研究或育种利用的重要种质资源。

三、有利基因鉴定与利用

条纹病毒（RSV）引起的病毒病是水稻最严重的病毒病之一，但令人遗憾的是，现有研究对其分子机制的了解还不多。Wang 等（2014）报道了水稻 STV11 抗性等位基因 STV11－R，编码一个磺基转运酶 OsSOT1，该酶催化水杨酸（SA）转化为磺化水杨酸，而感病等位基因 STV11－S 失去这种活性。序列分析发现，STV11－R 和 STV11－S 等位基因在不同地理分布的普通野生稻（Oryza rufipogon）群体中已经分化，并且分别在栽培稻籼稻和粳稻品种中固定下来。将 STV11－R 等位基因导入感病品种或者异源转移 STV11－R 到烟草中都能介导他们对 RSV 产生抗性。该研究不仅对植物—病毒防疫机制的揭示提供了新的观点，同时也为基于分子标记辅助育种或遗传改良的作物 RSV 抗性品种的开发提供新的策略。

灰飞虱及其传播的病毒病严重威胁着水稻生产。刘裕强等（2014）利用抗灰飞虱水稻品种 N22 和高感品种 USSR5 构建了一套包含 182 个家系的重组自交系群体进行灰飞虱抗性 QTLs 检测。分别在第 2、第 3 和第 7 染色体检测到 3 个灰飞虱耐性 QTLs，$qSBPH2$、$qSBPH3$ 和 $qSBPH7.1$；在第 7 和 11 染色体检测到 2 个抗生性 QTLs，$qSBPH7.2$ 和 $qSBPH11.2$。此外，还在第 5、第 10 和第 7 染色体检测到两个排趋性 QTLs，$qSBPH5$ 和 $qSBPH7.3$。通过 3 种不同的表型鉴定方法均在第 7 染色体长臂标记 RM234 和 RM429 之间检测到灰飞虱抗性 QTL 的存在，表明该区间存在一个稳定的抗灰飞虱 QTL。上述抗性 QTL 连锁分子标记的鉴定，为分子标记辅助选择培育抗灰飞虱水稻新品种奠定了基础。

白背飞虱是水稻重要的虫害之一。Yang 等（2014）通过抗虫品种春江 06（CJ06）和感虫品种台中本地 1 号（TN1）构建成的一个加倍单倍体群体，调查其各株系水渍损伤及卵死亡率。通过已构建好的遗传连锁图谱，检测到 19 个分布在 8 个染色体上，关于水渍损伤及卵死亡率的 QTL。其中，$qWL6$ 是一个控制水渍损伤的主效 QTL。基于染色体片段代换系和剩余杂合体群体，构建了一个高分辨率的连锁图谱，最终将 $qWL6$ 定位于 6 号染色体上的 122 - kb 区域，其中包含 20 个候选基因，结合芯片数据预测了 4 个重要的候选基因。

郭嗣斌等（2014）采用标准苗期集团法对一套小粒野生稻的基因渗入系进行褐飞虱抗虫鉴定，应用 Windows QTL Cartographer 2.5 软件的复合区间作图法分析小粒野生稻含有的褐飞虱抗性 QTL。共鉴定获得 3 个褐飞虱抗性 QTL，来自小粒野生稻的等位基因均能显著降低幼苗死亡率，联合贡献率为 58.8%；$qBph3$ 位于第 3 染色体 RM570～RM85 区间，$qBph4$ 位于第 4 染色体 RM335～RM518 区间，$qBph12$ 位于第 12 染色体 RM309～RM17 区间，以 $qBph4$ 的效应值最大，效果最稳定。与 IR24 相比，携带纯合等位基因 $qBph4$ 的 9 个基因渗入系的幼苗平均死亡率极显著下降 37.7%。

张晓晶等（2014）以元江普通野生稻与特青配制的野生稻染色体片段代换系为材料，在幼苗生长阶段，利用室内、室外株高、干重抑制率的表型数据检测与耐铝相关的 QTL，分别检测到第 11、第 18、第 14 和 5 个与耐铝相关的 QTL，室内、室外株高抑制率的表型数据检测结果表明，位于第 8 染色体 RM38 附近和第 12 染色体 RM277 附近贡献率较大，分别为 12% 和 11%。室内、室外干重抑制率的表型数据检测到的最大 QTL 的贡献率分别只有 9% 和 8%。重复检测到的 QTL 分布于第 7、第 8、第 9、第 11 和第 12 染色体上。第 8 染色体上有 2 个 QTL，其中 RM310 附近的 QTL 被 3 次重复检测到，其余的被检测到 2 次，分析这些 QTL 是稳定的 QTL。

Wang 等（2014）在白叶枯病抗性基因 $Xa23$ 初定位的基础上进行了精细定位，并对推定的候选基因 $Xa23$ 进行了计算机模拟分析。基于携带 $Xa23$ 水稻株系 CBB23 与感性品种 JG30 或 IR24 杂交所构建的 F_2 作图群体，开发了 6 个新的 STS 标记 Lj36、Lj46、

Lj138、Lj74、A83B4 和 Lj13。连锁分析表明，新标记与 $Xa23$ 位点共分离或紧密连锁。结果表明，$Xa23$ 基因被定位于第 11 条染色体长臂上标记 Lj138 和 A83B4 之间 0.4cM 的区域内，并鉴定该基因在该区域与标记 Lj74 共分离。在日本晴基因组中，与 Lj138 和 A83B4 之间区域相对应的物理距离为 49.8kb。6 个 $Xa23$ 候选基因被注释，包括 4 个编码假定蛋白的基因和其他 2 个编码推定 ADP-核糖基化因子蛋白以及 1 个推定 PPR 蛋白。

Zhang 等（2014）通过耐冷粳稻品种"丽江新团黑谷"和不耐冷籼稻品种"三黄占2 号"进行杂交，构建重组自交系（RIL）。不耐冷品种苗期在冷水灌溉后叶片变黄，而生长在低温人工气候箱中叶片卷曲。在冷水灌溉后，利用叶片变黄和秧苗存活率作为耐冷性指标，在第 1、第 6、第 9 和第 12 染色体上共检测到 4 个 QTL 位点，而在低温人工气候箱培养过程中，利用叶片卷曲和秧苗存活率作为抗寒指标，在第 7、第 8、第 9、第 11 和 12 染色体上共检测到 5 个 QTL 位点。其中 2 个 QTL 位点，$qCTS-9$ 和 $qCTS-$ 12，在 2 个冷环境下利用不同的评价指标都检测到了。研究结果表明，水稻苗期耐冷机制在两种环境下并不相同，但是有共同的 QTL 位点被检测到，证明水稻在两种环境下对抗寒性的代谢途径具有重叠性。

稻瘟病是水稻最严重的病害之一。实践证明，利用水稻自身携带的抗病基因是控制稻瘟病害最经济、有效、环保的方法。李彬等（2014）通过构建 7001S（高抗稻瘟病）/80-4B 的 F_2 群体并进行遗传分析和初步定位表明，粳稻 7001S 对稻瘟病菌的抗性由 1 对显性核基因控制，并将该基因初步定位于第 11 染色体长臂末端。进一步通过扩大遗传群体和分子标记开发，利用基于 BSA 的隐性群体分析技术，将目的基因精细定位于 P21-2415 和 RM27322 之间约 310kb 的范围内，并获得了可用于分子标记辅助选择的紧密连锁和共分离分子标记，同时对目标基因所在区域进行基因预测，初步确定了候选基因。为进一步开展该抗稻瘟病基因的克隆、功能验证和抗病机理研究，以及通过分子标记辅助选择技术培育抗稻瘟病水稻新品种等工作奠定了基础。

第二节　国外水稻品种资源研究进展

一、栽培稻的起源与驯化

水稻是全世界一半以上人口的主食。研究水稻何时、何地以及如何被驯化栽培，连同其如何发展成为主食来源具有重要意义。Gross 和 Zhao（2014）从考古学和遗传学角度回顾了科学理解水稻驯化进程，详细审查了这两个领域过去 10 年里被发现的信息，认为栽培粳稻在中国南方的长江流域驯化。尽管早在 8 000 年前就有水稻在该地区种植，但是，关键的驯化性状不易落粒并没有在接下来的 1 000 年或更长的时期被固定下来。水稻早在公元前 5 000 年在印度也被种植，但是，现在驯化的籼稻亚种似乎是从粳稻有利等位基因渗入的产物。这些发现正在改变我们对水稻驯化的理解，同时对于理解植物驯化的复杂进化过程也有影响。

非洲种植水稻可以追溯到 3 000 多年以前。有趣的是，非洲稻与亚洲稻（普通栽培稻）起源不同，而是完全不同的物种（如非洲栽培稻）。Wang 等（2014）对非洲稻基因组进行了高质量组装和注释，并细致分析了驯化和选择的进化史。群体基因组学分析了 20 种非洲栽培稻和 94 种短舌野生稻材料，支持非洲栽培稻起源于尼日尔河附近，是单一起源，与多点驯化假说相反。研究人员在基因组水平上检测到人工选择的证据，同时也比较了两种栽培种中已知的与驯化相关的同源基因，发现在地理和耕种上不同的两种驯化过程中，一些共有的基因被选择下来，然而这个过程却是独立进行的。

澳大利亚野生稻具有多样性和特异性，是全球水稻遗传改良的宝贵资源。Krishnan 等（2014）通过全基因组重测序发现澳大利亚普通野生稻是栽培稻的近亲。组装栽培稻日本晴的重测序数据显示，澳大利亚野生稻具备比亚洲野生稻与栽培稻籼稻亚种间多 2.5 倍的单核苷酸多态性。分析水稻基因组的驯化显示低多样性的区域表现出非常低的变异即多态性荒漠。无论是澳大利亚的多年生和一年野生稻均在水稻 5 号染色体同一 4.58Mb 区域内表现出高度的保守序列，暗示一些多态性荒漠存在于这些区域内且水稻基因组的其他部分可能由于自然选择的原因优先起源驯化。分析多态性荒漠区的基因表明，这种选择可能是由于早期近缘种环境存在生物或非生物胁迫导致。研究人员认为，澳大利亚野生稻种群作为多样性的宝贵资源的代表支撑了粮食安全。

二、遗传多样性与遗传结构

现代改良品种/株系材料的遗传多样性和遗传结构分析对常规稻和杂交稻育种的亲本选择和杂种优势群的构建均具有重要意义。Wang 等（2014）利用 384 个 SNP 对 737 个来源广泛的现代优良籼稻品种或广泛用于籼稻育种的优良亲本进行遗传多样性分析，基于模型的遗传结构分析表明，此群体分为两个大群或 6 个亚群，分组结果与材料的来源没有明显的相关性；有超过一半的供试材料（51.8%）被划分为"混合型"材料，表明由于育种过程中发生的种质交流与渗透以及有限资源的重复利用，世界各水稻种植区水稻种质遗传背景日趋复杂；基于遗传距离的聚类分析表明，来自拉丁美洲的材料聚成一个单独的生态群，尽管与来自亚洲材料的亲缘关系仍然很近，但它们仍然是杂交籼稻育种潜在的优势生态群。在该研究中，珍汕 97B 和明恢 63 被划分到同一个亚群中，表明遗传距离并不是所有高杂种优势产生所必需的。

Shinada 等（2014）选择了 63 份能代表北海道地方种群从地方品种到当前育种品系历史多样性的水稻品种，阐明了过去 100 年里世界水稻种植的北限北海道水稻种植计划中基因组结构和表型特性的历史演变。系统发育分析结果证明，在历史水稻育种计划中，这些水稻品种可以清楚地被分为 6 组。这些分组间的显著差异在 7 个性状中的 5 个被检测到，表明北海道水稻种群内部分组的差异与这些表型变化相关。这些结果证明了北海道育种实践创造了新的适应于特定环境条件和育种目标的新的遗传结构。研究者也为在世界范围地方种群有这些独特基因的水稻育种计划提供了一种新的策略来探索地方种群的遗传潜力。

Das 等（2014）根据 6 个水稻白叶枯病抗性基因，即 $Xa1$、$Xa21$、$Xa21$（A1）、$Xa26$ 和 $Xa27$ 的保守结构域，设计了 34 对引物。为了检测和评估 22 个已知疾病表型的不同水稻株系中，6 个基因的遗传多样性，设计的引物可用于检测基于 PCR 多态性的DNA 基因图。总共 140 个等位基因被检测到，包括 41 个罕见的和 26 个无效等位基因。平均多态性信息含量（PIC）数值为每对引物 0.56。此 DNA 基因图能明确鉴定出每一个水稻地方种。在所有可能的引物组合中，扩增多态性 DNA 条带被用于评估水稻地方种的遗传相似性。水稻株系的相似性范围为 18%～89%。根据相似值构建的系统树图可分为 2 个主要类群。在已测序的罕见等位基因中鉴定了保守区域，包括富亮氨酸重复区域、BED 型锌指结构域、糖转移酶结构域和碳水化合物酯酶 4 超级家族结构域。

三、资源鉴定与有利基因发掘

Yun 等（2014）利用 Tongil 品种 Chenongcheong 和粳稻品种 Nagdong 杂交 F_1 代，构建 120 个株系的双单倍体（DH）群体。利用 222 个标记构建了覆盖 12 条染色体共 2 082.4cM 长度的微卫星连锁图谱，标记间的平均遗传距离为 9.4cM。该研究定位了 8 个水稻品质相关 QTL，其中，2 个直链淀粉含量 QTL 定位于第 1 和 9 染色体上，3 个蛋白含量 QTL 定位于第 8、第 9、第 10 染色体上，3 个脂肪含量 QTL 定位于第 2、第 3、第 6 染色体。分别利用 SSR 标记 RM23914、RM6266 对蛋白质和脂类进行了 PCR 表达水平测定，并且 RM586 具有更高程度的扩增。该研究可通过分子标记辅助选择用于水稻营养品质改良。

Sama 等（2014）对之前从水稻栽培株系 RP2069 - 18 - 3 - 5 中鉴定的隐性稻瘿蚊抗性基因 $gm3$ 进行了标记和精细定位，将该基因定位于第 4 号染色体长臂上 RM17480 和 gm3SSR4 标记之间。芯片分析表明，这两个标记之间包含 62 个推测的有表达的基因，其中一个基因编码包含 NB - ARC（NBS - LRR）结构域的蛋白。对该基因进行测序，发现敏感型品种和抗性品种的这个片段序列存在差异。根据序列的多态性，设计了一个新的引物 gm3del3，RP2069 - 18 - 3 - 5 和 Phalguna 与 TN1 和 B95 - 1 的扩增片段长度存在多态性，并且扩增片段在整个定位群体中都没有发生重组。利用实时荧光定量 PCR（Realtime PCR），分析 GMB4 侵染时敏感型品种 TN1 和抗性品种 RP 2069 - 18 - 3 - 5 中候选基因 $NB - ARC$ 的表达量。结果表明，侵染 120 小时后，RP 2069 - 18 - 3 - 5 中 NB -ARC 的表达量有 2 倍增加，而 TN1 则没有变化。通过分子辅助选择，利用功能标记 gm3del3，将 $gm3$ 导入改良的 Samba Mahsuri（B95 - 1）品种中，提高它对稻瘿蚊的抗性。

抽穗期基因的自然变异能使短日照植物水稻在高海拔的长日照下提前开花。Kwon 等（2014）利用早抽穗的 H143 和晚抽穗的密阳 23（M23）构建 F_7 代重组自交系，分析该群体的抽穗期 QTL，一个微效早抽穗期 QTL 位点（*EH3*）被定位于第 3 染色体的 *Hd*16 区域。该研究发现，编码酪蛋白激酶 I（CKI）的早花基因 *EL*1，可能对应 *EH3*/*Hd*16 位点，因为一个错义突变发生在 H143 中的 EL1 高保守区的丝氨酸/苏氨酸激酶结构域。在 Koshihikari 中的 EL1 激酶结构域发现一个不同的错义突变。体外激酶分析表明，H143 和 Koshihikari 中的 EL1/CHI 都不具有功能。长日照条件下（非短日照），$F_{7:9}$ 异源自交近等基因系中的 HNIL（H143）比 HNIL（M23）开花期早 13 天，*EL*1 基因作为一个长日照开花抑制因子，下调 *Ehd*1 基因的转录表达。高海拔地区种植的粳稻含有两种不具功能的 *EL*1 基因变异类型。这些结果表明，在温带和寒带地区长日照条件下，*EL*1 基因的自然变异对水稻早抽穗的适应性具有重要作用。

　　砷是一种慢性有毒物质，能够导致严重的皮肤损伤和癌症。水稻是砷在食物链中累积的主要来源；降低水稻籽粒中砷的累积，从而降低砷在食物链中的含量至关重要。Song 等（2014）鉴定了一个水稻 C 型 ATP 结合盒（ABC）转运蛋白家族成员 *OsABCC*1，能够降低水稻籽粒中砷含量。研究表明 *OsABCC*1 在许多器官中都有表达，包括根、叶、节间、花梗和叶轴。在高砷条件下 *OsABCC*1 的表达显著上调，而在低砷条件下其表达没有受到明显影响。在基部茎节和顶部茎节也就是与穗连接的部位，*OsABCC*1 在维管组织中的韧皮部表达。*OsABCC*1 蛋白定位在液泡膜内，能够使酵母产生螯合肽依赖的砷抗性。敲除 *OsABCC*1 后降低了水稻对砷的耐性，但是对镉毒性没有影响。在生殖生长阶段，野生型水稻中在茎节和其他组织中的砷含量高于 *OsABCC*1 敲除突变体，但在籽粒中野生型显著低。这些数据表明，*OsABCC*1 能够通过在茎节韧皮部液泡中隔离砷来限制其向籽粒中转运。

　　植物通过光合作用来捕获太阳能和大气层中的二氧化碳，提高作物光合作用能力可以显著提高作物产量。但是，灾害性气候条件带来的环境胁迫负向调控光合作用过程中的碳代谢（PCM），从而限制水稻等谷物的产量。Ambavaram 等（2014）为了研究光合作用的调控机制，建立了一个水稻基因调控网络，并鉴定了一个与 PCM 相关的转录因子 HYR（HIGHER YIELD RICE），其表达能够在多个环境中提高水稻光合作用，并能够在干旱和高温胁迫条件下通过影响形态—生理程序来提高水稻产量。研究人员发现，HYR 是一个关键的调控因子，直接激活光合作用基因、转录因子的级联反应以及其他下游参与 PCM 的基因，能够在干旱和高温胁迫条件下保持水稻产量。

参 考 文 献

陈新红，叶玉秀，潘国庆，等 .2014. 杂交水稻不同器官重金属铅浓度与累积量 . 中国水稻科学，28（1）：57 - 64.

郭嗣斌，刘开强，李孝琼，等 .2014. 小粒野生稻基因渗入系抗褐飞虱 QTL 定位，南方农业学报，45（6）：933 - 937.

黄晓群，赵海新，潘博，等 .2014. 寒地水稻分蘖盛期对镉的吸收与筛选研究 . 北方水稻，44（3）：

30 - 32，41.

姜斌，高磊，李佳，等.2014. 稻属 AA 型物种叶绿体基因组的适应性进化. 科学通报，59（20）：1 975 - 1 983.

李彬，邓元宝，颜学海，等.2014. 一个粳稻来源抗稻瘟病基因的鉴定、遗传分析和基因定位. 作物学报，40（1）：54 - 62.

李华慧，辜琼瑶，黄平，等.2014. 苗期不同基因型水稻耐低磷能力的鉴定与评价研究. 西南农业学报，27（3）：925 - 930.

李潇艳，强胜，宋小玲，等.2014. 江苏省杂草稻 *Rc* 基因的单体型分析. 中国水稻科学，28（3）：304 - 313.

刘裕强，王琦，江玲，等.2014. 水稻品种 N22 抗灰飞虱 QTL 的定位. 中国科技论文在线，http：// www. paper. edu. cn.（3）：1 - 6.

孙晓棠，卢冬冬，欧阳林娟，等.2014. 水稻纹枯病抗性关联分析及抗性等位变异发掘. 作物学报，40（5）：779 - 787.

覃宝祥，刘驰，焦晓真，等.2014. 广西普通野生稻白叶枯病广谱抗原的鉴定与评价. 南方农业学报，45（9）：1 527 - 1 531.

王宝祥，胡金龙，孙志广，等.2014. 水稻黑条矮缩病抗性评价方法及抗性资源筛选. 作物学报，40（9）：1521 - 1530.

杨贤莉，王嘉宇，刘丹，等.2014. 沈农系列水稻高产品种及其衍生系的遗传结构分析. 中国水稻科学，28（5）：496 - 502.

尹成，李平波，高冠军，等.2014. 水稻柱头外露率 QTL 定位. 分子植物育种，12（1）：43 - 49.

张涛，杨蛟，蒋开锋，等.2014. 利用产量功能基因标记分析三系杂交水稻亲本的遗传多样性. 中国农业科学，47（1）：11 - 23.

赵一洲，李正茂，路洪彪，2014. 等. 辽宁省水稻骨干亲本演变及遗传多样性分析. 河南农业科学，43（12）：28 - 33.

Ambavaram M M，Basu S，Krishnan A，et al. 2014. Coordinated regulation of photosynthesis in rice increases yield and tolerance to environmental stress. Nature Communications，5：5302.

Dang X J，Thi T G T，Dong G S，et al. 2014. Genetic diversity and association mapping of seed vigor in rice（*Oryza sativa* L.）. Planta，239（6）：1 309 - 1 319.

Das B，Sengupta S，Prasad M，et al. 2014. Genetic diversity of the conserved motifs of six bacterial leaf blight resistance genes in a set of rice landraces. BMC Genetics，15：82.

Gross B L，Zhao Z J. 2014. Archaeological and genetic insights into the origins of domesticated rice. Proc Natl Acad Sci USA，111（17）：6 190 - 6 197.

Wang K，Qiu F L，Paz M A D，et al. Genetic diversity and structure of improved *indica* rice germplasm. 2014. Plant Genetic Resources，12（2）：248 - 254.

Krishnan S G，Waters D L，Henry R J. 2014. Australian wild rice reveals pre - domestication origin of polymorphism deserts in rice genome. PLoS One，9（6）：e98843.

Kwon C T，Yoo S C，Koo B H，et al. 2014. Natural variation in *Early flowering* 1 contributes to early flowering in *japonica* rice under long days. Plant，Cell & Environment，37（1）：101 - 112.

Li P B，Feng F C，Zhang Q L，et al. 2014. Genetic mapping and validation of quantitative trait loci for stigma exsertion rate in rice. Mol Breeding，34：2 131 – 2 138.

Sama V S，Rawat N，Sundaram R M，et al. 2014. A putative candidate for the recessive gall midge resistance gene *gm*3 in rice identified and validated. Theor Appl Genet，127（1）：113 – 124.

Shinada H，Yamamoto T，Yamamoto E，et al. 2014. Historical changes in population structure during rice breeding programs in the northern limits of rice cultivation. Theor Appl Genet，127（4）：995 – 1004.

Song W Y，Yamaki T，Yamaji N，et al. 2014. A rice ABC transporter，OsABCC1，reduces arsenic accumulation in the grain. Proc Natl Acad Sci USA，111（44）：15 699 – 15 704.

Wang C H，Zheng X M，Xu Q，et al. 2014. Genetic diversity and classification of *Oryza sativa* with emphasis on Chinese rice germplasm. Heredity，112（5）：489 – 496.

Wang C L，Fan Y L，Zheng C K，et al. 2014. High – resolution genetic mapping of rice bacterial blight resistance gene *Xa*23. *Molecular Genetics and Genomics*. 289（5）：745 – 753.

Wang K，Qiu F L，Paz M A D，et al. 2014. Genetic diversity and structure of improved Wang M H，Yu Y，Haberer G，et al. The genome sequence of African rice（*Oryza glaberrima*）and evidence for independent domestication. Nature Genetics，46（9）：982 – 988.

Wang Q，Liu Y Q，He J，et al. 2014. *STV*11 encodes a sulphotransferase and confers durable resistance to rice stripe virus. Nature Communications，5：4 768.

Yang Y L，Xu J，Leng Y J，et al. 2014. Quantitative trait loci identification，fine mapping and gene expression profiling for ovicidal response to whitebacked planthopper（*Sogatella furcifera*？Horvath）in rice（*Oryza sativa* L.）. BMC Plant Biology，14：145.

Yun B W，Kim M G，Handoyo T，et al. 2014. Analysis of rice grain quality – associated quantitative trait loci by using genetic mapping. American Journal of Plant Sciences，5（9）：1 125 – 1 132.

Zhang S H，Zheng J S，Liu B，et al. 2014. Identification of QTLs for cold tolerance at seedling stage in rice（*Oryza sativa* L.）using two distinct methods of cold treatment. Euphytica，195（1）：95 – 104.

Zhang X J，Zhang S Y，Zhang H，et al. 2014. Mapping QTLs for aluminum tolerance in introgression lines of wild rice at seedling stage. Agricultural Science & Technology，15（5）：774 – 778，784.

第二章　水稻遗传研究动态

2014 年，国内外水稻科学家鉴定、克隆了一批有关水稻生长发育、抗病虫等重要基因，并揭示了相应的调控机制，如在水稻产量性状方面，克隆了 *DWT1*、*Psd1*、*sped*1 - *D* 等控制株型、穗型和粒形的基因，揭示了独角金内酯、油菜素内酯、赤霉素等激素和小分子 RNA 调控水稻株型的机制。在水稻耐生物/非生物胁迫方面，对褐飞虱进行全基因组测序，揭示了其特有的水稻寄生机制；定位和克隆了 *OsCERK1*、*CPK18 -MPK5* 等一批抗病/虫基因/QTL，并阐述了 *OsETOL1*、*OsbZIP71*、*SIT* 等基因在旱、涝、盐、温度和重金属毒性等胁迫耐性中的作用。在稻米品质方面，克隆了 *Chalk5*、*du*12（*t*）、*OsAAP6* 等控制外观、蒸煮和营养等品质的基因。在水稻生长发育分子方面，鉴定和克隆了花器官发育、卷叶、根发育、芒发育等一批重要基因。

第一节　国内水稻遗传研究进展

一、水稻产量性状分子遗传研究进展

（一）株型基因的鉴定和克隆

中国科学院遗传与发育生物学研究所和中国水稻研究所揭示了独角金内酯调控水稻分蘖角度的机制（Sang et al.，2014）。研究表明，独角金内酯主要通过减少局部生长素含量抑制生长素生物合成，降低了水稻地上部的向重性。尽管独角金内酯和散生基因 *LA1* 都是水稻生长素极性运输的负调控因子，独角金内酯没有改变茎基部的生长素横向运输，而 *LA1* 则是水稻生长素横向运输的正调控因子。遗传证据证实，独角金内酯和 *LA1* 在几种不同的遗传信号通路中参与调控了地上部向重性和分蘖角度。此外，独角金内酯介导地上部向重性也保守存在于拟南芥中。

上海交通大学、中国科学院植物研究所、中国科学院研究生院和美国卡内基科学研究所等单位克隆和鉴定了 1 个控制水稻分蘖生长的基因 *DWT1*（Wang et al.，2014）。相较于野生型，大多数 *dwt*1 突变体表现出类似于顶端优势加强的表型，诸如主茎高度正常、穗变大，但分蘖矮小、穗变小，而且突变体的分蘖节间有不同程度的缩短，节间细胞数目减少，细胞伸长抑制。*DWT1* 位于水稻第 1 染色体，编码一个 WOX 类的同源框转录因子。*DWT1* 在穗中强烈表达，但在节间不表达。通过一种非细胞自主的方式影响到穗下茎节节间的细胞分裂和伸长。*DWT1* 可能通过影响一个未知的信号分子在穗部的合成或运输，调节穗下茎节中细胞分裂素的稳态以及茎节对赤霉素的响应能力，从而

促进茎节伸长的这一重要发育过程。

中国科学院遗传与发育生物学研究所、爱荷华州立大学、中国科学院微生物研究所以及中国水稻研究所等单位揭示了水稻油菜素内酯通过调节赤霉素代谢途径进而调控细胞伸长的机制（Tong et al.，2014）。研究发现，油菜素内酯能够强烈诱导赤霉素生物合成基因 $D18/GA3ox-2$ 的表达，进而在苗期增加具有生物活性的赤霉素水平。突变体 $d18$ 和赤霉素信号传导突变体对油菜素内酯的敏感性也随之降低。当过量的油菜素内酯处理时，赤霉素失活基因 $GA2ox-3$ 的表达上调，赤霉素失活，油菜素内酯合成也受阻，植株生长受抑制。同样，赤霉素也能影响油菜素内酯的合成与响应。

中国科学院遗传与发育研究所、中国科学院研究生院、云南省农业科学院和美国特拉华大学等单位揭示了依赖 $OsDCL3a$ 的 24-nt 小分子 RNA 调控转座子及旁临基因的表达进而调控水稻重要农艺性状的遗传机制（Wei et al.，2014）。水稻 $OsDCL3a$ RNAi 株系表现出矮化、剑叶角度变大以及二级枝梗变少的表型。依赖 $OsDCL3a$ 的 24-nt 小分子 RNA 主要来源于水稻基因组上的重复序列，特别是 MITE 类转座子位点。这些 24nt 小分子 RNA 通过介导 $H3K9me2$ 等异染色质修饰调控旁邻基因的表达，包括调节赤霉素和油菜素内酯平衡的关键基因。

华南农业大学鉴定和克隆了 1 个显性矮秆基因 $Psd1$（Li et al.，2014）。突变体 $Psd1$ 由于细胞分裂和伸长受损，在长日照条件下表现为严重矮秆，在短日照条件下则生长基本正常，表明其属于光周期敏感。突变体 $Psd1$ 对外源赤霉素或油菜素内酯不敏感。应用突变体 $Psd1$ 和籼稻 Dular 配组的 F_2 群体进行精细定位，将之定位于水稻第 1 染色体上 11.5 kb 的区域内，其中 1 个编码磷脂转移酶的候选基因上产生 1 个移码突变，导致翻译提前终止。

（二）穗型基因的鉴定和克隆

中国科学院遗传与发育研究所克隆了 1 个穗型相关基因 $sped1-D$（Jiang et al.，2014）。簇生小穗突变体 $sped1-D$ 的花梗和次级枝梗变短，花粉育性降低。$sped1-D$ 编码 1 个三角状五肽重复蛋白。在突变体 $sped1-D$ 中，数个赤霉素途径相关基因 $GID1L2$ 家族成员的表达均下调，而且花分生组织相关基因 RFL 和 $WOX3$ 表达也强烈下调，表明 $sped1-D$ 可能通过阻断 $GID1L2$、RFL 和 $WOX3$ 缩短花梗和次级枝梗的长度。研究还发现，$sped1-D$ 在单子叶和双子叶植物中功能高度保守。

中国水稻研究所和中国科学院遗传与发育研究所克隆了一个来自粳稻的高产基因 $LSCHL4$（Zhang et al.，2014）。$LSCHL4$ 调控水稻剑叶性状和叶绿素含量，位于第 4 染色体上，与已克隆的卷叶基因 $NAL1$ 等位。超表达 $LSCHL4$ 的转基因株系以及近等基因系的叶绿素含量和剑叶大小均有显著提高，穗型也得到改良，其中，近等基因系比轮回亲本 93-11 增产 18.7%。

扬州大学和中国水稻研究所精细定位了 1 个穗型 QTL（Peng et al.，2014）。研究应用培矮 64s/ 9311 重组自交系鉴定到了 1 个控制一次枝梗数的 QTL $qPPB3$，进一步应用 BC$_3$F$_2$ 群体将其定位至 34.6 kb 区域。在此区域，共有 4 个候选基因，其中 1 个是已克隆的控制株高和分蘖数基因 D88/D14。序列分析表明，培矮 64s 和 9311 等位基因存在 3 个 SNP 的变异，其中 1 个 T - G 变异导致了氨基酸差异。实时定量 PCR 表明在 9311 中，D88、APO1 和 IPA1 表达上调，而 GN1a 和 DST 表达下调。

（三）粒形和粒重基因的克隆

中国科学院遗传与发育研究所、中国科学院研究生院、中国水稻研究所和浙江师范大学等单位克隆了 1 个粒形基因 OsMKK4/SMG1（Duan et al.，2014）。小粒突变体 smg1 表现为籽粒小而轻，穗密集直立，植株稍矮，其表型是由于细胞增殖缺陷引起的。smg1 编码 1 个促分裂原活化蛋白激酶 OsMKK4。OsMKK4/SMG1 主要在新组织中表达，并且没有组织特异性。此外，OsMKK4 还调控油菜素内酯响应和油菜素内酯相关基因表达。

南京农业大学和中国农业科学院鉴定和克隆了 1 个调控粒长和株高的基因 SGL（Wu et al.，2014）。突变体 sgl 株高仅有野生型的 72%，粒长仅有野生型的 80%，其表型是由于细胞伸长受阻引起的。SGL 编码 1 个驱动蛋白，在各个组织中均有表达，尤以茎和穗中表达最强。SGL 蛋白具有转录活性，还参与赤霉素代谢途径。

二、水稻耐生物/非生物胁迫分子遗传进展

（一）耐生物胁迫基因的定位和克隆

中山大学揭示了 OsCERK1 和 OsRLCK176 在水稻先天免疫中的重要作用（Ao et al.，2014）。OsLYP4 和 OsLYP6 是水稻感应细菌几丁质和肽聚糖（PGN）以及真菌几丁质的受体跨膜蛋白，含细胞溶解酶基序，但缺乏胞内激酶结构域。OsCERK1 也是一个细胞溶解酶基序的受体激酶，其表达下调时抑制 PGN 和几丁质诱导的免疫反应。在 PGN 诱导下，OsCERK1 与 OsLYP4 或 OsLYP6 结合，在几丁质诱导下，OsCERK1 与 OsLYP4 和 OsLYP6 或 CEBiP 结合。研究还发现，在 PGN 和几丁质信号途径中，胞质类受体激酶 OsRLCK176 作用于 OsCERK1 的下游。

南京农业大学和中国农业科学院作物科学研究所等单位克隆了水稻条纹叶枯病抗性基因 STV11（Wang et al.，2014）。抗性等位基因 STV11 - R 编码 1 个磺基转运酶 Os-SOT1，该酶催化水杨酸转化为磺基水杨酸，而感病等位基因 STV11 - S 则丧失该活性。STV11 呈组成型表达并受到水稻条纹病毒诱导。序列分析显示，STV11 - R 和 STV11 - S 在不同地理分布的野生稻群体中呈显著差异，而在栽培稻中则普遍分布。将 STV11 - R 转到感病品种或异源转到烟草中可显著提高对条纹叶枯病的抗性。

中国农业科学院作物科学研究所对白叶枯病抗性基因 Xa23 进行了精细定位（Wang et al.，2014）。研究应用携带抗性基因 Xa23 的株系 CBB 23 和感病品种 JG30 及 IR24 发

展的 2 套 F_2 群体，将 $Xa23$ 基因定位至新发展的分子标记 Lj138 和 A83B4 之间 0.4cM 的区间。在此 49.8kb 的区域内，共有 6 个候选基因，分别编码 4 个假定蛋白、1 个 ADP - 核糖基化因子蛋白以及 1 个 PPR 蛋白。

中国水稻研究所和中国科学院遗传与发育研究所等单位对白背飞虱抗性 QTL $qWL6$ 进行了精细定位（Yang et al.，2014）。研究应用白背飞虱抗性品种 CJ06 和敏感品种 TN1 发展的双单倍体群体，定位到 19 个抗性相关 QTL，其中，位于第 6 染色体上的主效 QTL $qWL6$ 进一步界定于含 20 个候选基因的 122kb 区间内。芯片分析显示，432 和 257 个基因分别在 CJ 06 和 TN1 中表达显著上调，而 802 和 398 个基因分别在 CJ06 和 TN1 中表达显著下调。20 个候选基因中有 4 个基因在双亲间的表达具有显著差异，表明它们很可能是 $qWL6$ 的抗性候选基因。

浙江大学和华大基因等单位对褐飞虱全基因组进行了测序，揭示了其特有的水稻寄生机制（Xue et al.，2014）。研究应用全基因组鸟枪法测序，获得了 1.14Gb 的褐飞虱基因组序列。在注释的 27 571 个蛋白编码基因中只有 40.8% 和其他 14 个节肢动物具有同源性。褐飞虱中基因缺失和其只以水稻韧皮汁液为食的严格单食性特性相关。但水稻韧皮汁液营养组成成分极不平衡，为了更好地适应水稻寄生生活，褐飞虱还与共生真菌和内共生细菌组成了共生系统。

（二）耐非生物胁迫基因的鉴定和克隆

中国科学院华南植物园鉴定了水稻 41 个参与铁硫合成的相关基因，并揭示了其对不同非生物胁迫的响应规律（Liang et al.，2014）。研究应用同源比对，在水稻中鉴定了 41 个参与铁硫合成的相关基因。对水稻幼苗进行了铅毒、镉毒、铝毒、低铁、高铁、氧化胁迫等不同非生物胁迫处理，研究结果表明，在叶绿体中表达的铁硫蛋白合成相关基因对重金属胁迫尤为敏感，而在根部表达的铁硫蛋白合成相关基因则在高铁、氧化胁迫和部分重金属胁迫下表达上调。

华中农业大学鉴定和克隆了 1 个调控水稻耐旱和耐涝的基因 $OsETOL1$（Du et al.，2014）。两个 $OsETOL1$ 等位突变体均在孕穗期具有较强的耐旱性，但在涝胁迫条件下苗期和孕穗期则表现出较慢的生长速度，在水稻中超表达 $OsETOL1$ 表现出与突变体相反的表型。$OsETOL1$ 在不同的胁迫条件下，其表达也具有显著差异。OsETOL1 可以与乙烯合成关键酶 OsACS2 互作，互作位置在细胞质。在突变体 osacs2 和 $OsETOL1$ 超表达水稻中，ACC 和乙烯含量显著下降，表明 $OsETOL1$ 负调控乙烯生物合成。$OsETOL1$ 还影响淀粉代谢和糖酵解相关基因的表达，说明 $OsETOL1$ 可能是能量代谢的调控子。研究表明，$OsETOL1$ 通过调节乙烯合成和能量代谢在水稻耐旱和耐涝中发挥着重要作用。

中国科学院遗传与发育研究所克隆和鉴定了 1 个调控水稻耐盐和耐旱的基因 $OsbZ-IP71$（Liu et al.，2014）。$OsbZIP71$ 编码一个水稻 bZIP 转录因子，定位于核上，能特异结合 G - box 基序，但在酵母和水稻原生质体中没有转录活性。酵母双杂交显示 OsbZIP71 能和 bZIP 基因家族 C 组成员形成同源二聚体和异源二聚体。*OsbZIP71* 表达受干旱、聚乙二醇（PEG）和 ABA 强烈诱导，但在盐胁迫下表达抑制。超表达 *OsbZIP71* 水稻转基因株系能显著提高对干旱、盐和 PEG 渗透胁迫的耐性，而 RNAi 敲除转基因株系则对盐、PEG 渗透胁迫和 ABA 处理更敏感。诱导表达 *OsbZIP71* 水稻株系显著提高对 PEG 渗透胁迫的耐性，但是对盐胁迫表现超敏感，对 ABA 不敏感。

河北师范大学揭示了 1 个在水稻根细胞膜上表达的类受体激酶 SIT1 参与盐胁迫信号的感知和传导机制（Li et al.，2014）。该受体激酶被盐胁迫激活后，通过磷酸化 MAPK3/6，促进乙烯的合成并增加了活性氧的积累，进而导致对植物的伤害。通过抑制 SIT1 的表达和降低 SIT1 的活性，可以明显提高植物的耐盐性。

河北师范大学还克隆和鉴定了 2 个介导水稻细胞分裂素信号以及高温和高盐胁迫反应的基因 *OsAHP1* 和 *OsAHP2*（Sun et al.，2014）。*OsAHP1* 和 *OsAHP2* 编码水稻组氨酸磷酸转移蛋白。其 RNAi 转基因水稻植株表现出细胞分裂素信号传导缺陷的表型，如节间长度缩短导致的矮化、侧根数量增加、叶片早衰、分蘖数减少和育性下降，并且苗期还对外源细胞分裂素表现超敏感。此外，转基因植株幼苗对盐胁迫表现超敏感，但对渗透胁迫表现出一定耐性。

中国科学院上海生命科学研究院植物生理生态研究所克隆和鉴定了 1 个调控水稻耐冷的基因 *OsRAN1*（Xu et al.，2014）。*OsRAN1* 属进化上保守的小 G 蛋白家族成员，含有 GTP 结合和水解结构域，酸性的 C 末端以及效应子结合区。*OsRAN1* 在水稻叶、根、茎及穗等组织中均有表达，尤以穗部为最。低温或吲哚乙酸处理能显著提高 *Os-RAN1* 表达，而高盐或聚乙二醇则影响不大。超表达 *OsRNA1* 不但能够增加拟南芥的分蘖数，引起根系发育异常，而且能够提高水稻耐冷性。在冷胁迫下，转基因植株细胞中，自由脯氨酸和糖含量都显著增加。研究表明，冷胁迫下，*OsRAN1* 维持细胞分裂与细胞生长周期，促进完整核膜的形成，从而提高水稻的耐冷性。

三、稻米品质分子遗传研究进展

（一）蒸煮品质基因的定位

台湾农业研究所和台湾师范大学等单位对稻米食用蒸煮品质进行了 QTL 定位（Hsu et al.，2014）。研究应用粳稻品种 Tainung 78 和籼稻品种 Taichung Sen17 衍生的重组自交系在 2 季共定位到了分布于 8 条染色体上的 34 个 QTL，每个 QTL 的贡献率可达 1.2%～78.1%。10 对 QTL 能在 2 个环境下稳定检测到。*Wx* 基因仍是调控理化特性的主要因子，同时在双亲间表达呈差异的 6 个淀粉合成相关基因 PUL、ISA1、ISA2、SBE1、SBE4 和 SSII - 3 也是调控理化特性的重要因子。

（二）外观品质基因的定位和克隆

华中农业大学和上海市农业生物基因中心等单位鉴定和克隆了 1 个控制稻米垩白的

基因 *Chalk5*（Li et al.，2014）。*Chalk5* 位于水稻第 5 染色体上，编码 1 个液泡的转运 H$^+$ 的焦磷酸酶，具有无机焦磷酸水解活性和质子转运活性。*Chalk5* 是胚乳特异表达的一个正调控因子，通过影响液泡内外 pH 值的动态平衡来影响内膜转运系统，进而影响胚乳亚细胞超显微结构及垩白的形成。*Chalk5* 基因对很多稻米品质性状具有大的普遍性影响，尤其是极大地影响外观品质、精米产量和储藏蛋白质的总含量。研究还表明，在 *Chalk5* 基因启动子上的 2 个保守核苷酸多态是 *Chalk5* mRNA 表达水平以及稻米垩白变异的主要原因。

华中农业大学应用 5 套定位群体，在 2 年环境下检测了控制稻米垩白相关 QTL（Peng et al.，2014）。共检测到 79 个控制垩白粒率、心白率、腹白率、垩白面积、心白面积和腹白面积等 6 个性状的 QTL，分布于 12 条染色体上。其中，58.3％的 QTL 成簇分布，71.4％的 QTL 在 2 个以上群体间检测到，36.1％的 QTL 在 2 个环境中稳定检测到。4 个 QTL（*qWBR1*、*qWBR8*、*qWBR12* 和 *qCR5*）可以在新的 F$_2$ 群体中检测到，表现出显性或超显性作用模式。

华中农业大学和黑龙江大学等单位应用 huahui 3/Zhongguoxiangdao 重组自交系群体，检测控制水稻粒形的 QTL（Yan et al.，2014）。共检测到 27 个控制粒形和粒重的 QTL，分布在 10 条染色体上，其中，12 个 QTL 稳定检测且前人未见报道。研究还发现，抗虫基因 *Bt* 和抗白叶枯病基因 *Xa21* 和粒形、粒重 QTL 紧密连锁。

（三）营养品质基因的克隆

华中农业大学鉴定和克隆了 1 个控制稻米蛋白质含量的基因 *OsAAP6*（Peng et al.，2014）。研究利用珍汕 97/南阳占重组自交系对稻米蛋白质含量进行了 QTL 定位，将 *qPC1* 定位至第 1 染色体长臂上。图位克隆表明，*qPC1* 编码 1 个氨基酸转运体 OsAAP6，正向调控蛋白质含量，即 *OsAAP6* 表达量高，则蛋白质含量高。*OsAAP6* 能够极大地促进水稻根对各种氨基酸的吸收和转运。*OsAAP6* 呈组成型表达，在颖壳、根、叶枕、节间、种子和胚乳的微管组织中表达较高。研究还表明，在 *OsAAP6* 基因 5'非翻译区的顺式作用元件上的 2 个核苷酸变异和籼稻品种中蛋白质含量的多样性显著相关。

河南科技大学和中国科学院遗传与发育生物学研究所鉴定了一个具有强转运亚硒酸盐特性的磷转运子（Zhang et al.，2014）。研究发现，水稻能通过磷转运蛋白 OsPT2 吸收 HSeO$_3$，超表达 *OsPT2* 转基因株系能够显著提高亚硒酸盐的吸收，反之，*OsPT2* 敲除转基因株系则能显著降低亚硒酸盐的吸收。

南京农业大学、中国农业科学院作物科学研究所和香港大学等单位克隆了 1 个调控水稻储藏蛋白运输关键因子 GPA3（Ren et al.，2014）。*gpa3* 突变体中，携带谷蛋白前体的致密囊泡（DVs）被错误地分选到细胞膜附近，通过膜融合将谷蛋白等分子释放到胞外体空间，形成了壁旁体的异常结构，在 *gpa3* 的壁旁体中，胼胝质和细胞壁组分异常积累。图位克隆表明，GPA3 位于水稻第 3 染色体长臂末端，编码 1 个植物特有的含有 Kelch 重复的蛋白。进一步研究发现，GPA3 蛋白通过 *VPS9a* 与 *Rab5a* 形成一个调控复合体，协同调控水稻中 DVs 介导的后高尔基体运输。

四、水稻生长发育分子遗传研究进展

（一）水稻开花基因的克隆

南京农业大学和中国农业科学院等单位分离和鉴定 1 个控制水稻开花的基因 DTH7（Gao et al.，2014）。DTH7 位于第 7 染色体长臂，与 OsPRR37/Ghd7.1 同一座位。DTH7 编码一个 PRR 蛋白，其表达受到光周期调控 DTH2 表达受时钟节律调控。在长日照条件下，DTH7 作用于光敏色素 PhyB 的下游，通过抑制下游 Ehd1 基因的表达来下调成花素 Hd3a/RFT1 的表达，从而延迟开花。在不同的光周期环境下，DTH7 以及 Ghd7 和 DTH8 的不同单倍型组合与水稻品种的抽穗期及产量之间存在显著关联。

（二）水稻花器官发育基因的克隆

上海交通大学揭示了茉莉酸调控水稻花器官发育的遗传机制（Cai et al.，2014）。水稻 EG1 编码茉莉素合成关键酶，EG2/OsJAZ1 编码茉莉素信号途径中的抑制因子；依赖于 EG1 合成的茉莉素信号可以促进水稻花器官的发育，茉莉素受体 OsCOI1b 在感应到茉莉素信号后，与信号抑制因子 EG2/OsJAZ1 结合，并将其带到 26S 蛋白降解复合体中进行降解反应，从而释放茉莉素响应基因 OsMYC2，OsMYC2 蛋白可直接结合到 E 类花器官发育调控基因 OsMADS1 的启动子区域，激活水稻小花的发育进程。

上海交通大学和江苏师范大学（Fu et al.，2014）以及台湾中央研究院等单位（Ko et al.，2014）分别在 Plant Cell 杂志上发表研究论文，阐述了 bHLH 转录因子调控水稻花药发育的分子机制。水稻 bHLH 蛋白 TIP2/bHLH142，在花药早期发育过程中，行使拟分生组织转换和分化的关键开关作用。TIP2 直接调控其同源基因 TDR 和 EAT1 的表达，进而调控绒毡层细胞程序化死亡。研究表明，bHLH142 转录因子与 TDR1 互作，调节 EAT1 表达来调控水稻花药的发育。

（三）叶片发育基因的克隆

中国科学院遗传与发育研究所分离和克隆了 1 个调控卷叶和机械强度的基因 OsMYB103L（Yang et al.，2014）。OsMYB103L 定位于水稻第 8 染色体上，编码 1 个具有转录激活活性的 R2R3 型 MYB 转录因子。超表达 OsMYB103L 导致水稻叶片卷曲，纤维素合成基因的表达和纤维素含量显著提高，而 OsMYB103L RNAi 株系叶片机械强度和纤维素含量显著下降。研究表明，OsMYB103L 能影响水稻叶形、纤维素合成以及机械强度，可用于水稻理想叶形和机械强度的改良。

南京农业大学和中国农业科学院鉴定和克隆了 1 个卷叶基因 OsZHD1（Xu et al.，2014）。OsZHD1 定位于水稻第 9 染色体上，编码 1 个含有锌指结构的转录因子。Os-

ZHD1 在野生型中呈组成型表达，在水稻中过表达 OsZHD1 基因或其同源基因 OsZHD2 引起叶片远轴面卷曲并伴随披垂化。其表型由叶片中泡状细胞的数目增加和异常排列引起。

（四）根发育基因的克隆

中国科学院遗传与发育研究所克隆和中国农业科学院揭示了乙烯通过 ABA 途径来调控水稻根系生长的遗传机制（Ma et al.，2014）。突变体 mhz 表现出根钝感而胚芽鞘过敏感的乙烯反应表型。MHZ4 编码细胞质膜蛋白 OsABA4，可能参与调控脱落酸（ABA）合成途径中紫黄质向新黄质的转化。MHZ4 突变造成 ABA 缺失因而导致其乙烯反应异常；超表达 MHZ4 水稻幼苗呈现与突变体完全相反的乙烯反应表型。在水稻根中，MHZ4 介导的 ABA 途径作用于乙烯信号通路下游，乙烯信号上调 MHZ4 表达并特异地促进根中 ABA 的积累从而抑制根的伸长生长。该发现与拟南芥中报道的乙烯抑制根伸长不需要 ABA 的作用完全不同。在胚芽鞘中，MHZ4 介导的 ABA 途径作用于乙烯信号通路上游，至少通过抑制 OsEIN2 的转录来负调控胚芽鞘乙烯反应。此外，MHZ4 突变还影响了水稻的多个农艺性状，包括高位分蘖和节上不定根的发生等。

中国科学院遗传与发育研究所克隆鉴定了 1 个调控水稻根系发生的关键基因 Os-CKX4（Gao et al.，2014）。OsCKX4 编码 1 个细胞分裂素氧化酶/脱氢酶。OsCKX4 受外源细胞分裂素和生长素诱导，并在主根及冠根起始部位表达较高。OsCKX4 与生长素响应因子 OSARF25 以及细胞分裂素响应调控因子 OSRR2 和 OSRR3 均能够直接结合。研究表明，OsCKX4 通过整合植物细胞分裂素和生长素两种激素信号途径，调控水稻冠根的形成。

浙江大学和韩国昌源大学等单位合作分离和鉴定了 1 个水稻根发育的关键基因 Os-MOGS（Wang et al.，2014）。OsMOGS 编码甘露糖基寡糖类葡萄糖苷酶，和拟南芥中的 α - 葡萄糖苷酶 I 同源，其在 N - glycan 合成中的功能是负责切除由脂质多萜醇 Dol 转移到目的蛋白上的寡糖链最末段的葡萄糖残基，定位于内质网上。OsMOGS 在细胞快速分裂的组织中表达水平高。突变体 osmogs 根中的生长素含量和极性运输减少，表现出根细胞分裂和伸长的严重缺陷，造成短根的表型。此外，还影响根毛的形成和伸长，并且由于纤维素合成下降，导致根表皮细胞壁变薄。研究表明，OsMOGS 参与了水稻的 N - glycan 合成，对建立并维持生长素极性运输介导的根系生长发育期具有重要作用。

（五）育性相关基因的克隆

华南农业大学、中国科学院遗传与发育研究所和中国科学院研究生院等单位克隆了水稻温敏不育基因 tms5（Zhou et al.，2014）。tms5 编码了 1 个短版的内切核酸酶 RNase Z^{S1}。在体内和体外，RNase Z^{S1} 将 3 个 Ub_{L40} 基因的 mRNAs 切割成了多个片段。在 tms5 突变体中，高温可导致 Ub_{L40} mRNAs 水平提高。Ub_{L40} 的过度累积能够改变泛素的动态平衡，进而改变泛素化蛋白质的组成，导致不可溶的泛素化蛋白质增加，诱发花粉母细胞液泡化，最终导致了花粉败育。

第二节　国外水稻遗传研究进展

一、水稻产量性状分子遗传研究进展

Takai 等（2014）利用染色体片段代换系分析了水稻高产品种 Takanari 的高产遗传机制。研究分别以日本高产籼稻品种 Takanari 和日本优良品种越光为轮回亲本，构建了 39 个以 Takanari 为遗传背景的染色体片段代换系以及 41 个以越光为遗传背景的染色体片段代换系。分别在 2 套染色体片段代换系中检测到 47 个和 48 个调控产量及其构成因子的 QTL。多数 QTL 提高每穗粒数的同时降低千粒重，表明在 2 个遗传背景下，库容大小的增加并不一定提高产量。大部分的 QTL 仅在一个遗传背景中检测到，表明这些位点可能与其他基因存在互作。

Yonemaru 等（2014）利用全基因组关联分析鉴定了与水稻高产潜力相关的染色体区域。研究筛选了 1 152 个 SNP 对 14 个日本高产品种进行了关联分析，位于第 1、第 2、第 7、第 8、第 11 和第 12 染色体上的部分区域偏向籼稻，而第 1、第 2 和第 6 染色体上的部分区域偏向粳稻。在第 2、第 7、第 8、第 10、第 11 和第 12 染色体上的 8 个区域检测到与穗数、千粒重、粒长、籽粒表面积、抽穗期以及稻瘟病抗性等性状相关，其中 2 个区域和抽穗期基因 *Ghd7* 和抗稻瘟病基因 *Pi - ta* 相近。

Ambavaram 等（2014）鉴定了 1 个调控光合作用提高产量的转录因子 HYR。HYR 作为 1 个主调控器，可激活能够增强水稻光合作用活性的基因，在正常环境以及干旱和高温环境下均能提高水稻产量。

二、水稻耐生物/非生物胁迫分子遗传进展

（一）抗病基因的定位

Ishikawa 等（2014）揭示了 *XopPXoo* 在水稻先天免疫中的重要作用。*XopPXoo* 是 1 个水稻病原体效应子，它能够直接结合含特异 U - box 结构域的泛素 E3 连接酶 OsPUB44，阻断 OsPUB44 的连接酶活性。OsPUB44 表达下调后，将强烈抑制肽聚糖（PGN）和几丁质诱导的先天免疫和白叶枯病抗性。

Tian 等（2014）鉴定和克隆了一个白叶枯病抗性基因 *Xa*10。*XA*10 启动子上包含 1 个 TAL 效应子 AVRXa10（$EBE_{AvrXa10}$）的结合因子，而 AVRXa10 能够特异诱导 *XA*10 的表达，进而诱导细胞程序化死亡，触发超敏反应，从而产生白叶枯病抗性。在植物和肿瘤细胞中，XA10 以六聚体的形式存在于内质网膜上，与内质网 Ca^{2+} 的消耗相关。XA10 发生变异后，肿瘤细胞中的细胞程序性死亡和内质网 Ca^{2+} 消耗以及水稻中的抗性

随之取消了。

Xie 等（2014）揭示了 CPK18 - MPK5 途径在防御反应中的重要作用。CPK18 是 1 个水稻钙依赖的蛋白激酶，它是促分裂原活化蛋白激酶 MPK5 的上游激酶，磷酸化并激活 MPK5，但并不影响其自身的 TXY 基序磷酸化。CPK18 主要磷酸化促分裂原活化蛋白激酶的 2 个保守的苏氨酸残基 Thr - 14 和 Thr - 32。CPK18 - MPK5 途径抑制防御反应基因的表达，降低水稻对稻瘟病的抗性。

Ishihara 等（2014）对来源于抗性水稻品种 Milazakimochi 的穗瘟抗性 QTL 进行了定位。研究应用 Milazakimochi 和感叶瘟和穗瘟的品种 Bikei 22 衍生的重组自交系群体，定位到 2 个穗瘟抗性 QTL。位于第 11 染色体的 $qPbm11$ 效应较大，贡献率为 30.8%；位于第 9 染色体的 $qPbm9$ 效应较小，贡献率为 5.7%。染色体片段代换系的表型鉴定进一步证实了 $qPbm11$ 和 $qPbm9$ 的效应。精细定位结果显示，$qPbm11$ 和 $Pb1$ 位于相同区间，但 $Pb1$ 在 Milazakimochi 穗部并不表达，表明 $qPbm11$ 可能是一个新基因。

Sama 等（2014）对稻瘿蚊抗性基因 $gm3$ 进行了精细定位。研究应用 TN1/RP2068 -18 - 3 - 5 重组自交系群体进行了稻瘿蚊生态型 4 的抗性鉴定和基因定位，将 $gm3$ 定位至第 4 染色体长臂上 RM17480～gm3SSR4 区间。在此区间内，共有 62 个候选基因，其中仅有 1 个 $NBS - LRR$ 基因。此基因在抗感亲本间存在多态性，并且在表达上也存在差异。序列分析表明，在抗性等位基因 $RP2068 - 18 - 3 - 5$ 中翻译提前终止，致使蛋白缺失了 8 个氨基酸，结构域发生了变异。

（二）耐非生物胁迫基因的鉴定和克隆

Song 等（2014）克隆和鉴定了 1 个调控水稻籽粒砷含量的基因 $OsABCC1$。$OsABCC1$ 属于 C 型 ATP 结合盒（ABC）转运蛋白家族的成员，其在多个组织中均有表达，包括根、叶、节间、花梗和叶轴。在低砷条件下，$OsABCC1$ 表达不受影响，但在高砷条件下，其表达显著上调。$OsABCC1$ 通常位于茎节基部和顶部中液泡的韧皮部。$OsABCC1$ 敲除后水稻对砷的耐性下降，但同时对镉的耐性没有影响。此外，研究还发现，在生殖生长阶段，野生型水稻中位于茎节和其他组织中砷的含量要高于 $OsABCC1$ 敲除突变体的含量，在籽粒中正好相反。研究表明，OsABCC1 转运蛋白通过对韧皮部液泡的砷进行隔离和解毒，从而限制砷输送到米粒中。

Hanaoka 等（2014）克隆和鉴定了 1 个调控水稻地上部硼分布的基因 $OsNIP3；1$。$OsNIP3；1$ 编码 1 个硼酸通道蛋白，是与拟南芥中的 $AtNIP5；1$ 和 $AtNIP6；1$ 相似度最高的水稻基因。硼饥饿处理 6h，$OsNIP3；1$ 转录表达在根中增加了 5 倍，在地上部分则无显著增加。$OsNIP3；1$ 主要在根的外皮层和中柱层表达，在叶鞘维管束周围细胞和叶片木质部周围的中柱鞘细胞中也有表达。在硼饥饿下，$OsNIP3；1$ RNAi 水稻植株生长迟缓，而且地上部组织中硼的分布也异常，表明 $OsNIP3；1$ 调节水稻地上部硼的分布。

Kumar 等（2014）鉴定了 2 个耐硼毒性相关基因 $OsPIP2；4$ 和 $OsPIP2；7$。在高

硼胁迫条件下，$OsPIP2；4$ 和 $OsPIP2；7$ 在地上部分表达下调，而在根部则表达上调。$OsPIP2；4$ 和 $OsPIP2；7$ 参与硼的转运，进而调控对硼毒的耐性。

三、稻米品质分子遗传研究进展

Kiswara 等（2014）鉴定了一个低直链淀粉含量的隐性基因 $du12（t）$。研究应用钝感型品种 Milyang262 和中等直链淀粉含量品种 Junam 衍生的 F_2 群体遗传分析表明，$du12（t）$ 是控制 Milyang262 低直链淀粉含量的单隐性基因，并且和已知的低直链淀粉含量基因 wx 以及 $du1$ 不等位。应用 Baegokchal/ Milyang 262 $F_{2：3}$ 群体将 $du12（t）$ 定位于第 6 染色体长臂上 RM20662～RM412 之间 840 kb 的区域内。

Chen 等（2014）鉴定了 1 个调控水稻贮藏蛋白 GluB‐1 的 CCCH 类锌指蛋白 OsGZF1。OsGZF1 主要在幼胚中的角质鳞片周围的结构域中表达，定位于细胞核中。OsGZF1 能够下调 GluB‐1‐GUS 报告基因，也能显著降低 $GluB‐1$ 激活子 RISBZ1 的活性。OsGZF1 干扰沉默后籽粒氮浓度提高。

Doroshenk 等（2014）鉴定了 1 个调控水稻谷蛋白基因表达和 RNA 定位的 RNA 结合蛋白 RBP‐P。RBP‐P 蛋白表达和种子成熟期谷蛋白的表达一致，定位于细胞核和细胞质中。RBP‐P 能够强烈结合谷蛋白 mRNA，特别是 $3'UTR$ 区域。此外，RBP‐P 也能强烈结合谷蛋白基因中的内含子序列。

四、水稻生长发育分子遗传研究进展

Kwon 等（2014）应用早熟品种 H143/迟熟品种密阳 23 重组自交系鉴定到 1 个调控开花的微效 QTL $EH3$，位于水稻第 3 染色体上 $Hd16$ 区域。图位克隆表明，1 个编码酪蛋白激酶 CKI 的基因 EL1 很可能是 $EH3/Hd16$ QTL。在 H143 中 EL1 高度保守的丝氨酸/苏氨酸激酶结构域发生了 1 个错义突变，而在越光中激酶结构域则发现了另一个错义突变，两者蛋白均属于无功能型。在长日照条件下，近等基因系 HNIL（H143）比 HNIL（M23）早开花 13 天，但在短日照条件下则无差别。在此 EL1 主要作为下调 $Ehd1$ 转录水平的依赖长日照的开花抑制因子。

Toriba 等（2014）鉴定了 2 个调控芒发育的基因 DL 和 OsETT2。研究表明，DL 和 $OsETT2$ 在调控水稻芒的发育过程中是相互独立的，单独一个基因都不能形成芒。相较于无芒小花，有芒小花的外稃顶端区域要大一些。有芒籼稻中，$OsETT2$ 在小花的芒原基表达，而在无芒粳稻中，$OsETT2$ 在芒原基不表达，仅在原维管束表达。

Xia 等（2014）鉴定了 1 个调控根系发育的基因。研究发现，短根突变体 $red1$ 从静止中心到伸长区起点的长度缩短了，但侧根和根冠细胞的大小、数目与野生型相比没有变化。图位克隆表明，突变的表型是由于 1 个编码精氨基琥珀酸裂解酶的基因发生了 1 个点突变造成的。$OsASL$ 基因有 2 个不同的转录起始位点，但只有 $OsASL1.1$ 能够回复突变体的表型。*OsASL*1.1 在根部和地上部均有表达。*OsASL*1.1 蛋白在酵母中具有活性。

参 考 文 献

Ambavaram M M，Basu S，Krishnan A，et al. 2014. Coordinated regulation of photosynthesis in rice increases yield and tolerance to environmental stress. Nature Communications，5：5 302.

Ao Y，Li Z，Feng D，et al. 2014. OsCERK1 and OsRLCK176 play important roles in peptidoglycan and chitin signaling in rice innate immunity. Plant J，80（6）：1 072 –1 084.

Cai Q，Yuan Z，Chen M，et al. 2014. Jasmonic acid regulates spikelet development in rice. Nature Communications，5：3 476.

Chen Y，Sun A，Wang M，et al. 2014. Functions of the CCCH type zinc finger protein OsGZF1 in regulation of the seed storage protein *GluB* – 1 from rice. Plant Mol Biol，84（6）：621 – 634.

Doroshenk K A，Tian L，Crofts A J，et al. 2014. Characterization of RNA binding protein RBP – P reveals a possible role in rice glutelin gene expression and RNA localization. Plant Mol Biol，85（4 – 5）：381 –394.

Du H，Wu N，Cui F，et al. 2014. A homolog of ETHYLENE OVERPRODUCER，OsETOL1，differentially modulates drought and submergence tolerance in rice. Plant J，78（5）：834 – 849.

Duan P，Rao Y，Zeng D，et al. 2014. *SMALL GRAIN* 1，which encodes a mitogen – activated protein kinase kinase 4，influences grain size in rice. Plant J，77（4）：547 – 557.

Fu Z，Yu J，Cheng X，et al. 2014. The Rice Basic Helix – Loop – Helix Transcription Factor TDR INTERACTING PROTEIN2 Is a Central Switch in Early Anther Development. Plant Cell，26（4）：1 512 –1 524.

Gao H，Jin M，Zheng X M，et al. 2014. *Days to heading* 7，a major quantitative locus determining photoperiod sensitivity and regional adaptation in rice. Proc Natl Acad Sci U S A，111（46）：16 337 –16 342.

Gao S，Fang J，Xu F，et al. 2014. *CYTOKININ OXIDASE/DEHYDROGENASE*4 Integrates Cytokinin and Auxin Signaling to Control Rice Crown Root Formation. Plant Physiology，165（3）：1 035 –1 046.

Hanaoka H，Uraguchi S，Takano J，et al. 2014. OsNIP3；1，a rice boric acid channel，regulates boron distribution and is essential for growth under boron – deficient conditions. Plant J，78（5）：890 – 902.

Hsu Y C，Tseng M C，Wu Y P，et al. 2014. Genetic factors responsible for eating and cooking qualities of rice grains in a recombinant inbred population of an inter – subspecific cross. Mol Breed，34：655 – 673.

Ishihara T，Hayano – Saito Y，Oide S，et al. 2014. Quantitative trait locus analysis of resistance to panicle blast in the rice cultivar Miyazakimochi. Rice（N Y），7（1）：2.

Ishikawa K，Yamaguchi K，Sakamoto K，et al. 2014. Bacterial effector modulation of host E3 ligase activity suppresses PAMP – triggered immunity in rice. Nat Commun，5：5 430.

Jiang G，Xiang Y，Zhao J，et al. 2014. Regulation of inflorescence branch development in rice through a novel pathway involving the pentatricopeptide repeat protein spedl – D. Genetics，197（4）：1 395 –1 407.

Kiswara G，Lee J H，Hur Y J，et al. 2014. Genetic analysis and molecular mapping of low amylose gene *du*12（*t*）in rice（*Oryza sativa* L.）. Theor Appl Genet，127（1）：51 – 57.

Ko S S，Li M J，Sun – Ben Ku M，et al. 2014. The bHLH142 Transcription Factor Coordinates with TDR1 to Modulate the Expression of EAT1 and Regulate Pollen Development in Rice. Plant Cell，26（6）：2 486 –2 504.

Kumar K，Mosa K A，Chhikara S，et al. 2014. Two rice plasma membrane intrinsic proteins，OsPIP2；4 and OsPIP2；7，are involved in transport and providing tolerance to boron toxicity. Planta，239（1）：187 –198.

Kwon C T，Yoo S C，Koo，B H，et al. 2014. Natural variation in *Early flowering* 1 contributes to Early flowering in *japonica* rice under long days. Plant Cell Environ，37（1）：101 – 112.

Li C H，Wang G，Zhao J L，et al. 2014. The Receptor – Like Kinase SIT1 Mediates Salt Sensitivity by Activating MAPK3/6 and Regulating Ethylene Homeostasis in Rice. Plant Cell，26（6）：2 538 –2 553.

Li R，Xia J，Xu Y，et al. 2014. Characterization and genetic mapping of a *Photoperiod – sensitive dwarf* 1 locus in rice（*Oryza sativa* L.）. Theor Appl Genet，127（1）：241 – 250.

Li Y，Fan C，Xing Y，et al. 2014. *Chalk*5 encodes a vacuolar $H^{(+)}$ – translocating pyrophosphatase influencing grain chalkiness in rice. Nat Genet，46（4）：398 – 404.

Liang X，Qin L，Liu P，et al. 2014. Genes for iron – sulphur cluster assembly are targets of abiotic stress in rice，*Oryza sativa*. Plant Cell and Environment，37（3）：780 – 794.

Liu C，Mao B，Ou S，et al. 2014. OsbZIP71，a bZIP transcription factor，confers salinity and drought tolerance in rice. Plant Mol Biol，84（1 – 2）：19 – 36.

Ma B，Yin C C，He S J，et al. 2014. Ethylene – induced inhibition of root growth requires abscisic acid function in rice（*Oryza sativa* L.）seedlings. PLoS Genet，10（10）：e1004701.

Peng B，Kong H，Li Y，et al. 2014. OsAAP6 functions as an important regulator of grain protein content and nutritional quality in rice. Nat Commun，5：4 847.

Peng B，Wang L，Fan C，et al. 2014. Comparative mapping of chalkiness components in rice using five populations across two environments. BMC Genet，15：49.

Peng Y，Gao Z，Zhang B，et al. 2014. Fine mapping and candidate gene analysis of a major QTL for panicle structure in rice. Plant Cell Rep，33（11）：1 843 –1 850.

Ren Y，Wang Y，Liu F，et al. 2014. *GLUTELIN PRECURSOR ACCUMULATION* 3 encodes a regulator of post – Golgi vesicular traffic essential for vacuolar protein sorting in rice endosperm. Plant Cell，26（1）：410 – 425.

Sama V S，Rawat N，Sundaram R M，et al. 2014. A putative candidate for the recessive gall midge resistance gene *gm*3 in rice identified and validated. Theor Appl Genet，127（1）：113 – 124.

Sang D，Chen D，Liu G，et al. 2014. Strigolactones regulate rice tiller angle by attenuating shoot gravitropism through inhibiting auxin biosynthesis. Proc Natl Acad Sci U S A，111（30）：11 199 –11 204.

Song W Y，Yamaki T，Yamaji N，et al. 2014. A rice ABC transporter，OsABCC1，reduces arsenic accumulation in the grain. Proc Natl Acad Sci U S A，111（44）：15 699 –15 704.

Sun L，Zhang Q，Wu J，et al. 2014. Two rice authentic histidine phosphotransfer proteins，OsAHP1 and OsAHP2，mediate cytokinin signaling and stress responses in rice. Plant Physiol，165（1）：335 – 345.

Takai T，Ikka T，Kondo K，et al. 2014. Genetic mechanisms underlying yield potential in the rice high – yielding cultivar Takanari，based on reciprocal chromosome segment substitution lines. BMC Plant Biol，

14（1）：295.

Tian D，Wang J，Zeng X，et al. 2014. The rice TAL effector – dependent resistance protein XA10 triggers cell death and calcium depletion in the endoplasmic reticulum. Plant Cell，26（1）：497 – 515.

Tong H，Xiao Y，Liu D，et al. 2014. Brassinosteroid regulates cell elongation by modulating gibberellin metabolism in rice. Plant Cell，26（11）：4 376 – 4 393.

Toriba T and Hirano H Y. 2014. The DROOPING LEAF and OsETTIN2 genes promote awn development in rice. Plant J，77（4）：616 – 626.

Wang C，Fan Y，Zheng C，et al. 2014. High – resolution genetic mapping of rice bacterial blight resistance gene *Xa*23. Mol Genet Genomics，289（5）：745 – 753.

Wang Q，Liu Y，He J，et al. 2014. *STV*11 encodes a sulphotransferase and confers durable resistance to rice stripe virus. Nat Commun，5：4 768.

Wang S，Xu Y，Li Z，et al. 2014. OsMOGS is required for N – glycan formation and auxin – mediated root development in rice（*Oryza sativa* L. ）. Plant Journal，78（4）：632 – 645.

Wang W，Li G，Zhao J，et al. 2014. Dwarf Tiller1，a Wuschel – related homeobox transcription factor，is required for tiller growth in rice. PLoS Genet，10（3）：e1004154.

Wei L，Gu L，Song X，et al. 2014. Dicer – like 3 produces transposable element – associated 24 – nt siRNAs that control agricultural traits in rice. Proc Natl Acad Sci U S A，111（10）：3 877 – 3 882.

Wu T，Shen Y，Zheng M，et al. 2014. Gene *SGL*，encoding a kinesin – like protein with transactivation activity，is involved in grain length and plant height in rice. Plant Cell Rep，33（2）：235 – 244.

Xia J，Yamaji N，Che J，et al. 2014. Normal root elongation requires arginine produced by argininosuccinate lyase in rice. Plant Journal，78（2）：215 – 226.

Xie K，Chen J，Wang Q，et al. 2014. Direct phosphorylation and activation of a mitogen – activated protein kinase by a calcium – dependent protein kinase in rice. Plant Cell，26（7）：3 077 – 3 089.

Xu P and Cai W. 2014. *RAN*1 is involved in plant cold resistance and development in rice（*Oryza sativa*）. J Exp Bot，65（12）：3 277 – 3 287.

Xu Y，Wang Y，Long Q，et al. 2014. Overexpression of *OsZHD*1，a zinc finger homeodomain class homeobox transcription factor，induces abaxially curled and drooping leaf in rice. Planta，239（4）：803 – 816.

Xue J，Zhou X，Zhang C X. ，et al. 2014. Genomes of the rice pest brown planthopper and its endosymbionts reveal complex complementary contributions for host adaptation. Genome Biol，15（12）：521.

Yan B，Liu R，Li Y，et al. 2014. QTL analysis on rice grain appearance quality，as exemplifying the typical events of transgenic or backcrossing breeding. Breed Sci，64（3）：231 – 239.

Yang C，Li D，Liu X，et al. 2014. OsMYB103L，an R2R3 – MYB transcription factor，influences leaf rolling and mechanical strength in rice（*Oryza sativa* L. ）. BMC Plant Biol，14：158.

Yang Y，Xu J，Leng Y，et al. 2014. Quantitative trait loci identification，fine mapping and gene expression profiling for ovicidal response to whitebacked planthopper（*Sogatella furcifera* Horvath）in rice（*Oryza sativa* L. ）. BMC Plant Biol，14：145.

Yonemaru J，Mizobuchi R，Kato H，et al. 2014. Genomic regions involved in yield potential detected by genome – wide association analysis in Japanese high – yielding rice cultivars. BMC Genomics，15：346.

Zhang G H，Li S Y，Wang L，et al. 2014. *LSCHL*4 from Japonica Cultivar，which is allelic to *NAL*1，increases yield of indica super rice 93 – 11. Mol Plant，7 (8)：1 350 –1 364.

Zhang L，Hu B，Li W，et al. 2014. OsPT2，a phosphate transporter，is involved in the active uptake of selenite in rice. New Phytol，201 (4)：1 183 –1 191.

Zhou H，Zhou M，Yang Y，et al. 2014. RNase Z^{Sl} processes *Ub*$_{L40}$ mRNAs and controls thermosensitive genic male sterility in rice. Nat Commun，5：4 884.

第三章　水稻育种研究动态

2014 年全国共有 486 个水稻新品种通过了国家和省级审定，新育成一大批高产优质的苗头新品种；新确认 18 个超级稻品种。通过现代分子育种技术与传统杂交育种方法相结合，创制出了一大批各具优点和特色的杂交水稻亲本材料、水稻新种质，为我国水稻生产实现可持续发展提供了重要支撑。各稻区高产示范成效显著，Y 两优 900 在湖南溆浦百亩示范方验收产量达到 1 026.7 千克/亩（1 亩≈667 平方米；15 亩＝1 公顷。全书同），创农业部验收百亩水稻产量新纪录。两系法杂交水稻技术与应用获得国家科技进步特等奖。2014 年国外水稻在新品种选育和育种新材料创制等方面也取得了较好进展。

第一节　国内水稻育种研究进展

一、水稻新品种选育

2014 年全国水稻科研单位和种业企业共选育了 486 个水稻新品种通过国家和省级审定，比 2013 年增加 68 个。其中国家审定 46 个，省级审定 422 个，分省审定情况见表 3-1。育成品种中 68.0％为杂交稻（籼型三系杂交稻占 42.9％，籼型两系杂交稻占 22.2％，杂交粳稻占 2.9％），32.0％为常规稻（常规籼稻 8.0％，常规粳稻 24.0％），杂交稻与常规稻育成品种比例基本与 2013 年持平，杂交粳稻发展缓慢。从品种育成结构分析，北方稻区以常规粳稻为主，杂交粳稻略有增加，吉林省审定了第一个杂交粳稻品种；西南稻区仍以籼型三系杂交稻为主，两系杂交水稻品种增加；长江中下游稻区各类型水稻并存，浙江省的籼粳亚种间杂交水稻发展较快；华南稻区审定品种较多，两系杂交水稻和优质稻比例提高；河南、西北等非主要稻区育成水稻品种增加。从品种育成单位分析，53％的品种由科研单位育成，47％的品种由种业公司育成，种业公司育成品种数量进一步增加，科企合作继续加强。

表 3-1　2014 年国家及主要省（直辖市、自治区）审定品种分类分布情况

审定级别	总数	类型					第一选育单位	
		常规籼稻	常规粳稻	籼型三系杂交稻	籼型两系杂交稻	杂交粳稻	科研单位	种业公司
国　家	46	1	10	20	15		22	24
安　徽	29	5	2	3	17	2	9	20
江　苏	16		11	3	1		11	5

（续）

审定级别	总数	类型					第一选育单位	
		常规籼稻	常规粳稻	籼型三系杂交稻	籼型两系杂交稻	杂交粳稻	科研单位	种业公司
浙　江	18	3	1	7	3	4	11	7
江　西	35	1		21	13		11	24
湖　南*	24	3		9	9		7	17
湖　北*	13	1		6	5		7	6
广　东	48	15		27	6		31	17
广　西	42	2		25	15		9	33
福　建*	25			17	4		19	6
海　南*	9			4	3		3	6
陕　西	8			7	1		5	3
四　川	19			19			10	9
重　庆	8			7		1	3	5
云　南	31	4	18	5	3	1	27	4
贵　州	15	1		12	2		9	6
河　南	12		5	3	4		8	4
黑龙江	25		25				13	12
吉　林	26		25			1	15	11
辽　宁	16		12			4	12	4

﹡：部分省份审定品种中含不育系

二、水稻新品种区域试验

新审定的品种在国家、省级区试和试验示范中产量表现突出，部分品种米质达到国标3级以上，有望在生产上得到大面积推广应用。部分增产幅度大、米质优良的国家审定品种简介如下。

（一）早稻

中国水稻研究所选育的籼型两系杂交早稻株两优 39，2011—2012 年参加早籼早中熟组区试，两年平均亩产 484.1 千克，比对照株两优 819 增产 6.0%；2013 年生产试验，平均亩产 502.9 千克，比株两优 819 增产 6.3%。在长江中下游作双季早稻种植，全生育期平均 110.3 天，比对照株两优 819 长 1.6 天。株高 86.1 厘米，穗长 17.9 厘米，亩有效穗数 21.4 万穗，穗粒数 109.2 粒，结实率 86.9%，千粒重 25.7 克。感稻瘟病，中感白叶枯病，高感褐飞虱，感白背飞虱。米质主要指标：整精米率 54.3%，长宽比 2.4，垩白粒率 97%，垩白度 20.4%，胶稠度 79 毫米，直链淀粉含量 24.1%。适宜在江西、湖南、浙江、安徽、湖北的双季稻区作早稻种植，稻瘟病重发区不宜种植。

湖南亚华种业科学研究院和中国水稻研究所选育的籼型两系杂交水稻陵两优 22，2011—2012 年参加早籼迟熟组区试，两年平均亩产 516.7 千克，比对照金优 402 增产 8.2%；2013 年生产试验，平均亩产 531.6 千克，比对照金优 402 增产 7.7%。长江中下游作双季早稻种植，全生育期 113.4 天，比对照金优 402 短 0.3 天。株高 83.1 厘米，穗长 19.0 厘米，亩有效穗数 22.1 万穗，穗粒数 114.3 粒，结实率 84.4%，千粒重 27.2 克。高感稻瘟病，中感白叶枯病，高感褐飞虱和白背飞虱。米质主要指标：整精米率 57.8%，长宽比 2.7，垩白粒率 87%，垩白度 16.1%，胶稠度 75 毫米，直链淀粉含量 19.7%。适宜在江西、湖南、广西桂北稻作区，福建北部、浙江中南部的双季稻区作早稻种植，稻瘟病重发区不宜种植。

（二）中稻

四川农业大学水稻所选育的籼型三系杂交水稻内 6 优 538，2011—2012 年参加长江上游中籼迟熟组区试，两年平均亩产 611.9 千克，比对照 Ⅱ 优 838 增产 6.7%；2013 年生产试验，平均亩产 581.6 千克，比 Ⅱ 优 838 增产 6.7%。长江上游作中稻种植，全生育期 158.7 天，比对照 Ⅱ 优 838 长 2.0 天。株高 104.6 厘米，穗长 26.2 厘米，亩有效穗数 15.6 万穗，穗粒数 166.9 粒，结实率 81.8%，千粒重 31.0 克。感稻瘟病，高感褐飞虱。抽穗期耐热性、耐冷性中等。米质主要指标：整精米率 57.9%，长宽比 2.9，垩白粒率 35%，垩白度 4.9%，胶稠度 84 毫米，直链淀粉含量 15.1%。适宜在云南、贵州（武陵山区除外）的中低海拔籼稻区，重庆（武陵山区除外）800 米以下籼稻区，四川平坝丘陵稻区，陕西南部稻区作一季中稻种植，稻瘟病重发区不宜种植。

宜宾市农业科学院选育的籼型三系杂交水稻宜香优 1108，2011—2012 年参加长江上游中籼迟熟组区试，两年平均亩产 600.6 千克，比对照 Ⅱ 优 838 增产 5.5%；2013 年生产试验，平均亩产 584.6 千克，比 Ⅱ 优 838 增产 6.5%。长江上游作中稻种植，全生育期 156.3 天，比对照 Ⅱ 优 838 短 0.3 天。株高 116.1 厘米，穗长 26.1 厘米，亩有效穗数 14.8 万穗，穗粒数 183.3 粒，结实率 79.1%，千粒重 29.4 克。感稻瘟病，高感褐飞虱。抽穗期耐热性中等。米质主要指标：整精米率 54.0%，长宽比 3.0，垩白粒率 12%，垩白度 1.7%，胶稠度 83 毫米，直链淀粉含量 16.0%，达到国家《优质稻谷》标准 2 级。适宜在云南、贵州（武陵山区除外）的中低海拔籼稻区，重庆（武陵山区除外）800 米以下籼稻区，四川平坝丘陵稻区，陕西南部稻区作一季中稻种植，稻瘟病重发区不宜种植。

四川省农业科学院水稻高粱研究所选育的籼型三系杂交水稻德优 4727，2011—2012 年参加长江上游中籼迟熟组区试，两年平均亩产 612.4 千克，比对照 Ⅱ 优 838 增产 5.6%；2013 年生产试验，平均亩产 589.0 千克，比 Ⅱ 优 838 增产 6.9%。长江上游作中稻种植，全生育期 158.4 天，比对照Ⅱ优 838 长 1.4 天。株高 113.7 厘米，穗长 24.5 厘米，亩有效穗数 14.9 万穗，穗粒数 160.0 粒，结实率 82.2%，千粒重 32.0 克。感稻瘟病和褐飞虱。抽穗期耐热性中等。米质主要指标：整精米率 58.0%，长宽比 2.8，垩白粒率 20%，垩白度 2.3%，胶稠度 73 毫米，直链淀粉含量 17.3%，达到国家《优质稻谷》标准 2 级。适宜在云南、贵州（武陵山区除外）的中低海拔籼稻区，重庆（武陵山区除外）800 米以下籼稻区，四川平坝丘陵稻区，陕西南部稻区作一季中稻种植。稻瘟病重发区不宜种植。

湖南希望种业科技有限公司选育的籼型两系杂交水稻 Y 两优 6 号，2011—2012 年参加长江中下游中籼迟熟组区试，两年平均亩产 627.0 千克，比对照丰两优 4 号增产 5.9%；2013 年生产试验，平均亩产 639.8 千克，比丰两优 4 号增产 6.9%。长江中下游作中稻种植，全生育期 138.4 天，比对照丰两优四号长 1.4 天。株高 123.9 厘米，穗长 26.8 厘米，亩有效穗数 17.0 万穗，穗粒数 175.6 粒，结实率 83.4%，千粒重 27.0 克。高感稻瘟病，中感白叶枯病，高感褐飞虱。米质主要指标：整精米率 57.6%，长宽比 3.1，垩白粒率 28%，垩白度 3.7%，胶稠度 82 毫米，直链淀粉含量 15.7%，达到国家《优质稻谷》标准 3 级。适宜在江西、湖南（武陵山区除外）、湖北（武陵山区除外）、安徽、浙江、江苏的长江流域稻区以及福建北部、河南南部作一季中稻种植，稻瘟病重发区不宜种植。

安徽蓝田农业开发有限公司选育的籼型两系杂交水稻两优 619，2011—2012 年参加长江中下游中籼迟熟组区试，两年平均亩产 622.5 千克，比对照丰两优四号增产 5.4%；2013 年生产试验，平均亩产 621.7 千克，比对照丰两优四号增产 3.9%。长江中下游作中稻种植，全生育期 139.9 天，比对照丰两优四号长 2.8 天。株高 122.9 厘米，穗长 25.4 厘米，亩有效穗数 14.6 万穗，穗粒数 195.3 粒，结实率 81.6%，千粒重 30.0 克。感稻瘟病，中感白叶枯病，感褐飞虱。米质主要指标：整精米率 64.7%，长宽比 3.2，垩白粒率 7%，垩白度 0.7%，胶稠度 70 毫米，直链淀粉含量 16.5%，达到国家《优质稻谷》标准 2 级。适宜在江西、湖南（武陵山区除外）、湖北（武陵山区除外）、安徽、浙江、江苏的长江流域稻区以及福建北部、河南南部作一季中稻种植，稻瘟病重发区不宜种植。

江西科源种业有限公司和临湘市兆农科技研发中心选育的籼型两系杂交水稻深两优 865，2011—2012 年参加长江中下游中籼迟熟组区试，两年平均亩产 621.8 千克，比对照丰两优四号增产 5.3%；2013 年生产试验，平均亩产 611.3 千克，比丰两优四号增产 2.1%。长江中下游作中稻种植，全生育期 135.4 天，比对照丰两优四号短 1.7 天。株高 113.7 厘米，穗长 25.0 厘米，亩有效穗数 18.2 万穗，穗粒数 177.3 粒，结实率 86.7%，千粒重 23.9 克。抗性高感稻瘟病，中抗白叶枯病，感褐飞虱。抽穗期耐热性中等。米质主要指标：整精米率 61.4%，长宽比 3.1，垩白粒率 28%，垩白度 4.0%，胶稠度 74 毫米，直链淀粉含量 14.8%。适宜在江西、湖南（武陵山区除外）、湖北（武陵山区除外）、安徽、浙江、江苏的长江流域稻区以及福建北部、河南南部作一季中稻种植，稻瘟病重发区不宜种植。

（三）晚稻

南昌市德民农业科技有限公司和广东省农业科学院水稻研究所选育的籼型三系杂交水

稻五优 103，2011—2012 年参加晚籼早熟组区试，两年平均亩产 555.6 千克，比对照五优 308 增产 3.8%；2013 年生产试验，平均亩产 561.4 千克，比五优 308 增产 7.5%。长江中下游作双季晚稻种植，全生育期 114.0 天，比对照五优 308 短 4.8 天。株高 100.6 厘米，穗长 21.8 厘米，亩有效穗数 19.7 万穗，穗粒数 150.2 粒，结实率 83.4%，千粒重 26.0 克。高感稻瘟病，感白叶枯病，高感褐飞虱。抽穗期耐冷性中等。米质主要指标：整精米率 62.2%，长宽比 2.6，垩白粒率 39%，垩白度 5.8%，胶稠度 81 毫米，直链淀粉含量 15.9%。适宜在江西中南部、湖南中南部的双季稻区作晚稻种植，稻瘟病重发区不宜种植。

（四）粳稻

江苏丘陵地区镇江农科所选育的粳型常规糯稻镇糯 19 号，2011—2012 年参加单季晚粳组区试，两年平均亩产 587.4 千克，比对照常优 1 号增产 0.4%；2013 年生产试验，平均亩产 590.4 千克，比常优 1 号增产 7.8%。长江中下游作单季晚稻种植，全生育期 145.8 天，比对照常优 1 号短 7.2 天。株高 98.2 厘米，穗长 15.7 厘米，亩有效穗数 21.5 万穗，穗粒数 122.9 粒，结实率 92.0%，千粒重 25.7 克。高感稻瘟病，中感白叶枯病，高感褐飞虱，中抗条纹叶枯病。米质主要指标：整精米率 74.0%，长宽比 1.8，胶稠度 100 毫米，直链淀粉含量 1.7%，达到国家《优质稻谷》优质糯稻标准。适宜在上海、江苏苏南、安徽沿江、湖北的粳稻区作单季晚稻种植，稻瘟病重发区不宜种植。

天津市农作物研究所和天津国瑞谷物科技有限公司选育的粳型常规水稻津稻 179，2011—2012 年参加国家京津唐粳稻组区试，两年平均亩产 660.0 千克，比对照津原 45 增产 6.3%；2013 年生产试验，平均亩产 638.4 千克，比津原 45 增产 8.8%。京津唐粳稻区种植，全生育期 175.4 天，与对照津原 45 相当。株高 114.9 厘米，穗长 21.3 厘米，穗粒数 139.5 粒，结实率 92.3%，千粒重 25.1 克。中感稻瘟病，高抗条纹叶枯病。米质主要指标：整精米率 72.3%，垩白米率 11.3%，垩白度 0.9%，直链淀粉含量 16.7%，胶稠度 84.3 毫米，达到国家《优质稻谷》标准 2 级。适宜在北京、天津、山东东营、河北冀东及中北部一季春稻区种植。

铁岭市农业科学院选育的粳型常规水稻铁粳 11 号，2011—2012 年参加国家中早粳中熟组区试，两年平均亩产 673.2 千克，比对照秋光增产 3.1%；2013 年生产试验，平均亩产 664.7 千克，比秋光增产 10.1%。东北、西北晚熟稻区种植，全生育期 159.7 天，比对照秋光晚熟 4.7 天。株高 100.9 厘米，穗长 16.6 厘米，穗粒数 139.8 粒，结实率 83%，千粒重 22.8 克。中抗稻瘟病。米质主要指标：整精米率 66.6%，垩白米率 9.5%，垩白度 0.6%，直链淀粉含量 16.6%，胶稠度 83 毫米，达到国家《优质稻谷》标准 1 级。适宜在吉林晚熟稻区、辽宁北部、宁夏引黄灌区、内蒙古赤峰地区和南疆稻区种植。

郯城县种子公司选育的粳型常规水稻阳光 600，2010—2011 年参加黄淮粳稻组区试，两年平均亩产 623.3 千克，比对照徐稻 3 号增产 7.7%；2012 年生产试验，平均亩产 697.8 千克，比徐稻 3 号增产 6.9%。黄淮稻区种植，全生育期 154.6 天，比对照徐稻 3

号短 1.8 天。株高 101.1 厘米，穗长 16.7 厘米，亩有效穗数 21.4 万穗，穗粒数 144.4 粒，结实率 87.2%，千粒重 23.8 克。中抗稻瘟病，高抗条纹叶枯病。米质主要指标：整精米率 65.1%，长宽比 1.8，垩白米率 24%，垩白度 2.5%，胶稠度 83 毫米，直链淀粉含量 16.7%，达到国家《优质稻谷》标准 3 级。适宜在河南沿黄区、山东南部、江苏淮北、安徽沿淮区及淮北地区种植。

三、超级稻认定与示范推广

（一）新确认 18 个超级稻品种

农业部根据《超级稻品种确认办法》，在各地申报和专家评审的基础上，新确认了龙粳 39、莲稻 1 号等 18 个品种为 2014 年农业部超级稻示范推广品种（表 3-2）。同时，根据超级稻品种退出规定，取消因推广面积达不到要求的协优 9308、武粳 15、龙稻 5 号、宁粳 1 号、新稻 18 号、新丰优 22、培两优 3076、准两优 1141 等 8 个品种的超级稻品种资格，不再冠名超级稻。截至 2014 年，由农业部冠名的超级稻示范推广品种共 111 个。其中，包括三系杂交籼稻 47 个（主要分布于长江流域），两系杂交籼稻 26 个，常规籼稻 8 个，三系杂交粳稻 2 个，常规粳稻 25 个，籼粳杂交稻 3 个。

（二）超级稻高产示范与推广

2014 年，我国进一步推进第 4 期超级稻研究，超级稻育种研究进入新阶段。根据前期研究成果，启动中国超级稻重点区域目标产量高效育种技术集成与示范，集中全国超级稻育种研究力量，按照重点区域布局各个突破；启动超级杂交稻"百千万"高产攻关示范工程，在我国南方水稻主产区开展超级杂交稻百亩连片平均亩产 1 000 千克、千亩连片平均亩产 900 千克、万亩连片平均亩产 800 千克的高产攻关研究与示范。袁隆平院士提出，要进一步提高水稻产量，需要保持在收获系数不变的前提下，提高生物学产量。其中，适当增加株高，可能是提高生物学产量的理想途径。

超级稻品种和配套高产栽培技术在全国 17 个省份示范，共安排百亩示范方 53 个，千亩示范片 19 个，万亩示范区 8 个，示范方测产验收均达到高产指标。其中，湖南杂交水稻研究中心在湖南省溆浦县横板桥乡红星村"Y 两优 900"百亩高产攻关片，经农业部组织的专家现场验收，平均亩产达 1 026.7 千克，第一次达到第四期超级稻育种目标，创下了水稻较大面积平均亩产世界纪录。山东日照湘两优 2 号百亩高产攻关片，经山东省科技厅组织的现场测产验收，平均亩产 968.37 千克，创下了我国北方超级杂交稻较大面积平均单产最高纪录；安徽舒城县"Y 两优 900""Y 两优 2 号"百亩高产攻关片，经安徽省科技厅组织的专家现场测产验收，平均亩产 932.4 千克，创下了我国低海拔平原区超级杂交稻较大面积平均单产纪录。河南光山县 3 个超级稻千亩片，平均亩产达 815.5 千克，创造了更大面积示范种植的平均单产纪录。籼粳杂交稻制种产量获得突破，其中，中国水稻研究所育成的春优 927 在浙江省宁海验收亩产达到 955 千克，浙江省宁波市农业科学院育成的甬优系列籼粳杂交稻在多个"百亩片"验收产量达到 900 千克/亩以上，大面积生产应用上平均亩产达到 750 千克，增产效果显著。2014 年超级稻品种与配套栽培技术推广应用 1.4 亿亩，其中，北方超级稻龙粳 31 年推广面积 1 700 万亩，成为全国水稻推广面积最大的品种。

四、两系法杂交水稻技术研究与应用

"两系法杂交水稻技术研究与应用"于 2014 年 1 月获得国家科技进步特等奖。两系法杂交水稻是 1987 年袁隆平院士针对三系法杂交水稻受恢保关系制约，存在配组不自由、种质资源利用率低、培育超高产优质杂交组合技术难度大、周期长、产量徘徊不前等问题而提出的战略设想。20 多年来，全国水稻科技工作者攻坚克难、团结协作，创立了实用光温不育系选育理论、鉴定技术、核心种子与原种生产技术，建立了不育系高产稳产繁殖、安全高产制种技术体系，解决了杂交水稻高产与优质、高产与早熟难协调的技术难题，突破了两系杂交粳稻育种与种子生产技术瓶颈，育成了实用型两系不育系 170 个，配制了两系杂交稻组合 528 个，并大面积推广应用。截至 2012 年，全国累计推广两系杂交稻 4.99 亿亩，增产稻谷 110.99 亿 kg。

五、水稻育种新材料创制

（一）杂交水稻亲本选育

1. 不育系选育

浙江省选育出嘉 81A、嘉 66A、秀水 134A、春江 23A、春江 99A、甬粳 43A、甬粳 45A、甬粳 49A、双粳 1 号 A、双粳 2 号 A 等 10 个粳稻三系不育系，中 98A、双龙 1 号 A 等 2 个籼稻三系不育系，雨 03S、雨 06S、浙科 47S、浙科 17S 等 4 个籼稻两系不育系通过鉴定，多数具有抗稻瘟病特性，品质优良，为进一步选育高产优质杂交水稻奠定了丰富的材料基础。湖南省选育出 T91S、晶 4155S、隆科 638S 等 3 个籼稻两系不育系通过审定，具有柱头外露高、异交结实好、品质优良等特点。湖北省选育出益 51A 通过审定，具有早熟、柱头外露率高等特点，品质达到国标 2 级。海南省选育出金福 A、正 67S 等 2 个不育系，其中，正 67S 为无花粉型，直链淀粉含量低。福建省选育出恒达 A、桐 A、祥 A、M20A 等 4 个籼稻三系不育系，表现繁茂性好、柱头外露高等特点。软米型优质三系不育系龙丰 A 通过广西区鉴定。江苏省选育出长粒型粳稻不育系常 01-11A，粒长 9.0 毫米，长宽比 3.3，品质优良。北方稻区选育出 LY046S、LY056S、LY1566S、LY201S 等两系不育系，选育出大柱头高外露不育系辽 239A、辽 29 A 等，米质性状得到很大改善，配制的部分新组合已参加省级试验。

2. 恢复系选育

浙江省创制育成长粒型粳稻恢复系 L42、L1014 恢复系申请获得专利；选育具有大穗型、恢复能力强、广亲和性的籼粳中间型恢复系 C84、R1140，已申请新品种保护；创制大粒大穗、耐高温的籼稻恢复系 R8019。湖南省创制抗稻瘟病恢复系 R8117，解决了"巨穗稻" R1126 在后期落色、稻瘟病抗性、耐高温性等方面的不足，与三系、两系不育系配组，已选配出 Bph68S/R8117、旌香 1A/R8117、吉丰 A/R8117 及 1892S/R8117 等系列高产苗头组合参加各级筛选试验，表现突出。江西省创制出株叶形态好、配合力高、抗性较强的苗头恢复系昌恢 516、昌恢 518、昌恢 T1302、昌恢 881、昌恢 806、昌恢 809 等。贵州省创制大穗、多穗恢复系黔恢 93，具有穗粒数多、恢复能力强等特点。西南稻区创制配合力好、恢复力强、米质优的三系恢复系 Q 恢 28，耐热三系粳型恢复系粳恢 35 通过重庆市农作物品种鉴定委员会技术鉴定；强优新恢复系乐恢 188 通过四川省农作物品种鉴定委员会技术鉴定。江苏省创制抗稻瘟病恢复系 4 份，在黄山市休宁县稻瘟病重发区进行田间鉴定，抗性较好。辽宁省通过爪哇型广亲和系与优质理想株型偏粳恢复系杂交途径和分子育种的手段，创制出配合力高、抗倒性好、恢复谱广等特点的广亲和恢复系 C787、C781。

（二）优异水稻新种质创制

北方稻区创制优质材料 4 份，包括哈 10 - 20、牡 08 - 1819、牡 09 - 2754、牡 09 - 2674；抗稻瘟病材料 5 份，包括龙交 10989、龙花 07211、哈 09 - 05、龙交 102839、吉 2014 - 49；耐冷材料 3 份，包括龙生 03011、龙花 08752、龙交 102275；理想株型、高产材料 2 份，包括哈 93132、2014 - 58。长江流域创制稻瘟病抗性较好的材料 4 个，包括中作 12143、中作 12204、中作 12450 和中作 11243，穗瘟损失率最高级均为 3 级，达中抗水平，可以做稻瘟病抗性亲本使用；选育出 2 份抗飞虱材料；创制高柱头外露两系粳稻材料 L1S、L2S；水稻氮磷高效利用新材料 N31、N52；水稻镉低积累种质材料 LCD1、LCD8。湖北省创制无芒高结实多倍体水稻品系 ZB158，高蛋白质多倍体水稻品系 HG383，多倍体水稻不育系品系 2 个，多倍体水稻恢复系品系 3 个；利用非洲栽培稻为资源创制出新质源不育系，部分种间杂种优势利用的亚非杂交稻初露端倪，表现丰产性好、米质优等特点。

第二节 国外水稻育种研究进展

随着水稻分子生物学技术的发展，水稻育种业全球化的步伐不断加快，育种技术和品种选育方法得到了快速发展，2014 年国外水稻新品种选育和育种新材料创制也取得了较大进展。

一、水稻育种新材料创制

利用分子技术创制育种新材料，分子标记辅助回交可加速轮回亲本基因组的纯合，加快育种进程，提高选择效率。印度育种家通过分子技术把稻瘟病抗性基因 *pi*1、*pi*2、*pi*33 聚合到大面积种植的感病品种 ADT43 中，对回交系进行遗传改良，获得了一个具有稻瘟病抗性的 ADT43 （Divya et al.，2014）。N22、Dular 等耐热水稻品种产量低、性状差，Manigbas 等 （2014）利用分子技术将它们与产量高且综合性状好的品种进行杂交，获得一些具有耐热性、抗病虫害且高产的 Gayabyeo/N22 等优异个体，创制了育种新材料，为培育既耐热又高产的水稻新品种打下基础。

杂草是限制水稻生物量的主要因素之一，非洲水稻中心对杂草不加防控的条件下，对其高度遗传力高的性状进行小区评价试验，从而制定出一套选育对杂草具有强抑制能力的水稻品种的筛选方案（Saito，2014）。在人口密集、资源贫乏、气候寒冷的东非马达加斯加中枢高地，旱稻已成为主要的水稻种植品种，Raboin 等 （2014）对尼泊尔水稻品种 Chhomrong Dhan 与其他品种进行耐瘠薄区域试验，主要是将叶面积指数、收获指数和生育期相结合筛选新的改良品种，既有助于在粗放管理条件下抑制杂草的竞争能力而提高水稻产量，又因抗稻瘟病、耐低温以及缩短生育期来减少产量损失。

臭氧可通过减少水稻穗数、降低结实率以及粒形大小来影响水稻产量，同时，臭氧也会引起稻米品质发生变化。21 世纪中期，随着对流层臭氧浓度的继续升高，将有可能对亚洲数十亿水稻消费者的粮食安全构成极大威胁。因此，采取多种水稻育种途径，培育出耐臭氧水稻品种也是今后一个重要的发展方向。

二、水稻新品种选育

2014 年，国际水稻研究所（IRRI）在亚洲和非洲 8 个国家公布了 28 个高产、抗逆水稻新品种，并进行推广应用，这些具耐涝（印度）、耐旱（尼泊尔）、耐盐（冈比亚和菲律宾）等优异特性的水稻品种有助于克服气候变化对水稻种植生态系统带来的负面影响。

美国农业部农业研究服务中心和阿肯色大学农学系联合利用传统的育种方法，进行长粒型籼稻品种间杂交，培育出一个新的水稻品种 STG06L - 35 - 061，该品种能抑制稗草等较难防治的杂草生长，为减少除草剂的利用开辟出一条新途径。巴西南里奥格兰德水稻研究所公布育成 Irga429、Irga430 和 Irga424 等 3 个高产、优质、抗病的水稻新品种，其中，Irga424 具有抗除草剂的特性，Irga429 和 Irga430 的蒸煮品质极佳，具有一定的耐土壤铁毒特性，对叶瘟和穗颈瘟表现中抗和中感。

印度的中熟水稻品种组合占有很大市场，一般要求表现高产、长宽比大于 3.1、直链淀粉 22% 以上、制种播差期小于 10 天、抗褐飞虱和稻瘟病，2014 年，印度 25 个参试的早熟杂交稻中，有 3 个组合通过审定，其中，2 个品种来自 Rice Tec 公司，1 个品种来自拜耳公司。

孟加拉 2014 年共审定 6 个水稻品种，其中，孟加拉水稻研究所（BRRI）选育出 Brridhan - 66、Brridhan - 67、Brridhan - 68、Brridhan - 69 等 4 个水稻新品种。其中，Brridhan - 66 生育期 110～115 天，平均产量 4.5～5.0 吨/公顷；Brridhan - 67 生育期

140～150天，株高100厘米，粒形狭窄，具有耐盐性；Brridhan-68生育期140～149天，平均产量7.3～9.2吨/公顷；Brridhan-69生育期145～160天，平均产量7.3～9.0吨/公顷。孟加拉核农研究所也选育出Binadhan-15和Binadhan-16等两个品种，其中Binadhan-15稻米品质极佳，对光照不敏感，生育期比对照品种BBRIdhan-38早15～20天，产量较对照品种高25%，该品种适宜种植于全国各个稻区；Binadhan-16生育期较短，为100～108天，比对照品种Binadhan-7早8～10天，千粒重为27.4克，产量较对照品种高10%。

2014年世界各国杂交水稻发展迅速，增产幅度较大。汇总相关资料分析，预计杂交水稻种植面积达到7 800万亩（除中国外），其中，印度3 300万亩，孟加拉国1 800万亩，越南1 000万亩，美国700万亩，巴基斯坦600万亩，巴西200万亩；与当地主栽品种相比，杂交水稻品种普遍提高了15%以上，其中，印度杂交水稻增产幅度达到15%～20%，孟加拉、印度尼西亚、越南等增产幅度为30%～40%，美国增产幅度超过20%。

参 考 文 献

2014年国家、各省审定的水稻新品种. http：//www. ricedata. cn/variety. htm.

全国农业技术推广服务中心. 全国农作物主要品种面积推广情况统计. 2013.

Divya B，Robin S，Rabindran R，et al. 2014. Marker assisted backcross breeding approach to improve blast resistance in Indian rice（*Oryza sativa*）variety ADT43. Euphytica，200：61-77.

Manigbas N L，Lambio L A F，Madrid L B，et al. 2014. Germplasm innovation of heat tolerance in rice for irrigated lowland conditions in the Philippines. Rice Science，21：162-169.

Saito K. A 2014. screening protocol for developing high-yielding upland ricevarieties with superior weed-suppressive ability. Field Crops Research，168：119-125.

Raboin L M，Randriambololona T，Radanielina T，et al. 2014. Upland rice varieties for smallholder farming in the cold conditions in Madagascar's tropical highlands. Field Crops Research，169：11-20.

第四章　水稻栽培技术研究进展

　　2014 年，各地继续开展水稻高产栽培理论与关键技术研究，取得了显著进展；继续加强水稻集中育秧模式与技术、机械化种植、全程机械化等生产技术的研发与推广，全国水稻机械化种植、收获水平分别达到 38％、81％，比上年分别提高 3 个和 9 个百分点；进一步加强水稻肥水管理、新型肥料、高效种植及抗逆栽培等技术研究，进一步提升了良种良法配套、农机农艺结合水平，促进了水稻品种增产潜力发挥。

第一节　水稻高产栽培理论与技术

一、水稻高产栽培理论

　　林洪鑫等（2014）认为，行/株距比、施氮量和品种等因素影响双季晚稻上部 3 片主要功能叶的空间配置，行株距比在 2.0 时，倒 1 至倒 3 叶的基角、开张角和叶长较小，行株距比在 5.0 及 2.0 时较易获得高产。李志新等（2014）研究认为，第 5 节间长度是株高成分中最容易受环境影响的部分，不同环境条件下第 5 节间长度可用作判断水稻品种对光温条件的响应指标。彭斌等（2014）研究表明，增加种植密度是水稻高产的途径，适当增加移栽密度可以减小臭氧胁迫对水稻生长后期的光合面积，特别是净同化率的影响，并减轻对颖花分化和籽粒生长过程的伤害，最终可显著减少臭氧胁迫下经济产量的损失。

　　检测水稻生长指标是高产的保证。杨虎等（2014）提出，SPAD 计可以快速、无损、有效地评估水稻冠层叶片的光合作用进程，当 SPAD 值小于 35 时，水稻光合过程可能处于受损状态。赵三琴等（2014）提出稻穗结构图像特征测量方法，首先人工测量稻穗一次枝梗长度和每穗籽粒数，发现二者具有显著相关性；采用图像处理方法提取稻穗图像面积、一次枝梗长度特征，并分别分析二者与籽粒数的相关关系，认为稻穗形态特征图像提取方法可行，面积、一次枝梗长度均能用来表达或替代稻穗籽粒数特征。陈龙等（2014）基于 26 个监测点的水稻生育时期（分蘖期、抽穗期、灌浆期和完熟期）叶面积指数（LAI）以及完熟期地上和地下生物量数据，分析了叶面积指数（LAI）与生物量的相关关系，建立了基于多生育期 LAI 的水稻根生物量预测模型，认为根生物量可以通过 LAI 快速、准确预测。

　　水稻茎鞘非结构性碳水化合物的积累和再分配在产量形成，尤其是在不良环境条件下对于减缓产量下降起着重要作用，可以在灌浆期光合受阻、非生物逆境胁迫时为产量形成提供同化物，从而缓解产量的降低。并研究了不同库容量类型基因型水稻茎鞘非结构性碳水化合物积累转运特征，认为大库容量水稻茎鞘非结构性碳水化合物对产量的表观贡献较高，与其抽穗前茎鞘非结构性碳水化合物积累量高、灌浆结实期非结构性碳水化合物表观转运量大、茎维管束多、源库比小紧密相关，并提出采取增源的栽培措施实现大库容水稻高产（潘俊峰等，2014）。

二、水稻高产栽培技术

针对超级稻品种特性，研究其高产形成的共性规律，提出了超级稻品种高产群体构建的实用指标，创立了超级稻高产栽培关键技术。超级稻高产栽培关键技术与区域化集成应用取得了巨大的经济、社会和生态效益，为我国超级稻大面积生产提供了栽培技术支撑，为粮食连年增产做出了重要贡献，成果获得了 2014 年国家科技进步二等奖。其与水稻精确定量栽培技术、水稻"三定"栽培技术、水稻抛秧高产栽培技术等被列入农业部水稻生产主推技术。秦叶波（2014）分析浙江省水稻高产创建实施情况，总结高产创建的经验做法和创新措施，认为水稻高产需要有超高产潜力的品种及高产配套集成技术。

三、水稻亩产 1 000 千克关键技术

我国水稻超高产栽培技术研究经多年实践，取得了显著进展。超级稻项目的实施先后实现水稻亩产 700 千克、800 千克和 900 千克的目标，2013 年又启动实施亩产 1 000 千克的第四期超级稻项目，目前已经取得较好进展。近年来，通过实施良种良法配套，以湖南的籼型杂交稻 Y 两优 900 和浙江的籼粳型杂交稻甬优 12 为代表的超级稻品种，相继在湖南、浙江等地实现了亩产 1 000 千克左右的产量。从亩产 1 000 千克产量结果分析看，这些品种具有理想株型和大穗特点，叶片挺直，生物量大，每穗平均粒数超 300 粒。高产示范测产验收结果表明，甬优 12 机插亩产 1 000 千克的产量结构为，穗数 14 万～15 万穗/亩，穗总粒数 320～340 粒，结实率 85%～88%，千粒重 23～25 克。甬优 12 亩产千千克亩总颖花量要达到 4 800 万个，单穗重达到 7.0 克，说明水稻亩产 1 000 千克产量需要发挥品种大穗优势，穗重达到 7.0 克左右，现有亩产 700～800 千克产量水平的水稻品种穗重大多在 4～5 克；需要充足的库容量，亩总颖花量要达到 4 500 万个以上。根据亩产 1 000 千克的生长和产量形成特点，栽培技术重点突出早发促早长，壮秆促大穗，稳长促产量。

第二节 水稻机械化生产技术

一、水稻集中育秧模式与技术

根据各地水稻生产实际，选择适宜的育秧模式，通过标准化集中育秧培育机插壮秧，是促进机插秧技术发展的关键。针对现有水稻机插育秧方法存在的问题，中国水稻研究所通过长期分析水稻规模化生产及社会化服务的技术需求，经过多年模式、装备和技术创新，集成了现代化水稻机插叠盘暗出苗供秧模式及技术，研发了实用育秧基质，改进育秧播种装备，研制可叠秧盘，并开发出了智能化出苗温湿度检测控制系统及其育秧技术，形成了一个采用叠盘暗出苗为核心的育秧中心及若干育秧场地，即"1＋N"机插育供秧新模式。该模式解决了稻农在水稻机插育秧中经常出现的出苗差、整齐度低、机插漏秧率高和效果差等问题，比传统育秧中心的育供秧效率提高了10倍左右，而且可长距离供秧。由于设备利用率和劳动效率提高、秧苗质量提高，育秧总成本下降15％，而且出苗整齐均匀，秧苗质量明显提高，为获取高产奠定基础，极大提高了育秧中心的育供秧能力，为我国水稻规模化生产和社会化服务提供了实用且值得推广的新模式。

杨望等（2014）结合南方水稻泥浆育秧的特点研制出了一种水稻芽种精密播种机，并加以改进，设计研制出了一种新的2YBZ－26型电磁振动式水稻田间育秧播种机，可提高田间播种的精确度。张福军等（2014）设计了基于单片机C8051F023的控制系统，适宜黑龙江垦区农场的大型智能温控水稻集中浸种催芽设备大面积推广应用。该控制器设计了8路温度采集电路，以及高水位、低水位和空水位的检测电路，通过对温度、水位的检测，实现了种箱内温度的灵活控制、注水泵和排水泵的自动启停。测试表明，利用该控制器能够自动完成种箱内温度、水位的检测和控制，硬件电路结构简单、系统运行可靠，调试灵活，易于掌握。为了提高育秧生产和管理效率、准确掌握育秧环境，衣淑娟等（2014）利用物联网中的微电子技术、通信技术、传感器技术，采用硬件分系统设计方式设计了一套智能化育秧环境监控系统，以实现远程监控与管理。

二、水稻机械化种植技术

机插秧是我国主要的机械化种植方式。针对传统的毯状秧苗机插存在问题，中国水稻研究所首创水稻钵形毯状秧苗机插技术，解决了传统毯苗机插存在的机插取秧不均、伤秧伤根严重、漏秧率高、插后返青慢等问题，实现钵苗机插，2014年完善水稻钵形毯状秧苗机插配套装备及技术，研发18×36规格直条钵形毯状秧盘，方便和提高起秧效率；水稻钵形毯状秧苗机插技术2014年被列为水稻主推技术，在黑龙江、宁夏、浙江等省年推广面积超过3 000万亩。水稻钵苗机插作为南方稻区一种新兴的机插秧技术，能够实现带土钵壮秧行穴定距地有序、无植伤精确移栽，且秧苗质量高，秧龄弹性大，栽后缓苗期短、活棵发苗快。朱聪聪等（2014）比较钵苗机插不同密度对水稻光合物质生产及产量的影响，认为钵苗机插水稻茎蘖数随栽插密度的降低而减小，剑叶叶绿素含量及光合特征参数变化则相反，种植密度增加产量增高。张集文等（2014）采用麻纤维地膜辅助盘根培育水稻机插秧，提高了秧板根系盘结力，使得盘育秧可以提早到2叶期进行乳苗机插。将不同抗性品种混合播种机插，可以提高水稻抗性，实现增产（滕飞等，2014）。针对传统翻耕机插存在问题，免耕机插是水稻机械化种植方式的一种创新，徐一成等（2014）研究明确了水稻免耕机插高产栽培的合理种植密度及施氮量。

机械化直播是水稻机械化种植的另外一种形式。张国忠等（2014）在原有水稻气力式精量穴播排种器上设计了直线型搅种装置，以粳稻芽种为对象，开展了播种性能试验，并对该排种器播种时吸种真空度、吸种盘转速、直线型搅种齿与吸孔边沿间距离以及搅种齿高度等因素对排种精度的影响规律进行了研究，为气力式精量穴播排种器结构优化设计以及排种器性能预测提供参考。许轲等（2014）不同机械直播方式对水稻分蘖特性及产量的影响，明确了不同机械直播方式水稻分蘖成穗规律，认为点播方式在水稻产量与干物质生产和积累上具有显著优势。而曾山等（2014）认为，提高精量穴直播水稻产量的主要途径仍是在保证一定群体有效穗数的基础上提高精量穴直播水稻每穗粒数，充分发挥精量穴直播成行成穴的优势，促进个体与群体、产量及其构成因素之间的协调发展以及增加群体光合量。

三、水稻全程机械化技术

水稻全程机械化生产是我国现代稻作的发展方向。2014年全国水稻机械种植水平达到38％。双季稻机械化种植是加快水稻全程机械化生产的难点。针对我国南方双季稻机械化生产存在的技术瓶颈和薄弱环节，2014年农业部组织中国水稻研究所等单位在湖南、江西等地开展南方稻区双季稻生产全程机械化模式攻关，创立了双季稻机械化生产模式，选育和筛选了一批适宜早晚稻机插秧的优质高产品种，研发创新了钵苗机插、带切草装置收割机、履带旋耕机等系列装备，并集成了双季稻生产全程机械化高产栽培技术，开展技术示范，实现双季稻机插超1000千克，成功探索出适合南方稻区推广的模式和经验。

针对国产履带式全喂入水稻联合收获机整机振动大、无故障工作时间短、可靠性差等问题，徐立章等（2014）运用DH5902动态信号测试分析系统对江苏沃得农业机械有限公司生产的巨龙280型全喂入水稻联合收获机进行5种工况下的振动测试，分析提出发动机的上下振动、振动筛的前后运动和切割器的左右运动是形成水稻联合收获机整机振动的主要原因，而输送槽、风机和脱粒滚筒等部件的回转运动为次要原因。为明确机械收获对产量损失的影响，曾勇军等（2014）比较了不同收获时期、不同留茬高度和不同档位收割对稻谷机收损失率的影响，提出应选择性能优良的国产或进口收割机在水稻成熟度为90％时及时收获，机收的适宜留茬高度为10厘米，保持中低档行走速度于10：00以后收割。

提高水稻植保机械化水平，对降低稻田农药用量，增强突发性、暴发性病虫害防控能力，实现农业可持续发展具有重要意义。我国未来水稻植保机械主要朝着精准施药和高效施药两个方向发展，重点是加强稻田农药喷施作业方法创新和大力推进航空植保技术的应用（周志艳等，2014）。

第三节　水稻肥水管理技术

一、稻田培肥方法

提高土壤生产力，需要保持和提高土壤肥力。计小江等（2014）研究表明，浙江省经过连续 25 年种植，稻田土壤 pH 值明显下降，有机质同期降低了 13.9%，土壤全氮整体水平较高，有效磷含量大幅上升，但同期速效钾含量却降低了 34.8%，稻田土壤缺钾现象十分普遍，稻田培肥刻不容缓。有机培肥对土壤化学（有机碳及颗粒有机碳含量等）、生物（微生物活性及微生物碳氮等）、物理性状（容重及孔隙度）等有显著改良效果，还可以提高作物产量、改善作物品质，提高作物抗逆性。梁国庆等（2014）研究表明，施用有机肥料是改良黄泥田的重要措施，不同有机肥的培肥效果为秸秆＞猪粪＞绿肥；稻秆还田腐熟使稻田有机质提升了 11.3%，容重下降 12.9%，不仅培肥地力，而且促进稳产增产（黄功标，2014）；周江明（2014）研究表明，种植绿肥的增产效果为紫云英＞油菜＞黑麦草，中等肥力条件下增施有机肥料水稻平均产量比单施化肥增产 13.1%，而在较高肥力情况下则平均减产 1.9%；在白土稻田上，翻耕 20 厘米后增施有机肥有利于提高水稻产量，促进养分吸收，改善白土耕层土壤理化性状，是适合白土区大力推广的施肥模式（吴萍萍等，2014）。所以不同类型、不同肥力稻田需采用不同的培肥模式。施用有机肥料时，既要施用适量的有机肥料发挥其对作物的良性作用，又要注重肥料用量、时间、技术的合理选择，最大程度上避免有机肥料给作物和人类带来副作用（鲁洪娟等，2014）。

二、水稻新型肥料

中国水稻生产所消耗的氮肥占世界水稻氮肥总消耗量的 37%，但是水稻的当季氮素利用效率平均仅为 30%～35%，低于世界发达国家水平。因此，提高肥料利用率一直是研究热点。水稻新型肥料是提高氮肥利用效率的有效措施之一，缓/控释肥料因其具有提高肥料利用率、减轻施肥对环境污染以及一次性施肥等潜在优点，已经成为今后肥料发展的重要趋势（李若清，2014）。缓控释肥处理的水稻前期不徒长，中期不脱肥，后期不早衰，穗多穗大，稻谷产量明显提高。与习惯施肥相比，全量与减量施缓/控释肥的水稻试验产量分别提高 10.7% 和 3.4%（郭智慧等，2014）；水稻缓释配方肥是将测土配方技术和缓释肥料产品有机结合，优化了适应水稻营养需求的氮磷钾配比，并对养分释放进行分期调控，达到减少化肥用量和提高化肥利用效率的目的，但缓释肥价格高、生产能力较小，农民认知度不高，广泛推广难度较大。所以，缓释效果好、包膜成本低、养分含量高的缓释肥生产技术和工艺将是以后的研发方向（诸海焘等，2014）。

有机基质作为一种新型肥料冉冉升起，在日益发展的机械化育秧中运用逐渐增多。采用基质育秧秧苗的地上部生长速度快，秧苗质量好，根系盘结力强（赖清云等，2014）。水稻是喜硅作物，施硅对水稻有明显的增产作用，所以，硅肥作为一种新型肥料被国际土壤界列为氮、磷、钾之后的第四大元素肥料。硅肥用量一般以施纯硅 30～45 千克/公顷为宜，可根据不同品种作适当调整（张晶等，2014）；硅钙镁磷钾肥是种碱性肥料，除能够改善土壤理化性状和植物营养条件外，还能有效提高土壤 pH 值，增强土壤抗酸化能力（李敏等，2014）。

秸秆是一种传统的能源物质，营养丰富，秸秆还田可培肥地力，增加作物产量。与秸秆不还田相比，秸秆还田处理不同程度提高了水稻全生育期干物质积累总量、茎叶干物质输出率和表观转变率，秸秆还田处理对单位面积有效穗数、每穗总粒数、实粒数、千粒重、结实率均有提高（裴鹏刚等，2014）；但适合秸秆还田的轻简栽培技术还未成熟，农民仍沿用常规肥水管理模式，造成一些地方秸秆还田后水稻僵苗不发、穗数不足和减产等现象，这些都直接或间接地影响了农民秸秆还田的积极性，导致秸秆被大量焚烧，造成资源浪费、环境污染。因此，需要加强秸秆资源有效利用的研究，如研发适合秸秆还田的轻简栽培技术或将秸秆制成适合常规肥水管理的有机物料（顾道健等，2014）。

三、水稻施肥技术

不同品种、不同季节、不同耕作方式的施肥方式不一样。江苏丹阳引进广东省农业科学院水稻研究所的水稻"三控"施肥技术在一季常规粳稻上应用，增产节本增收效果显著，具有广泛的推广应用前景和推广价值（高慧琴等，2014）；黄大山等（2014）研究认为，在江西推广应用"三控"施肥技术，分蘖肥于早稻栽后 13 天、晚稻栽后 11～14 天施用的增产及调控产量结构的效果最好。

侧条施肥是指利用侧条施肥机器在水稻插秧时将肥料呈条状集中施在水稻一侧 3～5 厘米，施肥深度为 2～5 厘米，肥料在水稻根际形成一个储肥库逐渐释放供给水稻吸收，降低了养分的固定和流失，提高了肥料利用率。刘汝亮等（2014）研究认为，侧条施肥技术显著提高了水稻地上部吸氮量和氮肥偏生产力，降低了氮素的表观损失量，基于缓释肥料的侧条施肥技术是一种资源节约和环境友好的施肥技术。而缓释肥机械定位施用比习惯施肥极显著提高氮肥的农学利用率，同等用肥量条件下提高 3.84kg/kg（程建平等，2014）；华南农业大学研制的同步开沟起垄侧位深施肥水稻精量穴播机深施肥的深度能达到 10 厘米，并能实现肥料的分层。水稻穴播同步侧位深施肥技术具有增产、节本的效用。机施机播处理的有效穗、穗平均实粒数、结实率均高于手施机播和手施手播，增产 418.5～957.0 千克/公顷，增幅 5.86%～13.41%（陈雄飞等，2014）。

余喜初等（2014）研究结果显示，有机无机肥配施增加了潜育化稻田早、晚稻的分蘖数，优化了产量构成，显著提高了水稻产量，其中，早稻紫云英和化肥配施，晚稻猪粪和化肥配施的施肥模式效果最好；在洞庭湖双季稻区，施用氮磷钾化肥配施有机肥，能显著提高 0～40 厘米土层土壤有机碳、氮活性，更有利于土壤总有机碳氮积累及生产力提升，土壤微生物量碳氮可更敏感地预测长期施肥影响下土壤质量的变化（李文军等，2014）；黄壤性水稻土有机无机肥配施技术是提升有机碳水平的最佳培肥措施（张丽敏等，2014）；高菊生等（2014）29 年的研究结果表明，红壤性水稻田至少每年应补充投入钾素 200 千克/公顷才能基本维持土壤钾素平衡。

四、水稻节水灌溉技术

减少水稻用水量和提高水稻水分利用效率有利于缓解我国水资源短缺和水资源污染的问题（姚林等，2014）。节水灌溉是以最低限度的用水量获得最高的产量或收益，即最大限度地提高单位灌溉水量农作物产量和产值的灌溉措施。农艺节水灌溉技术主要包括耕作覆盖保墒技术、改进地面灌水技术、节水农作制度、优良抗旱品种、水肥耦合高效利用技术、土壤保护剂及作物蒸腾控制技术等（牟玉娟等，2014）。陈婷婷等（2014）研究认为，水稻覆盖旱种是一种行之有效的节水新技术，利用地膜或者稻秸秆、麦秸秆覆盖，进行旱种旱管，以降雨灌溉为主，辅以必要人工灌溉的一种节水栽培方法，这一技术在缺水稻区或灌溉条件较差的旱地、丘陵山区及高沙土区具有广泛应用前景，在以稻麦轮作为主的长江流域，利用麦秸秆进行覆盖旱种，不仅可以解决麦秸秆的有效利用，减少秸秆焚烧带来的环境污染，而且还可以提高养分资源和水资源利用效率。

蔡长举等（2014）结合贵州省降雨充沛、时空分布不均的基本特点研发出一种"科蓄"灌溉模式，根据水稻各生育期的需水特性，把水稻生育前期的浅灌和湿润管理；搁苗期的够苗晒田，中后期的浅灌、间断性落干科学地结合在一起，最大限度利用田面拦蓄部分降雨，提高降雨有效利用率，以减少人工灌溉次数和水量，明显提高降雨利用率和稳定产量；叶玉适等（2014）研究认为，干湿交替节灌结合树脂包膜尿素施用有利于降低氮素渗漏损失，促进农业面源污染减排。

第四节　水稻抗灾栽培技术

一、低温灾害

低温冷害是指在水稻整个生育期内或某个生长发育阶段遭遇临界温度以下的低温，影响水稻生长发育或受害，最终导致减产的一种气象灾害，主要包括春季低温和秋季低温。每年 3 月下旬至 4 月中旬，出现连续 4 天以上日平均气温低于 12℃的时段称为春季低温，3 天内平均气温下降 8℃以上时段称为春季寒潮。仅低温而言，水稻从播种到出苗的农业气象条件是日平均气温大于 12℃，播种后有 3～5 天的晴好天气，有利于水稻出苗；若连续遭遇 3 天以上日平均气温小于 12℃的低温天气，就会导致水稻烂种或烂秧。8 月下旬到

9 月中旬连续 4 天以上日平均气温低于 22℃的时段称为秋季低温。一般来说，水稻抽穗杨花期要求的农业气象条件日平均气温大于 22℃，天气晴朗，微风，要有足够的水分供应。因此，日平均气温 3 天以上小于 22℃或阴雨天影响授粉，最低气温＜20℃或高于 35℃，或遇 5 级以上大风，结实率都会降低。2014 年 3～4 月出现连续低温阴雨天气，导致我国南方部分省水稻秧苗大量死亡；2014 年 8 月出现持续低温阴雨天气，处于抽穗期的水稻基部小分蘖出现发霉。王立志等（2014）研究认为，在东北地区，孕穗期低温处理时间越长，水稻空壳率越高；不同水稻品种在孕穗期内对低温的敏感程度不同；耐冷性高低顺序总体表现为空育 131＞松粳 9 号＞垦稻 12＞龙粳 11。

二、高温灾害

水稻品种和栽培技术不同，高温热害程度差异很大。选用耐热品种是减轻作物受高温胁迫危害的有效方法。黎毛毛等（2014）研究表明，气温高于适宜的生育温度时，相对湿度的增加有助于增强水稻品种的耐热性，五丰优 623、陵两优 611、株两优 819、株两优 312 等 4 个杂交水稻组合和湘早籼 7 号、嘉育 948、中早 35、中早 25 等 4 个常规稻品种在高温胁迫下表现为较高的结实率，且结实率降低率较低，可作为耐高温水稻品种在水稻生产和育种中加以利用；张祖建等（2014）研究表明，水稻抽穗期高温耐性与花粉生产能力无关，与花药开裂和柱头捕获的花粉量关系较大，上午提早花时是避免水稻开花期遭遇高温引起颖花不育的有效措施之一，而不育系与恢复系的花时同步是水稻杂交制种获得高产的重要条件。周建霞等（2014）研究认为，常规高温处理下颖花育性对开花当天高温最敏感，而高温后移处理下颖花育性对开花前 1 天高温最敏感；高温后移开花高峰出现在高温来临前，可见高温后移主要通过开花前高温而非开花时高温影响颖花育性；开花前高温主要通过影响花药散粉、花粉粒萌发和花粉管延伸从而引起颖花败育。闫浩亮等（2014）研究表明，杂交水稻制种对温度的反应确实比常规水稻生产更敏感（约相差 2℃）；廖江林等（2014）研究认为，灌浆初期高温胁迫影响水稻籽粒中参与生物合成、能量代谢、氧化作用、应激反应和转录调控等生物学过程相关蛋白质的表达，这些蛋白质的表达模式因水稻基因型（耐热和热敏感水稻）不同、高温胁迫程度（高温处理天数）不同而存在差异。雷享亮等（2014）研究认为，今后应从建立和完善高温热害监测预警体系、水稻耐高温机制基础性研究、水稻耐高温品种鉴定与选育以及水稻高温热害防御及调控技术的研究这 4 个方面搭建高温风险防控体系。

三、干旱灾害

季节性干旱仍然威胁水稻生长。虞来根等（2014）研究表明，重度干旱（田间裂缝深 30 厘米）导致水稻株高降低，茎、叶、穗干物质量下降，减产 30％以上，减产的原因主要是穗子变小，结实率下降；丁雷等（2014）研究重度干旱胁迫下，叶片水势和含水量都显著下降，并且叶片水势与气孔导度、叶肉导度和总导度呈正相关，气孔关闭导致的叶绿体内 CO_2 浓度降低是限制光合作用的最主要因素，同时叶片水势的降低增加了叶片内 CO_2 传输的阻力；郭贵华等（2014）从化学调控物质 ABA 对水稻具有短期"休眠"的效果入手，ABA 有效缓解孕穗期干旱胁迫对水稻生理代谢功能的损伤，促进复水后的功能修复，减轻干旱对产量的影响；抗旱性不同的水稻对 ABA 的响应存在差异性，抗旱性越强的品种，对 ABA 越敏感，喷施 ABA 的作用越明显；王莉等（2014）从水稻抗旱种质资源及耐旱基因的功能角度出发，对抗旱育种的种质资源，耐（抗）旱基因调控机理及其分子育种应用等研究进展进行综述。分析认为，水稻抗旱特性调控基因主要包括功能基因和调节基因两大类；功能基因的调控作用主要表现在蛋白酶的调节、糖类物质积累、渗透调节、有毒物质降解和水稻细胞机构调节等 5 个方面；而调节基因则主要参与编码信号转导相关的信号因子和响应胁迫的转录因子家族。这些基因的克隆为水稻抗旱性研究和抗旱育种奠定了理论基础。此外，中国抗旱分子育种还处于起始阶段，受种植区域、生产成本、稻米品质及病虫害抗性等方面影响，旱稻推广面积偏小。

第五节 国外稻作技术研究进展

一、水稻轮作高效栽培技术

在亚洲，水资源短缺、劳动力缺乏和能源危机的问题日趋严重。一些地区传统的栽培制度受到挑战。在印度西北部，水稻小麦轮作方式对于印度的粮食安全有着重要作用。但是，稻麦轮作需要消耗大量的能源、劳动力、灌溉水、肥料和农药。目前，由于当地地下水过量开采、土壤退化、劳动力缺乏、劳动力成本上升等原因使得这一栽培方式变得不可持续。劳动力和水资源短缺促使这一地区由传统水稻手工移栽向机械化干直播方式转变。水稻干直播技术使得传统的稻麦轮作模式得以延续，同时减少了种植环节能源和人力投入，秸秆还田杜绝了由于焚烧秸秆带来的空气污染，改良了土壤结构和养分循环。但是，需要进一步提高旱直播采用的短生育期水稻产量潜力，还需进一步对这一栽培制度的产量和水分蒸散评估。虽然这一栽培制度有大量优点，但是，旱直播水稻存在产量波动性很大的缺点。其中，杂草控制和肥料施用策略方面研究不够，这些问题的解决有助于水稻旱直播栽培技术的进一步发展。

在南亚，稻麦轮作模式出现了从肥料施用得到的营养元素要比作物收获带走的少。研究者在印度河和恒河流域平原选择 10 个不同地点来评估改善养分管理的战略。研究发现，在稻麦轮作系统中理想的养分管理需要考虑到作物养分需求和环境养分供应两方面。基于环境养分供应能力、产量目标和作物养分需求综合计算出来的氮磷钾施用量，相对于政府指导和农民习惯施肥量，10 个点水稻的平均产量达到 3.03 吨/公顷，每公顷增加了 0.32 吨，小麦平均产量从 1.37 吨/公顷增加到 3.69 吨/公顷，增加了 2.32 吨（Singh et al.，2014）。

二、水资源高效利用技术研究

全世界9 300多万公顷灌溉稻生产了75％的稻谷。但是，水稻生产消耗的淡水资源最大，水稻生产的可持续性问题将受到水资源短缺的限制。预计到2025年，有1 500万～2 000万公顷的稻田将受到不同程度的水资源短缺限制。过去20年来，大量的研究集中在减少水稻生产中淡水资源的利用和提高水稻水分利用效率方面。干湿交替（AWD）水分管理技术在亚洲得到了大力推广。AWD技术的正确运用可以保证不减产条件下减少高达38％的淡水投入，同时减少了水泵和燃油的投入。

三、水稻抗逆栽培技术研究

水稻品种改良和合理的农艺措施可以增强水稻耐淹能力。淹涝发生后，大多数水稻品种的茎秆会伸长，这是水稻通过茎秆伸长对洪涝的一种逃避策略，通过茎秆伸长使植株上部露出水面，进行有氧新陈代谢和光合作用。淹水条件下，不同水稻品种茎秆伸长能力也存在很大差异。快速伸长能力可以使植株上部叶片伸出水面避免没顶淹没，但是这些品种涝后恢复能力差。因此水稻在淹涝条件下茎秆快速伸长并不利于水稻对短时间洪涝的抗性。研究发现，淹涝条件下，新陈代谢缓慢的品种耐淹性强。因此洪涝发生前，通过合理的农艺措施，如合理的群体结构、适宜的氮肥管理措施等，使秧苗具有良好的形态建成和较高的活力，可以增强水稻苗期的耐淹能力。淹涝前水稻茎鞘具有高浓度的非结构性碳水化合物可以提高水稻对淹涝的抗性，合理的营养管理可以提高茎鞘内非结构性碳水化合物积累，水稻茎鞘中积累的碳水化合物可以提供水稻在淹涝缺氧条件下维持生命所需能量，有助于提高水稻的耐淹能力（Priyanka Gautam et al.，2014）。

参 考 文 献

林洪鑫，袁展汽，彭春瑞，等.2014.行株距比对超高产晚稻产量和上部三叶的影响.中国稻米，20（3）：17-22.

李志新，王美欢，徐超飞，等.2014.水稻第5节间长度与出穗促进率的相关性.作物学报，40（10）：1 872-1 876.

彭斌，赖上坤，李潘林，等.2014.臭氧与栽插密度互作对扬稻6号生长发育和产量形成的影响——FACE研究.中国水稻科学，28（4）：401-410.

杨虎，戈长水，应武，等.2014.遮阴对水稻冠层叶片SPAD值及光合、形态特性参数的影响.植物营养与肥料学报，20（3）：580-587.

赵三琴，李毅念，丁为民，等.2014.稻穗结构图像特征与籽粒数相关关系分析.农业机械学报，45（12）：323-328.

陈龙，史学正，徐胜祥，等.2014.基于水稻叶面积指数的根生物量预测模型研究.土壤，46（5）：862

－868.

潘俊峰，李国辉，崔克辉．2014.水稻茎鞘非结构性碳水化合物再分配及其在稳产和抗逆中的作用．中国
　　水稻科学，28（4）：335－342.

潘俊峰，崔克辉，向镜，等．2015.不同库容量类型基因型水稻茎鞘非结构性碳水化合物积累转运特征．
　　华中农业大学学报，34（1）：9－15.

张玉芳，庞艳梅，刘琰琰，等．2014.近50年四川省水稻生产潜力变化特征分析．中国生态农业学报，
　　22（7）：813－820.

许轲，杨海生，张洪程，等．2014.江淮下游地区水稻品种生产力纬向差异及其合理利用．作物学报，40
　　（5）：871－890.

杜永林，张巫军，吴晓然，等．2014.江苏省水稻产量时空变化特征．南京农业大学学报，37（5）：7
　　－12.

秦叶波，陈叶平．2013.浙江省水稻高产创建的成效及经验启示．中国稻米，19（5）：22－25.

杨望，何俊伟，杨坚，等．2014.2 YBZ－26型电磁振动式水稻田间育秧播种机试验研究．农机化研究，
　　8：131－137.

张福军，衣淑娟，刘宇鹏，等．2014.水稻浸种催芽种箱温度和水位控制系统的设计．农机化研究，12：
　　34－37.

衣淑娟，魏晓晖，赵斌，等．2014.智能化水稻育秧棚监控系统的设计与应用．农机化研究，12：
　　11－14.

朱聪聪，张洪程，郭保卫，等．2014.钵苗机插密度对不同类型水稻产量及光合物质生产特性的影响．作
　　物学报，40（1）：122－133.

张集文，万欢，张振中，等．2014.水稻2叶期乳苗机插技术试验．中国农机化学报，35（1）：133－137.

张国忠，臧英，罗锡文，等．2014.粳稻穴播排种器直线型搅种装置设计及排种精度试验．农业工程学
　　报，30（17）：1－9.

许轲，唐磊，张洪程，等．2014.不同机械直播方式对水稻分蘖特性及产量的影响．农业工程学报，30
　　（13）：43－52.

曾山，黄忠林，王在满，等．2014.不同密度对精量穴直播水稻产量的影响．华中农业大学学报，33
　　（3）：12－18.

滕飞，陈惠哲，向镜，等．2014.机插混合种植水稻抗性变化及增产效应试验．农业工程学报，30（17）：
　　17－24.

徐一成，朱德峰，陈惠哲．2014.不同机插密度对免耕机插水稻生长及产量形成的影响．中国农机化学
　　报，35（5）：9－12.

徐一成，朱德峰，陈惠哲．2014.施氮量对免耕机插水稻产量形成及氮素利用影响．中国稻米，20（6）：
　　30－34.

徐立章，李耀明，孙朋朋，等．2014.履带式全喂入水稻联合收获机振动测试与分析．农业工程学报，30
　　（8）：49－55.

曾勇军，吕伟生，石庆华，等．2014.水稻机收减损技术研究．作物杂志，6：131－133.

周志艳，袁旺，陈盛德．2014.中国水稻植保机械现状与发展趋势．广东农业科学，15：178－183.

鲁洪娟，马友华，樊霆，等．2014.有机肥中重金属特征及其控制技术研究进展．生态环境学报，23
　　（12）：2 022－2 030.

吴萍萍，王家嘉，李录久 . 2014. 不同耕作与施肥方式下白土的水稻产量及养分吸收量 . 植物营养与肥料学报，20（3）：754 - 760.

梁国庆，周卫，刘东海，等 . 2014. 不同有机肥对黄泥田土壤培肥效果及土壤酶活性的影响 . 植物营养与肥料学报，20（5）：1 168 - 1 177.

周江明 . 2014. 不同有机肥料对水稻产量和土壤肥力的影响，浙江农业科学，（2）：156 - 162.

黄功标 . 2014. 福建稻区连续 3 年稻秆还田腐熟的培肥增产效应 . 中国农学通报，30（12）：71 - 76.

张水清，黄绍敏，李慧，等 . 2014. 华北潮土区长期有机培肥下土壤有机碳和养分状况的动态变化 . 核农学报，28（12）：2 247 - 2 253.

余喜初，柳开楼，李大明，等 . 2014. 有机无机肥配施对潜育化水稻土的改良效应 . 中国土壤与肥料，（2）：17 - 22.

计小江，陈义，吴春艳，等 . 2014. 浙江省稻田土壤养分现状及演变趋势 . 浙江农业学，26（3）：775 - 778.

李若清 . 2014. 营养生态肥对水稻产量、氮肥农学利用率及经济效益的影响 . 中国农学通报，30（3）：178 - 181.

赖清云，李伟海 . 2014. 不同基质在机插水稻旱育秧中的应用研究 . 现代农业科技，（13）：28 - 30.

张晶，石扬娟，任洁，等 . 2014. 硅肥用量对水稻茎秆抗折力的影响研究 . 中国农学通报，30（3）：49 - 55.

李敏，叶舒娅，刘枫，等 . 2014. 硅钙镁磷钾肥不同用量对超级稻产量及磷钾吸收利用的影响 . 中国农学通报，30（30）：122 - 126.

郭智慧，关绍华，郭继辉，等 . 2014. 缓控释肥料在水稻上的应用效果 . 中国农技推广，（8）：42 - 43.

顾道健，薛朋，陆希婕，等 . 2014. 秸秆还田对水稻生长发育和稻田温室气体排放的影响 . 中国稻米，20（3）：1 - 5.

裴鹏刚，张均华，朱练峰，等 . 2014. 秸秆还田对水稻固碳特性及产量形成的影响 . 应用生态学报，25（10）：2 885 - 2 891.

诸海焘，朱恩，余廷园，等 . 2014. 水稻专用缓释复合配方肥增产效果研究 . 中国农学通报，30（3）：56 - 60.

高慧琴，陈金星，黄婉熙，等 . 2014. "三控"施肥技术在常规粳稻上的应用 . 安徽农学通报，20（06）：39 - 40.

黄大山，陈忠平，程飞虎，等 . 2014. 不同时期施用分蘖肥对水稻产量及其结构的影响 . 江西农业学报，2014，26（5）：29 - 32.

刘汝亮，李友宏，王芳，等 . 2014. 缓释肥侧条施肥技术对水稻产量和氮素利用效率的影响 . 农业资源与环境学报，31（1）：45 - 49.

程建平，严华生，张旅峰，等 . 2014. 机械直播定位施肥对水稻生育特性和产量的影响 . 湖北农业科学，53（17）：4 008 - 4 011，4 019.

陈雄飞，罗锡文，王在满，等 . 2014. 水稻穴播同步侧位深施肥技术试验研究 . 农业工程学报，30（16）：1 - 7.

李文军，彭保发，杨奇勇 . 2015. 长期施肥对洞庭湖双季稻区水稻土有机碳、氮积累及其活性的影响 . 中国农业科学，48（3）：488 - 500.

张丽敏，徐明岗，娄翼来，等 . 2014. 长期施肥下黄壤性水稻土有机碳组分变化特征 . 中国农业科学，47

（19）：3 817 -3 825.

高菊生，黄晶，董春华，等 .2014.长期有机无机肥配施对水稻产量及土壤有效养分影响.土壤学报，51（2）：314 - 324.

蔡长举，付杰，李长江，等 .2014.不同灌溉模式对水稻田间水利用系数的影响.节水灌溉，（7）：19 - 21.

叶玉适，梁新强，周柯锦，等 .2014.节水灌溉与控释肥施用对太湖地区稻田土壤氮素渗漏流失的影响.环境科学学报，35（1）：270 - 279.

牟玉娟 .2014.我国农业节水灌溉现状与发展趋势.山东农业科学，46（1）：124 - 126.

陈婷婷，杨建昌 .2014.移栽水稻高产高效节水灌溉技术的生理生化机理研究进展.中国水稻科学，28（1）：103 - 110.

姚林，郑华斌，刘建霞，等 .2014.中国水稻节水灌溉技术的现状及发展趋势.生态学杂志，33（5）：1 381 -1 387.

王立志，项洪涛，王连敏，等 .2014.不同水稻品种对孕穗期低温的敏感性分析。黑龙江农业科学，（9）：14 - 17.

胡春丽，李辑，林蓉，等 .2014.北水稻障碍型低温冷害变化特征及其与关键生育期温度的关系.中国农业气象，35（3）：323 - 329.

周建霞，张玉屏，朱德峰，等 .2014.高温后移对水稻颖花败育的影响.中国农业气象，35（5）：544 - 54.

黎毛毛，廖家槐，张晓宁，等 .2014.植物遗传资源学报，15（5）：919 - 925.

廖江林，宋宇，钟平安，等 .2014.耐热和热敏感水稻应答灌浆初期高温胁迫过程中的差异表达蛋白质鉴定.中国农业科学，47（16）：3 121 -3 131.

雷享亮，吴强，卢大磊，等 .2014.水稻抽穗开花期高温热害影响机理及其缓解技术研究进展.江西农业学报，26（11）：10 - 15.

张祖建，王睛晴，郎有忠，等 .2014.水稻抽穗期高温胁迫对不同品种受粉和受精作用的影响.作物学报，40（2）：273 - 282.

何永明，曾晓春，向妙莲，等 .2014.水稻花时调控研究进展.湖北农业科学，53（7）：1 489 -1 492.

陈刚，吴文革，许有尊，等 .2014.杂交中籼水稻花穗期耐热性品种筛选及鉴定指标评价.作物杂志，5：80 - 84.

郭贵华，刘海艳，李刚华，等 .2014.ABA 缓解水稻孕穗期干旱胁迫生理特性的分析.中国农业科学，47（22）：4 380 -4 391.

虞来根，陈炎忠，朱德峰，等 .2014.稻田不同干旱程度对水稻生长及产量的影响.中国稻米，20（6）：52 - 54.

王莉，钱前，张光恒 .2014.水稻抗旱基因调控机制及其分子育种利用.分子植物育种，12（5）：1 027 -103.

丁雷，李英瑞，李勇，等 .2014.梯度干旱胁迫对水稻叶片光合和水分状况的影响.中国水稻科学，28（1）：65 - 70.

Singh S，Mackill D J，Ismail A M. 2014. Physiological basis of tolerance to complete submergence in rice involves genetic factors in addition to the SUB1 gene. AoB PLANTS，6：plu060；doi：10. 1093/aobpla/plu060.

Vinod K Singh，Brahma S Dwivedi，Tiwari K N，et al. 2014. Optimizing nutrient management strategies for rice - wheat system in the Indo - Gangetic Plains of India and adjacent region for higher productivity，nutrient use efficiency and profits. Field Crops Research，164：30 - 44.

GRiSP (Global Rice Science Partnership)，2013. Rice Almanac，fourth ed. Inter - national Rice Research Institute，Los Baānos，Philippines：283.

Priyanka Gautam，Nayak A K，Lal B，et al. 2014. Submergence tolerance in relation to application time of nitrogen and phosphorus in rice (*Oryza sativa* L.)，Environmental and Experimental Botany，（99）：159 –166.

第五章 水稻植保技术研究动态

2014 年我国水稻病虫害总体属中等偏重发生。与 2013 年相比，病害发生上升，但虫害发生有所减轻，总体上略有减轻。虫害中，"两迁"害虫稻飞虱和稻纵卷叶螟发生面积减少，二化螟、三化螟、大螟等害虫发生面积基本持平；病害中，稻瘟病、纹枯病和稻曲病发生面积增加，尤其是稻瘟病发生面积上升明显，由 2013 年的 370 万公顷次上升到了500 万公顷次以上，在长江中下游地区一些历年稻瘟病轻发区也出现了多年未见的叶瘟、穗颈瘟，造成严重减产，这主要与 8～9 月持续的低温阴雨天气有关。

第一节 国内水稻植保技术研究进展

一、水稻主要病虫害防控关键技术

（一）病虫害发生规律与预测预报技术

1. 水稻重要病害预测预报技术

稻瘟病的流行规律有很大的地区性差异，掌握不同地区的流行规律，建立稻瘟病发生的预测模型，对稻瘟病的预测预报和防控具有重要意义。宋成艳等（2014）在自然发病条件下，研究了黑龙江省抗、感不同和熟期不同的 6 个生产上主栽品种稻瘟病的流行规律，发现雨日和相对湿度是黑龙江稻瘟病流行的限制因子，建立了不同抗、感品种的稻瘟病叶瘟和穗颈瘟田间流行的 Logistic 预测模型。江平等（2014）根据四川梓潼县多年的气象资料和病害发生情况，利用逐步回归分析，筛选出影响水稻稻瘟病流行趋势的优势因子，并组建稻瘟病流行趋势的逐步回归分析模型。宁万光等（2014）根据河南信阳市平桥区多年的稻瘟病发生数据，构建了该区稻瘟病发病率的五点滑动优化无偏 GM（1，1）模型。

利用叶绿素荧光技术对植物病害进行早期识别和预警已经成为植物生长状况诊断及指导生产的重要方向。周丽娜等（2014）利用检验叶片样本的光谱和病害相关信息，建立了PCA - DAPCA - MLP 稻瘟病预测模型，其预测准确率达到 91.7%，为实现稻瘟病的快速、准确测报打下基础。

2. 水稻重要虫害预测预报技术

于彩霞（2014）采用因子膨化、空间拓扑分析、相关分析、最优化处理、相关稳定性检验、因子独立性检验、逐步回归等方法，构建全国稻飞虱发生面积率、发生程度测报模型。齐会会（2014）和 Qi 等（2014）利用探照灯、诱虫器、毫米波扫描昆虫雷达等多种设备，运用 GrADS，HYSPLIT，地理信息系统（Geographic Information System，GIS）

等图形模拟与轨迹分析软件，揭示了稻飞虱定向飞行和"晨昏双峰"的迁飞规律。何忠全等（2014）利用 arcview 3.3 软件，采用反距离加权空间插值法，构建我国水稻主要害虫的 GIS 分布区划图。何慧等（2014）采用旋转经验正交函数、趋势系数计算、线性倾向计算、M－K 检测等方法，明确广西上半年稻飞虱平均发生等级高于下半年，广西东部高于西部。何燕等（2014）对广西稻飞虱发生情况进行统计分析，发现稻飞虱发生等级的 BP（Back Propagation）人工神经网络预测模型比传统逐步回归模型有更好的拟合和预测效果。包云轩等（2014）建立长江中下游稻区白背飞虱发生程度的 BP 神经网络短期预报模型。张谷丰等（2014）建立基于 Apache＋PHP＋MySQL ＋MapServer 架构的水稻害虫自动预警系统，成功进行了稻飞虱等害虫综合防治的决策。

田间气候对褐飞虱等害虫的发生和预报至关重要。史金剑等（2014）通过多站点灯诱数据和风场轨迹分析，发现风场条件和雨带位置是决定我国长江中下游稻区褐飞虱发生程度的重要预警指标。黄朝炎等（2014）对襄阳市稻飞虱发生情况调查表明，台风对稻飞虱的迁入影响明显，夏季阵性降雨和灌溉条件的差异是造成稻飞虱发生区域差异大的主要影响因素，后期迁入虫量是导致 4 代稻飞虱暴发的内因。于彩霞等（2014）明确了影响稻飞虱发生面积率、发生程度、发生指数的指示因子，对稻飞虱发生等级具有很好的指示效应，可为稻飞虱中长期预测预报提供科学依据。何燕等（2014）发现，广西稻飞虱发生等级与气象要素及大气环流密切相关，冬春季气温高、雨日多、湿度大、光照少等因素均利于稻飞虱发生，副热带高压、印缅槽和西南气流等均对稻飞虱发生等级有影响。郑大兵等（2014）对 1990—2012 年云南省师宗县 4～5 月出现的白背飞虱灯诱高峰日进行轨迹模拟以及降虫高峰日的风场分析，结果表明，降水、风切变和气流垂直扰动是造成白背飞虱集中降落的主要因子。石保坤等（2014）研究温度对褐飞虱发育、存活和产卵的影响，构建温度（x）与褐飞虱各生物学参数（y）间关系模型，其中卵历期（$y=0.079x^2-4.462x+70.536$）、若虫历期（$y=0.233x^2-12.886x+189.878$）、产卵前期（$y=0.068x^2-3.614x+49.88$）和短翅型雌成虫寿命（$y=-0.622x+35.03$）与温度间具有显著的回归关系。

各地稻飞虱发生情况调查对害虫发生和预测预报具有重要意义。王瑞林等（2014）对 3 种稻飞虱的生物学特性进行系统研究，发明了稻飞虱田间种群发生与危害等的调查与取样技术，为其种群发生及其监测预警提供技术支撑。诸茂龙等（2014）分析太湖单季稻区褐飞虱大发生年份的田间虫量、灯下诱虫量，定点调查田块的水稻品种和播种期，发现太湖单季稻区褐飞虱的迁入主峰期是 7 月 10～25 日，灯下 7 月 5～24 日的迁入峰可作参考。何慧等（2014）对广西稻飞虱发生等级的时空变化特征进行研究；陈明朗（2014）通过历史资料分析、调查研究及田间试验分析福建省德化县稻飞虱发生的主要因素，提出防治稻飞虱的综合措施。

二化螟在黑龙江省年发生 1 代，越冬场所不一，蛾期持续时间较长（衣宝靖，2014）。在河南信阳，"籼改粳"的推广使二化螟由原来的 1 年 2 代变为 3 代（陈俊华等，2014）。二化螟在福建省发生期长，没有明显的高峰，害虫出现的世代交替现象较为严重，而且正日趋复杂（魏汝明，2014）。我国西南地区稻纵卷叶螟主要以第三、第四代、第五代对水稻造成危害，第四代为主害代，第二代和第六代在水稻上零星发生或基本不造成危害（杨再强，2014）。这些研究为有关害虫的预测预报提供了重要依据。

（二）物理防治技术

防虫网和杀虫灯是两项主要的水稻害虫物理防治手段。蓝建军等（2014）应用防虫网覆盖育秧对稻飞虱的防效达到 95.2％～100.0％，比 60％高效吡虫啉药剂拌种育秧提高 14.2％～19.0％。于永忠等（2014）进行了稻纵卷叶螟捕虫网的应用，其效果理想，适用于面积在 67 公顷以下的小型农场。彭翠楠和张凯雄（2014）在科技示范园应用太阳能频振式杀虫灯后的防治效果达到了 95％以上，认为太阳能杀虫灯是水稻绿色植保的一项重要措施。

（三）生物防治技术

1. 重要水稻病原菌的生防菌和生防因子

赵贞丽等（2014）分离到一种芽孢杆菌属（*Bacillus* sp.）菌株 SG 06，对水稻恶苗病菌有强抑菌作用，抑菌率达 87.6％。陈刘军等（2014）发现蜡质芽孢杆菌 AR156 具有防病效果和促生作用，对水稻纹枯病的温室防效达 73.1％，同时促进水稻生物量增加 14.5％。

从病原真菌中发掘弱毒真菌病毒是目前生物防治的新思路。Zheng 等（2014）从水稻纹枯病菌弱致病力菌株 GD－11 中分离到一个新的低毒力的 dsRNA 病毒 RsPV2，将其导入不含该病毒的强致病力 GD－118 菌株中，突变体表现出菌丝生长变慢、致病力下降，RsPV2 病毒表现出很好的生防潜力。Zhang 等（2014）从稻曲病菌中分离到一个新的真菌病毒 UvNV－1，含有 2 个开放阅读框 ORF，分别与威克汉姆西弗酵母假设蛋白 BN7－5177 相似和羽藻中线粒体相关 dsRNA 相似。

杀稻瘟菌素（Bs）是一种分离自链霉菌的典型肽核苷类抗生素，因其对环境友好，有关研究值得关注。杜爱芹等（2014）构建基因置换突变株，结果表明，*blsD－blsM* 等 10 个基因负责杀稻瘟菌素的生成，其中 BlsK 蛋白负责加载亮氨酸到 DBS 的精氨酸衍生侧链的 β-氨基上，生成 N-亮氨酰化去甲基杀稻瘟菌素（LDBS）；Bs 除由 LDBS 途径合成外，也可由 DBS 直接甲基化生成。

张丽等（2014）报道，稻瘟病菌拮抗菌株娄彻氏链霉菌 YL－2 的粗提物对稻瘟病抑菌效果较好，粗提物在浓度为 0.8g/L 时，对孢子萌发抑制率为 97％。廖庭等（2014）则从巨大芽孢杆菌 B 196 中分离的拮抗物质对水稻纹枯病菌的生长具有较强的抑制作用。

微生物杀菌剂和化学杀菌剂混用是生物农药开发的一个新方向，二者混用的前提是化学杀菌剂对微生物杀菌活性无不利影响。潘以楼等（2014）建议短小芽孢杆菌 Tw－2 与常用化学杀菌剂混用时，后者的浓度应在 0.32 毫克/升以下。

2. 重要水稻虫害的天敌和生防菌

利用天敌进行害虫防治是生物防治的主要手段之一。李小珍等（2014）研究发现，两索线虫（*Amphimermis* sp.）对田间褐飞虱种群具有较强的寄生能力，可有效抑制褐飞虱发生。何晶晶等（2014）研究温度对黑肩绿盲蝽生长发育和繁殖的持续影响，为人工饲养和大田释放黑肩绿盲蝽控制褐飞虱提供材料。张振飞等（2014）报道水稻品种影响稻飞虱及其捕食性天敌田间种群动态，抗性水稻"RHT"和"玉香油占"田的捕食性天敌如蜘蛛、盲蝽和隐翅虫虫口密度均低于感虫对照品种田。陈洪凡等（2014）发现，有机稻田生态系统通过影响稻飞虱和天敌类群的生态位宽度指数及其生态位重叠值来增强稻田节肢动物群落系统的自我调控能力。

屈丽莉（2014）报道，螟黄赤眼蜂对田间二化螟卵的寄生率和防治效果均较好。田志来等（2014）筛选到了二化螟、稻水象甲的专化性高毒力白僵菌菌株各4株，其中，菌株XJ8为吉林省水稻二化螟和稻水象甲的高毒力广谱性白僵菌菌株。刘芳等（2014）发现球孢白僵菌Bb10716菌株对大螟幼虫具有较强的致病性，可作为大螟幼虫生物制剂开发用菌株。陈莉莉等（2014）报道，球孢白僵菌对连晚稻纵卷叶螟的田间防效较好（约80%），持效期约15天。

3. 植物源生物农药

从植物中提取活性成分来制备生物农药已成为农药开发的一种重要途径。通过抗稻瘟病植物资源筛选、杀瘟先导物鉴定、活性粗提物组方等一系列研究开发，谭明辉等（2014）报道，高浓度的抗稻瘟病四元植物（SSMC）组方对水稻穗瘟的防治效果与三环唑相当，对蜜蜂、鲤鱼属中等以下毒性。彭玉萌等（2014）优化了木荷皂甙的色谱分析条件，成功分离出7个木荷皂甙单体，其中，两种具有强抗稻瘟病菌活性。

张珊（2014）研究发现，时隔30多年，江门市田间仍然可以采集到感染病毒CnmeGV而死亡的稻纵卷叶螟幼虫，认为该病毒具有田间控制目标害虫的持效性能。包善微等（2014）研究了甜核·苏云菌、苦参碱、短稳杆菌、斜纹夜蛾核型多角体病毒等4种生物农药对稻纵卷叶螟的田间防效，发现这4种生物农药用药后1d的虫口防效均达50%以上，速效性较好；除苦参碱外，其余3种生物农药用药后14d，虫口防效和束叶防效均达80%以上。

4. 性诱剂诱杀

性诱剂具有专一性、无残留、无毒害、不伤天敌和经济效益高的特点。利用二化螟性诱剂诱杀二化螟具有较高的经济效益，比使用化学农药防治节约成本50%（谢绍兴等，2014），并且用二化螟性诱剂防治二化螟诱蛾力强、持效期长、技术简单、节省劳力（屈丽莉，2014；徐建生等，2014；任家琼，2014）。胡代花等（2014）发现，三角形诱捕器对二化螟的诱虫量显著多于水盆式诱捕器，具有较好的田间应用效果。周建（2014）报道，信诱剂对水稻二化螟的防治效果因发生代别而异，其中一代防效为41.6%，二代防效为86.7%。Chen等（2014）建议采用每公顷放置40个或者500个信息素发散器可以用来诱捕二化螟或者进行交配干涉。

5. 水稻抗性诱导剂

烯丙苯噻唑（Probenazol）是由日本明治制果药业株式会社研制的一种新型作物抗性

诱导剂。徐沛东等（2014）研究发现，烯丙苯噻唑可提高水稻植株内 PAL，POD 和 PPO 三种防御酶的活性，并在温室和大田试验中都表现出了较高的防治效果。

激发子是一类能激活寄主植物产生防卫反应的特殊化合物。訾倩等（2014）从稻瘟病菌中分离获得了 2 个蛋白激发子 MoHrip1 和 MoHip2，能诱导水稻防御相关基因和水杨酸途径关键基因的上调表达，提高水稻对稻瘟病和白叶枯病的抗性，为生物农药的开发和应用提供了依据。

施用硅肥作为一种环境友好型病害防治措施，在增强植物抗病性中起重要作用，但其作用机理还不完全清楚。葛少彬等（2014）通过一系列试验结果表明，施硅显著降低 2 个水稻品系稻瘟病的发病率和病情指数，改变了植株体内的生理代谢状况，调节植物体内酚类物质的含量，并通过诱导信号物质如水杨酸、乙烯、H_2O_2 等的变化来提高水稻植株对稻瘟病的抗性。

（四）化学防治技术

1. 水稻病害化学防治技术

稻瘟灵（王梅等，2014）和稻瘟酰胺（丁朝辉等，2014）仍然是防治穗瘟的较好药剂。75％咪鲜胺锰盐・苯醚甲环唑（苗盛）WP，24％噻呋酰胺（thifluzamide 满穗）SC，75％肟菌・戊唑醇（拿敌稳）WDG（安苏华等，2014）、30％戊唑醇・多菌灵 SC 和 43％戊唑醇，32.5％苯甲—嘧菌酯、5％己唑醇、30％苯甲・丙环唑、5％A 井冈霉素和 75％肟菌・戊唑醇（赵敏等，2014）对稻曲病具有较好的防效。

水稻恶苗病近年来危害严重，但该病通过使用合适的浸种就能得到很好的防治。5％咪酰胺 EC（赵海红，2014）和 25％氰烯菌酯 SC（陈尤嘉，2014；张春云等，2014）浸种剂对水稻恶苗病的苗期和田间防效均很好。

在新药开发上，ZJ5337（碳酸苄酯-2，3，8-三甲基-6-七氟异丙基-4-喹啉酯）是浙江省化工研究院有限公司创制的一种新型喹啉类杀菌剂。胡伟群等（2014）测定了 ZJ5337 在离体条件下对稻瘟病菌的抑菌效果以及在温室和田间对稻瘟病、黄瓜白粉病的防治效果。结果表明，不论是在离体条件下还是温室盆栽试验中均表现出较高防效。

2. 水稻虫害化学防治技术

全国农业技术推广与服务中心（2014）推荐，防治稻飞虱，种子处理和带药移栽应选用吡虫啉、噻虫嗪，田间喷雾选用醚菊酯、吡蚜酮、烯啶虫胺等。防治螟虫和稻纵卷叶螟，选用氯虫苯甲酰胺、四氯虫酰胺、氰氟虫腙、丙溴磷等。值得注意的是，当前我国褐飞虱种群对吡虫啉仍处于极高抗性水平，部分地区褐飞虱种群已对噻嗪酮、噻虫嗪均产生了高水平抗性，对吡蚜酮出现中等水平抗性。因此，应严格限制吡蚜酮、噻虫嗪防治褐飞虱的使用次数，并停止使用噻嗪酮、吡虫啉。

（五）绿色防控技术

绿色防控技术在我国水稻病虫防控中的应用比例仍然较低。全国农业技术推广与服务中心发布的 2014 年水稻病虫害防控目标中，绿色防控面积的比例为 18％，除合理使用化学药剂外，主推的绿色防控技术包括：利用抗（耐）病品种防病、深耕灌水灭蛹控螟、种子处理和秧田阻隔预防病虫、性信息素诱杀害虫、生物农药防治病虫、生态工程保护天敌治虫、人工释放赤眼蜂治虫、稻鸭共育治虫防病控草。此外，放养较高密度的青蛙或牛蛙可以显著提高水稻的每穗粒数、结实率和稻谷产量，放养 3 种蛙类（青蛙、牛蛙和泽蛙）对稻飞虱和稻纵卷叶螟均有一定防治效果（谢洪科等，2014）。

基于水稻绿色防控技术的种植新模式也在一些地区得到发展。如荆门发展"基地＋农户＋龙头企业"模式，协助当地龙头企业建立优质粮源基地。近年来，通过选用抗性良种，实施控氮增钾，实行稻鸭共育，推广频振灯诱杀害虫等措施，推广病虫害集成防控新技术，建立无公害、绿色、有机稻生产基地 6.7 万公顷，安装太阳能杀虫灯 1.8 万盏，防控面积达 19.7 万公顷，当地优质稻米品牌度提升，企业效益大幅增加，实现了农民增收、企业增效、财政增税的三赢格局（魏先尧，2014）。

二、水稻虫害的应用基础研究

（一）水稻与病虫害互作关系

1. 水稻抗病虫机理

近些年来，有关水稻先天免疫机制的认识在不断加深。Liu 等（2014）围绕水稻受病原相关分子模式诱导的免疫（PTI）信号途径、病原菌效应蛋白抑制水稻 PTI、水稻受病原菌效应蛋白诱导的免疫（ETI）信号途径等方面开展研究，通过对水稻受病原相关分子模式（Pathogen-associated Molecular Patterns，PAMPs）、病原菌效应蛋白（Effector）、宿主靶标以及抗性基因的鉴定，揭示了水稻抗稻瘟病及白叶枯病的分子机理，勾勒出稻瘟病菌、白叶枯病菌与水稻互作的分子调控网络。

7001S 是一个广谱抗稻瘟病的粳稻两用核不育系，对来自全国不同稻区的 22 株稻瘟病菌系均表现为高度抗性（李彬等，2014）。Zhou 等（2014）通过对特青和抗性品种 Lemont 杂交后代稻曲病病丛、病穗和病粒百分率的研究，发现 10 个 QTL，并定位在水稻的第 2、3、4、6、8、10、11 和 12 染色体上。左示敏等（2014）报道抗纹枯病品系 YSBR1 的抗性机制与其防卫反应的快速启动有关。

水稻对稻飞虱抗性机理取得重要进展。Liu 等（2014d）成功完成抗褐飞虱基因 $Bph3$ 的图位克隆，发现 $Bph3$ 为一个包含编码 4 个植物凝集素类受体激酶（OsLecRK）的基因簇，其广谱、持久抗性由 OsLecRKs 基因簇共同控制，基因簇中各成员对褐飞虱的抗性具有累加作用。贾树芹（2014）用 real-time 方法筛选及验证了水稻 AP2/EREBP 转录因子家族的候选抗虫基因。郭嗣斌等（2014）在小粒野生稻基因渗入系中鉴定出 3 个褐飞虱抗性 QTL 位点，其中，抗褐飞虱主效 QTL（qBph4）为水稻的遗传改良提供了一套褐飞虱抗性育种材料。Zhang 等（2014e）发现野生稻（Acc. HY018）对 3 种稻飞虱均表现出较好的抗性，其中，对灰飞虱抗性与 3 个重要的 QTL 有关。Yang 等（2014e）通过遗传分析，发现水稻 CJ06 有 19 个 QTL 与其对白背飞虱的杀卵特征相关，其中，qWL6 中 122Kb 区间内的 4 个基因可能与其抗性产生相关。张桥等（2014）测定宁粳 1 号、淮稻 9 号、南粳 44、扬粳 9538、武运粳对白背飞虱和褐飞虱的耐害性，其中，宁粳 1 号对白背飞虱耐性最高，宁粳 1 号、淮稻 9 号对褐飞虱的耐害性最强。

Liu 等（2014）研究表明，在抗性水稻 IR42 中，脱落酸能刺激水稻根部和叶片部位生成胼胝质，降低褐飞虱卵黄蛋白原基因的表达，提高水稻对褐飞虱的抗性水平。Lv 等（2014）对含 bph15 的水稻进行细菌人工染色体和 RNAseq 分析，发现茉莉酸信号、乙烯信号、受体激酶、MAPK 级联反应、钙离子信号、PR 基因、转录因子和翻译后蛋白修饰等途径参与水稻防御褐飞虱过程。Guo 等（2014）研究表明，寄主植物对在咀嚼式和刺吸式昆虫的诱导抗性通过丙二烯氧化物环化酶基因的过量表达，分别触发茉莉酸（JA）和 cis-12-oxo-phytodienoic acid（OPDA）的上调途径实现。

Lu 等（2014）发现，as-ac 突变体在转录水平上抑制 $OsACS2$ 基因的表达和乙烯释放量，抑制二化螟诱导的胰蛋白酶抑制剂活力、二化螟诱导的挥发物释放，降低对二化螟的抗性；而突变体经褐飞虱取食后表现为挥发物 2-heptanone and 2-heptanol 增加、褐飞虱蜜露量减少、褐飞虱天敌增加、抗虫性增强，由此证明 $OsACS2$ 和乙烯途径在褐飞虱和二化螟中的作用机制不同。Zhou 等（2014）研究发现，害虫取食行为、机械损伤和水杨酸处理后的早期能抑制或不增强 LOX 基因的表达，但在后期水杨酸能促进其表达；as-r9lox1 突变体在转录水平上抑制 LOX 表达能抑制机械损伤诱导的（Z）-3-己烯醛，促进亚麻酸、JA、SA 和胰蛋白酶抑制剂，这些基因表达变化可能对二化螟抗性相关；与之相反，褐飞虱取食 as-r9lox1 突变体，其存活率高于野生对照组，LOX 可能参与咀嚼式和刺吸式害虫取食行为的抗性反应。Yang 等（2014）研究发现，粳稻（$Oryza$ $sativa$ L.）能产生 1，2-dilinoleoyl-sn-glycero-3-phosphocholine、1，2-dipalmitoyl-sn-glycero-3-phosphoethanolamine、1-palmitoyl-2-oleoyl-X-glycero-3-phosphoethanolamine 和 1，2-dioleoyl-sn-glycero-3-phosphoethanolamine，它们对白背飞虱具有杀卵功能和减少卵孵化能力，可能参与水稻对白背飞虱抗性产生过程。

抗稻飞虱品种选育也取得一定进展。徐国新（2014）通过分子标记辅助选择技术将 B5（携带 Bph14、bph15）中的抗褐飞虱基因 bph14、bph15 导入到 C815S、广占 63-4S、华 328S 中，培育出了育性稳定且抗褐飞虱的光温敏核不育系。利用 B5、华 15 等携带 Bph14、bph15 的抗性材料创建的抗褐飞虱恢复系也见诸报道（王笑见，2014；闫成业等，2014）。王道泽等（2014）对含 Bph14、bph15 单价或双价基因的水稻恢复系 R339、R339、R838 和杂交组合良丰优 339、良丰优 838 的褐飞虱抗性水平进行了评价，认为其褐飞虱抗性好，具有潜在应用价值。

此外，Yu 等（2014c）通过 RNAi 技术抑制褐飞虱蜕皮激素受体基因的表达量，获得了相应的转基因水稻，使得以 RNAi 手段防治害虫成为可能。$Pi-ta$ 和 $Pi-b$ 是最早被克隆的 2 个稻瘟病抗性基因，在粳稻中表现出持久稳定的稻瘟病抗性，因而被广泛用于稻瘟病抗性育种（何重等，2014）。

2. 主要病虫害的致害性及其作用机理

韩秀秀等（2014）报道，稻瘟病 MoCMR1 受 MoCOS1 正调控，基因 *MoCMR1* 突变后，黑色素产量略有减少，但分生孢子形态及产量和 *MoCOS1* 的表达量没有发生变化，但菌丝体失去致病性。Chen 等（2014）发现稻瘟菌效应子 Slp1 的功能实现必须经 ALG3 介导的 N-糖基化，增进了对稻瘟菌和水稻互作的认识。王世维等（2014）从辽宁省稻瘟病常发区分离的 26 株稻瘟病菌单孢菌株中，检测出无毒基因 *Avr-pik*、*AvrPiz-t* 和 *Avr-pita* 广泛分布。Huang 等（2014）同样发现稻瘟菌中无毒基因具有较高的多样性，无毒基因通过各种突变和筛选，向有毒方向快速进化。

Hu 等（2014）研究了稻曲病菌对水稻穗部的侵染过程，明确稻曲病菌接种后 24h 就开始感染，并在内部小穗花丝的基部定殖。黄磊等（2014）从稻曲病菌突变体库中筛选获得了一个单拷贝插入致病力丧失突变体 B-1015，分析了 T-DNA 插入位点及侧翼序列，克隆到 2 个被 T-DNA 插入破坏的基因。尹小乐等（2014）开展了水稻品种抗稻曲病、稻曲病菌致病力及水稻品种—稻曲病菌互作的研究，将 69 个菌株划分为 7 个致病类型，与水稻弱互作和强互作的比例分别为 91.3％和 8.7％。

Lei 等（2014）比较腐生性和活体寄生性病原菌的互作模式，发现了与水稻纹枯病菌致病密切相关的转录因子。

李潇桐等（2014）发现白叶枯病菌第二信使环鸟苷二磷酸（c-di-GMP）代谢相关蛋白 PXO_02944 基因被敲除后，对水稻的致病性、EPS 产生和生物膜形成能力显著增强，T3SS 调控基因 *hrpG* 和 EPS 合成基因 *gumG* 的转录水平明显提高，说明该应答调控因子负调控了水稻白叶枯病菌致病性、EPS 产生和生物膜形成这些毒性因子的表达。熊鹏等（2014）则发现 *hrpG* 基因可在水稻白叶枯病菌（Xoo）和细菌性条斑病菌（Xoc）中交叉互置，位于其上游和下游的调控途径可能相似。朱引引等（2014）发现，白叶枯病菌Ⅲ型分泌系统的类似转录激活子效应因子（tal）可能具有毒力和无毒力双重功能。Liu 等（2014）发现细条病菌无毒基因 *AvrRxo1* 不仅能抑制白叶枯病对烟草的非寄主特异性的超过敏反应，而且能诱导烟草细胞瞬时表达而死亡，并且 C 端结构的完整性对 *AvrRxo1* 行使抑制子和细胞毒性功能是必要的。

Yu 等（2014a）比较研究了不同致害性褐飞虱种群的脂肪体转录组，鉴定差异表达基因，为探索褐飞虱致害性机制做出铺垫。Jiang 等（2014）构建了褐飞虱遗传连锁图谱，发现 124 个基因特异性标记，其中发现 *Qhp7* 控制褐飞虱对抗虫基因 *bph1* 的选择性，而 *Qhp5* 和 *Qhp4* 基因可能控制褐飞虱在抗性水稻上的生长。

（二）水稻重要病虫害的抗药性

1. 水稻病害病原菌的抗药性

稻瘟病。李波涛等（2014）的研究表明，我国主要水稻产区的水稻稻瘟病菌未出现对烯肟菌胺的抗药性亚群体，而通过室内药剂驯化获得了7株抗药突变体，突变频率为1.11×10^{-4}，其中，2株高抗突变体NJ0811 - Ⅰ和A10的抗性水平大于1 000倍，抗药性稳定，致病力显著弱于野生菌株；5株低抗突变体抗性水平为2.05～4.55倍，抗药稳定性差，适合度与亲本无显著性差异。烯肟菌胺与嘧菌酯存在正交互抗药性，与田间防治稻瘟病常用药剂稻瘟灵、异稻瘟净无交互抗药性，认为稻瘟病菌对烯肟菌胺可能存在低到中等抗性风险。进一步克隆了高抗药突变体的 *cytb* 基因，其推导氨基酸序列在143位由甘氨酸突变为丝氨酸（G143S），据此建立了高抗菌株的PCR检测方法；而5株低抗突变体 *cytb* 基因未发生点突变，可能存在其他的抗性分子机制。郭真香等（2014）也监测了贵州省分离的30个稻瘟病菌株的抗药性，发现对春雷霉素与稻瘟灵的抗性均表现为较低水平。

白叶枯病。杨雅云等（2014）测定了云南省高原粳稻上10种不同致病型的白叶枯病菌对噻枯唑、叶枯灵和新植霉素等3种农药的抗药性，发现该稻区白叶枯病菌对噻枯唑已产生明显的抗药性，对新植霉素敏感，后者可作为云南白叶枯病的备选药物之一；白叶枯病菌菌株的抗药性与致病型有一定相关性，致病性和抗药性差异较大的菌株之间 *rpfC* 基因氨基酸序列存在明显差异，可以有效地将其区分开来，认为RpfC可以作为药靶设计特异性的抑制剂或药物，从而控制白叶枯病的危害。

2. 水稻虫害的抗药性

稻飞虱。李文红等（2014）测定了贵州6地白背飞虱种群对8种杀虫剂的敏感性，由高到低依次为噻虫嗪、吡虫啉、毒死蜱、环氧虫啶、噻嗪酮、敌敌畏、吡蚜酮和异丙威，对吡虫啉和噻嗪酮均表现出较高水平的抗药性。罗香文等（2014）测定湖南省安仁县白背飞虱种群对噻虫嗪、噻嗪酮、吡虫啉、烯啶虫胺、异丙威的LC_{50}，结果表明，异丙威的LC_{50}敏感度最低，噻嗪酮、吡虫啉、烯啶虫胺次之（分别为0.1214、0.1322、0.3296 mg/L），噻虫嗪最高（26.7068 mg/L）。张帅等（2014）通过室内抗药性监测和田间防效调查得出江苏邗江、安徽庐江、江西上高、广西永福等四地褐飞虱种群对噻嗪酮、噻虫嗪均处于中等至高水平抗药性，提出当前用药防治褐飞虱需暂时停用或限制使用噻嗪酮的建议。

稻飞虱抗药性机制的研究亦较活跃。Wang等（2014b）和Yang等（2014d）分别克隆鱼尼丁受体基因（*RyR*），通过RNAi证实 *RyR* 参与褐飞虱、白背飞虱的发育及抗性产生，并发现 *RyR* 可变剪切机制可能与其功能多样性相关。Yang等（2014c）测定无杀虫剂胁迫条件下多代褐飞虱对吡虫啉、毒死蜱和氟虫腈的抗性水平，结果表明，褐飞虱能通过降低其自身乙酰胆碱酯酶和酯酶活力以适应无杀虫剂环境。Pang等（2014）通过筛选田间抗吡虫啉和噻嗪酮的褐飞虱品系，揭示 *CYP6AY1*、*CYP6AY1* 可能参与褐飞虱对这两种杀虫剂的抗性机制，其中，*CYP6AY1* 启动子区域内单碱基突变和插入缺失与其抗性连锁。Qin等（2014）研究发现，哌虫啶不仅对水稻的损伤较小，而且能显著降低褐飞虱乙酰胆碱酯酶和谷胱甘肽转移酶活力，用药24小时后能显著提高多功能氧化酶和酯酶活力，证明了褐飞虱体内解毒代谢酶与哌虫啶的抗性关系。Xu等（2014b）发现，灰飞虱田间种群和室内种群的 $CYP6AY3v2$、$CYP306A2v2$、$CYP353D1v2$ 和 $LSCE36$ 基因的过量表达参与灰飞虱对毒死蜱产生抗药性过程。

二化螟。Su等（2014）监测了2010—2011年采集的14个田间二化螟种群对杀虫单、三唑磷和阿维菌素的抗性，结果表明，4个种群对杀虫单表现为中等水平，其他的种群表现为低抗或者敏感；9个种群对三唑磷的表现为高抗，但其他种群却表现为敏感；5个种群对阿维菌素表现为低抗，其余仍为敏感。He等（2014）对2012—2013年瑞安、苍南、连云港和诸暨二化螟种群的氯虫苯甲酰胺抗性进行了研究，发现诸暨种群的抗性水平最高，是其他地理种群的15倍，并且推测这种抗性与解毒酶活性上升有关。Wu等（2014）也对2011—2012年我国东南地区40个二化螟种群进行了氟虫双酰胺的抗药性测定，除了金华种群和庐江种群外，其余地理种群在年份之间差异不明显，多数种群仍表现为低抗或者敏感性降低水平，金华种群为中等抗性水平。

稻纵卷叶螟。Zhang等（2014）对2011—2013年南宁、长沙和南京的稻纵卷叶螟种群对13种常规农药和一种新型杀虫剂的敏感性进行了测定，发现乙基多杀菌素、多杀菌素、阿维菌素和甲维盐对稻纵卷叶螟表现为高毒力，杀虫单表现为低毒力；与2010年建立的基线比较，对氯虫苯甲酰胺和虫酰肼的敏感性有所下降，对茚虫威、毒死蜱和杀虫单的敏感性没有变化。

（三）水稻病虫害生理生化与分子生物学研究进展

1. 水稻病害生理生化和分子生物学研究进展

陈四妙等（2014）通过同源比对获得8个稻瘟病菌黏附因子——分泌复合物 Exocyst 亚基的同源蛋白，并借助亚细胞定位分析验证了 MoSec15 在菌丝体中的定位，为进一步探讨稻瘟病菌中分泌复合物的生物学功能和稻瘟病菌的分泌机制提供了依据。党谢等（2014）利用生物信息学手段，通过搜索多个大型蛋白互作数据库和文献，共发现数百个可能与水稻稻瘟菌 Rab 蛋白 MoYpt51（MGG_06241）和 MoYpt52（MGG_01185）核心蛋白互作的蛋白和互作对。

水稻稻瘟病菌可以产生两种分生孢子，分别为普通分生孢子和小分生孢子。绝大多数的研究都集中在普通分生孢子上，极少有小分生孢子的研究报道。Zhang等（2014）研究发现，约有10%的小分生孢子可以成功在水稻植株表面萌发，萌发后产生菌落的生长和致病力与普通分生孢子没有区别，并证实小分生孢子也是一种重要的稻瘟病菌分生孢子，在病害循环中起重要作用。肖丹凤等（2014）从黑龙江、浙江、广西采集样品中分离并整理了7群35个稻瘟病生理小种。赵正洪等（2014）将59个湖南稻瘟病菌株划分为20个生理小种，认为鉴别品种 C101LAC（$Pi1$）和 C101A51（$Pi2$）可作为湖南稻区稻瘟病的抗源材料，$Pi1$、$Pi2$ 可直接用作分子标记辅助选育的供体抗源基因；品种关东51（Pik）、

C105TTP-423（*Pi4-b*）和 C101PKT（*Pita*）可以作为选择性抗源材料（基因）加以应用。

Zhang 等（2014）对稻曲病菌基因组的测序和分析是本年度水稻病害分子生物学研究的一个突出进展，明确了稻曲病菌的基因组大小为 39.4Mb，其中包括 8 426 个基因，约有 25% 的重复序列，受到真菌生物基因沉默机制重复序列诱导的点突变的影响；系统进化上，稻曲病菌与昆虫致病性绿僵菌具有较近的亲缘关系，可能存在潜在的宿主跨界跳跃事件；稻曲病菌中与多糖降解、营养摄取和次生代谢相关的基因减少，这有可能与水稻病菌特异性侵染水稻花器官与活体营养生活方式有关联；在感染早期转录组中高度富集编码分泌蛋白的基因、与次生代谢和病原体—宿主互作相关的基因，与其在致病性中的潜在作用相一致；鉴定了 18 个可抑制植物过敏反应的候选效应蛋白。借助于比较和功能基因组学分析，揭示出有关稻曲病菌进化、活体营养和致病分子机制的一些新认识。此外，饶玉春等（2014）对稻曲病菌丝氨酸/苏氨酸蛋白激酶（MAPK）途径相关基因 *UvHog1* 进行了同源克隆，发现其参与了盐胁迫的信号响应。Yang 等（2014）也发现油菜素内酯在水稻对稻曲病菌侵染反应中可能比水杨酸具有更重要的作用，其他如植物生长素、赤霉素和茉莉酸类等激素也可能影响稻曲病菌的感染。

王文斌等（2014）对我国 10 个省份 111 个稻曲病菌菌株生物学特性的聚类分析以及 DNA 指纹图谱多态性的分析，推测稻曲病菌属于局域性传播，基因类群与生物学特性之间没有相关性。高玲玲等（2014）发现，白叶枯病菌的遗传多样性在不同海拔稻区存在显著差异，其以中海拔稻区最高，低海拔稻区次之，高海拔稻区最低。

2. 水稻虫害生理生化和分子生物学研究进展

稻飞虱基因组、转录组及相关功能基因的研究十分活跃。Xue 等（2014）发表了褐飞虱及其 2 个共生菌的基因组。其中，褐飞虱基因组 1.14Gb，鉴定出 27 571 个编码基因，其中 40.8% 基因所编码的蛋白与 14 种其他节肢动物同源，缺失了大量进化保守基因及生化途径相关基因，而这些缺失的基因存在于共生菌基因组中，体现了褐飞虱、共生菌及水稻的协同进化关系。Zhang 等（2014b）获得了白背飞虱线粒体基因组，与褐飞虱、灰飞虱线粒体基因组比较发现，3 种稻飞虱线粒体基因组中存在不同数量和种类的编码基因。Bao 等（2014）基于褐飞虱基因组和转录组数据鉴定了 90 个丝氨酸蛋白酶，为研究丝氨酸蛋白酶在消化、发育、生殖和免疫等生理过程中的作用奠定基础。He（2014）结合转录组、生物信息学和分子生物学手段明确了 12 个褐飞虱化学感受蛋白的生物学特性。周爽爽（2014）基于转录组数据，结合基因全长克隆、时空表达谱、气味结合等手段明确了 4 个褐飞虱气味结合蛋白的功能，并推测酮类、醛类、萜烯类、烷类和醇类可以作为开发引诱剂或生物农药的主要成分。Zhou 等（2014b）建立褐飞虱触角转录组，鉴定出与嗅觉相关基因。Yang 等（2014b）运用转录组数据和分子生物学手段获得 9 个褐飞虱化学感受蛋白，证实 NlugCSP7 不参与褐飞虱的气味识别过程。Xi 等（2014b）运用生物信息学手段搜索 4 个几丁质脱乙酰基酶基因，时空表达和 RNAi 研究表明，NlCDA1，NlCDA2，NlCDA4 参与褐飞虱蜕皮过程，而中场特异性的 NlCDA3 对其表型无直接关联。Xi 等

（2014）鉴定了 12 个褐飞虱几丁质酶基因，时空表达分析和 RNAi 手段明确了它们在褐飞虱几丁质合成与分解中的作用。

周云龙（2014）克隆褐飞虱保幼激素环氧化物水解酶基因，并通过 RNAi 证实其可能参与褐飞虱翅型的发育。王渭霞等（2014）通过 RNAi 探索延伸因子在褐飞虱体内的生物学功能。Lin 等（2014）通过 RNAi 手段证明 Distal - less 基因参与褐飞虱足和翅的发育过程。Jia 等（2014）和 Wan 等（2014）通过 RNAi 分别解析灰飞虱和白背飞虱 Phantom 基因在稻飞虱变态发育中的作用。Yu 等（2014b）通过序列分析和 RNAi 明确 Wingless 基因在稻飞虱翅型发育中的作用。Lu 等（2014）对 5 个二化螟小热激蛋白的结构进行了分析，这些小热激蛋白都具有保守的精氨酸和 V/IXI/V 重复区，这些特征是小热激蛋白的输水特性，这 5 个小热激蛋白可以分为 2 类，一类是同源的，另一类是物种特异性的。因此，不同的小热激蛋白参与不同的二化螟生理活动。Lu 等（2014）也对 3 种热激蛋白基因 $hsp90$，$hsp70$ 和 $hsp60$ 在二化螟 5 龄幼虫的 8 种器官组织中的表达，该 3 个基因在头部的表达量最高，热激蛋白基因可以在温度压力下被诱导，尤其是高温条件下。

Yin 等（2014）构建了二化螟基因组数据库（ChiloDB）。Wang 等（2014）对二化螟细胞色素 P450 家族的 77 个基因进行了转录组测序分析，研究结果表明，二化螟细胞色素 P450 家族基因可以分为 4 个族，分别为线粒体基因、CYP2、CYP3 和 CYP4，系统进化分析表明在昆虫中 CYP3 族最为庞大，并且发现了一个新的亚科 CYP321F，这个亚科是二化螟特有的。Zhang 等（2014b）根据大螟的性信息素腺体和触角的转录组数据分析，发现了可能参与 Type - I 性信息素合成和降解通路的 73 个新基因，其中 46 个参与性信息素合成，27 个参与降解，并构建了相关酶参与的大螟性信息素合成和降解的通路图。

马雯琦等（2014）通过对三化螟 3 个地理种群线粒体 COI 基因的序列分析，结果表明，3 个种群缺乏明显的地理分布格局，线粒体 COI 基因能够对三化螟进行准确的物种鉴定。An 等（2014）通过 AFLP 技术从稻纵卷叶螟中找到 20 个微卫星标记，其中 18 个显示多态性。Tang 等（2014）找到 30 个大螟的多态性微卫星位点，用以研究大螟的种群遗传规律。Yin 等（2014）发现稻纵卷叶螟的线粒体基因组编码了 37 个基因和具有一个在鳞翅目中普遍存在的 CR - M - I - Q 区域，还发现稻纵卷叶螟与草螟科 Crambidae 的杆野螟属 Ostrinia 是互为姐妹群系。

Zhang 等（2014a）克隆了大螟成虫触角的 CSP19 基因的全长，并认为 SinfCSP19 是雌性激素和植物挥发物的受体物质。Jin 等（2014）在大螟中识别出 3 种信息素转移蛋白的 cDNAs（SinfPBP1、2、3），并发现 SinfPBP1 在大螟体内在对雌性性信息素的接收方面具有重要作用，而 SinfPBP3 所起作用小，SinfPBP2 的功能是作为乙醇和醛组分的一种识别器。Zhang 等（2014c）克隆了大螟触角的激素受体（pheromone receptors，PRs），发现 3 个编码 PRs 的全场序列都在雄虫中特异性表达，但是相对表达量不相同；并对这 3 个基因进行了系统进化分析，表明这 3 个基因属于不同的亚科。Sun 等（2014）发现稻纵卷叶螟对水稻释放的 38 种化学物质有电生理反应，38 种化合物中其中有一些激发出强烈的电生理反应，雌虫和雄虫对这些化合物的反应大部分是重叠的，并且没有差异。

3. 水稻害虫与病毒的互作

李俊敏等（2014）建立单头灰飞虱体内两种水稻病毒的双重一步法 RT‒PCR 检测方法。李硕等（2014）采用新鲜离体病叶饲毒法、病株饲毒法和薄膜饲毒法等 3 种方法对灰飞虱的获毒效率进行研究，鉴定的新鲜离体病叶饲毒法是一种高效快捷的饲毒方法，为研究灰飞虱获毒机制奠定基础。沈江峰等（2014）筛选了水稻黑条矮缩病毒和水稻条纹叶枯病毒侵染下水稻 qRT‒PCR 内参基因，结果表明，*UBC* 和 *β‒TUB* 组合作为分析 RBSDV 和 RSV 侵染过程的水稻内参基因。

郑胜兰等（2014）通过 RNAi 技术明确 SRBSDV P6 在病毒复制增殖过程中的必要性，为阐明 SRBSDV 在介体内的侵染和介体传毒机制研究提供依据。贾东升等（2014）阐述了 RBSDV 在灰飞虱消化系统的侵染和扩散过程，为有效阻断灰飞虱携带并传播病毒奠定基础。Huo 等（2014）研究发现，灰飞虱 *vitellogenin* 基因参与水稻条纹病毒（Rice stripe virus，RSV）经卵巢传播过程。

Li 等（2014）和 Xu 等（2014d）分别通过转录组测序获得稻飞虱体内 Himetobi P virus 的 siRNA，发现灰飞虱自身的 RNAi 系统能防御病毒的侵染过程。秦发亮（2014）通过高质量灰飞虱 cDNA 文库及酵母双杂交技术，筛选出 76 个与 RSV 病害特异性蛋白（Disease‒specific protein，SP）互作的蛋白质，为明确介体灰飞虱传播 RSV 的分子机制以及 RSV 的 SP 在传毒过程中的功能做出铺垫。徐秋芳等（2014）和陈晴晴（2014）分别通过筛选灰飞虱 cDNA 酵母表达文库发现原肌球蛋白（Tropomyosin，Tm）能与 SRBSDV P10 蛋白发生互作。Liu 等（2014b）发现 SRBSDV 和 RRSV 共同侵染水稻，能显著提高水稻的获毒能力。

感染病毒影响稻飞虱的嗜好性或寄主的适合度。Wang 等（2014b）研究发现携带病毒的稻飞虱更易侵染无毒水稻，携带 RRSV 的褐飞虱更易危害以被 SRBSDV 侵扰的水稻。Xu 等（2014a）发现 SRBSDV 侵染能增强褐飞虱的生态适应性。Zhang 等（2014a）试验结果表明，白背飞虱取食感染 SRBSDV 的水稻后，其成虫历期短、生殖力更强、长翅型数量多、蜜露分泌量更多。

（四）其他

1. 水稻虫害与其体内共生菌关系

Cao 等（2014）在灰飞虱体内发现一个类 YLS 共生菌 *Pichia anomala*，其可能参与灰飞虱的发育。Wan 等（2014d）通过转录组数据构建褐飞虱及其体内共生菌在氨基酸合成途径中的关系，揭示了共生菌在褐飞虱必需氨基酸营养合成中的关键作用。唐明等（2014b）建立 16S ribosomal DNA（rDNA）文库检测褐飞虱唾液分泌物中的微生物组成，共发现 4 种细菌属于 γ 变形菌亚门、2 种细菌属于 β 变形菌亚门。唐明等（2014a）采用荧光原位杂交（FISH）技术，用 Cy5 标记真细菌 16S ribosomal DNA（rDNA）的通用探针 eub338 和 non338 对细菌型共生菌在褐飞虱体内的分布进行检测。Xue 等（2014）通过全基因组鸟枪法构建褐飞虱及其内共生菌 YLS 和杀雄菌（*Arsenophonus nasoniae*）基因组，明确化学感受和解毒代谢相关基因与褐飞虱食性关系，解析褐飞虱与其共生菌营养代谢的关系。

2. 鳞翅目害虫的饲养技术

水稻鳞翅目害虫的人工饲养技术是相关研究的瓶颈。刘光富等（2014）筛选出适合茭白二化螟的最佳人工饲料配方，改进了二化螟的室内饲养技术，改进后饲料饲养的二化螟幼虫发育历期、化蛹率、羽化率、产卵量及卵孵化率等与天然饲料饲养基本接近，幼虫存活率和蛹重明显高于天然饲料，也为进一步研究二化螟人工繁殖技术提供了依据。Wang等（2014）的研究发现，抗生素、抗坏血酸和维生素混合物对稻纵卷叶螟幼虫的生长发育不可或缺，胆固醇和蔗糖可以促进幼虫生长，但过量添加同样会抑制幼虫生长；饲料中添加水稻或玉米叶片和植物油会提高幼虫的死亡率，并且降低化蛹率；韦氏盐的添加对幼虫的存活和发育也没有改善；但是水占饲料的比例对幼虫的生长发育至关重要。

人工饲料的霉变一直是昆虫饲养的一大难题，频繁使用抗真菌物质对许多鳞翅目昆虫的幼虫都有一定的副作用。Su等（2014a）对稻纵卷叶螟人工饲料中黑曲霉的抑菌添加物质进行了筛选，研究结果表明，稻纵卷叶螟初孵幼虫对抗坏血酸和对羟基苯甲酸甲酯非常敏感，但游霉素相对最为安全。因此，可以选用游霉素、抗坏血酸和对羟基苯甲酸甲酯组合做为稻纵卷叶螟人工饲料抗霉变的组合添加剂。

第二节　国外水稻植保技术研究进展

一、关键防控技术

国外水稻病虫防控技术的研究主要集中在天敌、生物源药剂、性诱剂等绿色防控技术研究。

Spence等（2014）从水稻根际分离两株稻瘟病生防菌 *Pseudomonas* sp. EA105 和 *Pantoea agglomerans* EA106，两者都表现出对稻瘟病菌生长和侵染的抑制作用。Harikrishnan等（2014）从水稻根际土壤中分离了 132 个放线菌，其中橙灰链霉菌（*Streptomyces aurantiogriseus*）VSMGT1014 菌株对水稻纹枯病表现出最明显的抑制效果。Hop等（2014）从土壤和落叶中分离到 2 690 个菌株中，筛选到一株毒三素链霉菌（*Streptomyces toxytricini*）VN08 - A - 12 对水稻白叶枯病有极好的防治效果。

Rout等（2014）发现木橘的乙醇提取物对水稻稻瘟病有很强的抑制作用，并通过不断优化，成功开发出针对稻瘟病的相关植物源杀菌剂，该杀菌剂对稻瘟病防效显著，其中主要的活性物质为 2，6 -二甲氧基 -1，4 -苯醌。Ueno等（2014）研究了竹子提取物 2，6 -二甲氧基 -1，4 -苯醌对稻瘟菌的活性及其对水稻稻瘟病的防控机制，结果表明，该化合物对稻瘟病菌的抑制作用有限，其主要是通过激发水稻对稻瘟菌的系统抗性，实现对水稻稻瘟病的防控作用。

Ko等（2014）发现 8 种赤眼蜂在实验室条件下对二化螟卵均有较高的寄生率；田间

释放后，其中，一种赤眼蜂 *Trichogramma chilonis* CJ 在中等释放密度下的寄生率达 34%。

Ho 等（2014）在越南北部对三化螟和稻纵卷叶螟的混合诱芯进行了田间试验，含有（Z）- 9 - hexadecenal 和（Z）- 11 - hexadecenal 的诱芯对三化螟雄虫具有诱捕作用，而（Z）- 11 - hexadecenyl 硝酸盐和（Z）- 13 - octadecenyl 硝酸盐对稻纵卷叶螟没有诱集效果。

二、应用基础研究

（一）水稻病害

长期以来，研究人员一直认为风有利于病原菌的侵染，是影响病害发生的重要气候因子。但 Taguchi 等（2014）利用人工风的研究结果表明，微风（风速为 2.6～7.3 米/秒）大幅降低水稻叶瘟和穗颈瘟的发病率，是对水稻稻瘟病发病规律的新认识。

稻瘟菌是进化最快的植物病原真菌之一。Saleh 等（2014）分析了来自 15 个国家的 55 个稻瘟菌群体的多样性后，发现亚洲是稻瘟病菌多样性和起源中心。具体有 2 个主要多样性中心区域，第一个为中国南部—老挝—泰国西部，第二个为尼泊尔西部，但交配型分析表明，前者更有可能为稻瘟病菌的起源地。

Fernandez 等（2014）发现稻瘟菌的谷胱甘肽还原酶、硫氧还蛋白过氧化物酶还原酶和硫氧还蛋白过氧化物酶等与稻瘟病菌的致病力相关；稻瘟病菌自身代谢也需要产生活性氧类物质，特别是其在水稻侵染结构形成过程中起到不可替代的作用，谷胱甘肽是对抗活性氧的重要物质。Samalova 等（2014）研究发现，稻瘟菌在孢子萌发—附着孢形成的侵染过程中线粒体的活性和活性氧都会显著升高，而谷胱甘肽却被严格控制在一个比较低的水平内，认为稻瘟菌有个稳健的活性氧防御机制，外源过氧化氢处理对稻瘟菌侵染感病品种影响不大，但会降低其对抗病品种的侵染效率，水稻单靠活性氧无法抵御稻瘟病菌的侵染。

Saitoh 等（2014）研究发现，属于水稻稻瘟病菌己糖转运蛋白家族的一个蛋白编码基因 *MoST1*，该基因在稻瘟病菌产孢和黑色素形成中起独特作用，且该蛋白在水稻稻瘟菌中没有同工蛋白。Urayama 等（2014）在水稻稻瘟菌上发现了一种新的双链 RNA 病毒 *Magnaporthe oryzae* chrysovirus 1 - B，该病毒可影响水稻稻瘟病菌的营养生长和发育。

Kunova 等（2014）通过连续多年的监测发现，意大利稻瘟菌对三环唑的敏感性无明显下降，对嘧菌酯的敏感性也仅有小幅下降，未发现对这两类药剂的稻瘟病菌抗性菌株。

Kwon 等（2014）对水稻纹枯病菌发育早期、中期和成熟期的菌核进行蛋白组学比较，鉴定出与菌核成熟相关的 10 种不同功能的蛋白，参与了遗传信息加工、碳水化合物代谢、细胞防御、氨基酸代谢、核苷酸代谢、致病性和毒素合成等多种途径，并且发现了 2 个与液泡功能相关的蛋白在菌核成熟时能显著上调。

Ghosh 等（2014）通过比较基因组学的方法分析了纹枯病丝核菌 AG1-IA 和 AG1-IB 的全基因组序列差异，发现 3 942 个基因仅在丝核菌 AG1-IA 融合群中特异表达，将这些差异基因与植物、动物和人的致病菌序列比对，表明部分基因与菌株的毒力、致病力和毒素合成密切相关，其中，有 3 个基因（RS_P1、RS_P3、RS_P4）在侵染水稻时明显高表达，RS_P1 基因编码类细小蛋白阻抑寄主细胞壁降解酶的作用；RS_P3 编码 NifU 类蛋白作为铁硫生物合成的骨架；RS_P4 编码 V-SNARE 蛋白与致病效应蛋白的转运有关。

Srivastava 等（2014）报道稻曲病引起感病品种和抗病品种 2.0%～12.9% 的产量损失，结实率降低 3.3%～19.3%，千粒重下降 4.9%～21.8%；感染稻曲病后，大部分品种种子发芽率下降，株高降低 19.4%。

稻曲病菌的次生代谢产物有两类：第一类为绿核菌素（Ustilaginoidins），属于萘并吡喃酮类，为脂溶性有色物质；另一类为稻曲病病原菌毒素（Ustiloxins），又称黑粉菌素，属于环肽类，为水溶性无色物质。Tsukui 等（2014）通过编码黄曲霉菌 Ustiloxin B 的核糖体多肽生物合成基因簇的同源比对，鉴定了稻曲病菌中编码 Ustiloxin A 和 Ustiloxin B 的核糖体基因，发现编码的前体蛋白中分别含有 5 个 Tyr-Val-lle-Gly 和 3 个 Tyr-Ala-lle-Gly 保守的结构元件。

（二）水稻虫害

Matsumoto 等（2014）通过高通量测序得到黑尾叶蝉（*Nephotettix cincticeps*）唾液腺转录组，发现 68 个唾液腺特异性分泌蛋白，有助于明确黑尾叶蝉与寄主植物的互作关系。Tanaka 等（2014）在褐飞虱转录组中鉴定 48 个神经肽和 57 个 G 蛋白偶联受体，推测褐飞虱存在复杂的神经系统。Kobayashi 等（2014）运用遗传图谱发现在褐飞虱基因组中一个区域与其致害性相关，其中 5 个单核苷酸多态性（SNPs）是遗传连锁位点。Yamamoto 等（2014）运用生物信息学和结构分析明确谷胱甘肽转移酶的结构和催化活性位点。Mar 等（2014）通过分子生物学手段鉴定南方黑条矮缩病病毒 SRBSDVP7-1 与白背飞虱的互作蛋白。

Matsumura 等（2014）分析日本 2005—2012 年稻飞虱对吡虫啉、有机磷、氨基甲酸酯、拟除虫菊酯、新烟碱类杀虫剂和苯基吡唑类杀虫剂的敏感性的差异，结果表明，褐飞虱对吡虫啉、白背飞虱对氟虫腈的抗性在不断增强（达到 615.6 倍），稻飞虱对其他测试药剂的抗性无显著变化。

Haghani 等（2014）对伊朗的 Guilan 和马赞达兰地区的二化螟遗传进化进行了研究，收集到的二化螟种群可以划分为 4 组：Guilan 西部，Guilan 东部，Guilan 中部和玛赞达兰西部。RAPD 分析表明，玛赞达兰二化螟种群与 Guilan 种群的起源不同，而 Guilan 西部种群是从另外 2 个 Guilan 种群演化而来。

Tamura 等（2014）克隆水稻抗褐飞虱基因 $bph26$，是目前克隆到的 3 个水稻抗褐飞虱基因之一。Shin 等（2014）发现褐飞虱能诱导 *OsMPK3* 表达，进一步诱导 *OsbHLH65*

磷酸化，引发相应的防御反应。Petrova 和 Smith（2014）研究发现，抗性水稻和敏感水稻经褐飞虱取食后，其中源于褐飞虱唾液腺分泌的 catalase – like 蛋白含量明显增多，证明其可能参与褐飞虱对水稻的反防御机制中。

参 考 文 献

安苏华，李春梅，马晓伟 .2014. 咪锰·苯醚甲对水稻稻曲病和纹枯病的防治效果 . 浙江农业科学，2014，（1）：76 – 77.

包善微，吴小兵，顾庆红，等 .2014. 不同杀虫剂对稻纵卷叶螟的田间防效 . 中国植保导刊，34（8）：62 – 64.

包云轩，田琳，谢晓金，等 .2014. 基于大气环流特征量的白背飞虱发生程度短期预报模型 . 中国农业气象，35（4）：440 – 449.

陈莉莉，顾国伟，应小军，等 .2014. 球孢白僵菌对水稻稻纵卷叶螟的防效 . 浙江农业科学，（9）：1 411，1 417.

陈洪凡，黄水金，陈琼 .2014. 不同类型稻田中稻飞虱及其主要天敌类群的时间生态位比较研究 . 山西农业大学学报（自然科学版），34（6）：503 – 507.

陈明朗 .2014. 德化县一季中稻稻飞虱发生特点及综合防治措施 . 植物医生，27（5）：4 – 5.

陈刘军，俞仪阳，王超 .2014. 蜡质芽孢杆菌 AR156 防治水稻纹枯病机理初探 . 中国生物防治学报，30（1）：107 – 112.

陈晴晴 .2014. 灰飞虱中与 RBSDV P10 互作的介体因子分析 . 南京师范大学，硕士学位论文 .

陈四妙，陈晓峰，杨成东，等 .2014. 稻瘟病菌分泌复合物的生物信息学分析及 MoSec15 定位研究 . 福建农林大学学报：自然科学版，43（3）：282 – 288.

陈尤嘉 .2014. 氰烯菌酯浸种对水稻恶苗病的防效及安全性调查 . 中国植保导刊，7：79 – 81.

党谢，陈健，连璧，等 .2014. 稻瘟病菌 MoYpt5 蛋白互作网络预测 . 热带植物学报，35（8）：1 597 – 1 604.

丁朝辉，胡平，彭海波，等 .2014. 不同药剂防控水稻穗瘟效果研究 . 现代农业科技（植物保护学），17：140，143.

杜爱芹，吴俊，邓子新，等 .2014. 杀稻瘟菌素生物合成基因簇的边界确定 . 微生物学报，41（7）：1 318 – 1 325.

高玲玲，黄琼，陈小龙 .2014. 中国西南水稻白叶枯病菌遗传多样性垂直分布格局中国生态农业学报，22（9）：1 086 – 1 092.

葛少彬，刘敏，蔡昆争，等 .2014. 硅介导稻瘟病抗性的生理机理 . 中国农业科学，47（2）：240 – 251.

郭真香，李明，卢春 .2014. 贵州省稻瘟病菌对春雷霉素和稻瘟灵的抗药性监测 . 贵州师范大学学报（自然科学版），32（4）：88 – 93.

郭嗣斌，刘开强，李孝琼，等 .2014. 小粒野生稻基因渗入系抗褐飞虱 QTL 定位 . 南方农业学报，45（6）：933 – 937.

韩秀秀，李晓宇，何朝族 .2014. 稻瘟病菌 MoCOS1 基因调控 *MoCMR*1 基因表达的研究 . 植物病理学报，44（3）：239 – 246.

何重，陈涛，张亚东，等 .2014. 江苏部分粳稻品种和品系中稻瘟病抗性基因 *Pi－ta* 和 *Pi－b* 的基因型分析．江苏农业学报，30（5）：921－927.

何慧，何燕，孟翠丽，等．2014.广西稻飞虱发生等级的时空变化特征．自然灾害学报，23（2）：147－157.

何晶晶，郑许松，徐红星，等．2014.温度对黑肩绿盲蝽生长发育和繁殖的持续影响．浙江农业学报，26（1）：117－121.

何燕，何慧，孟翠丽，等．2014.基于BP人工神经网络方法的广西稻飞虱发生等级预测．生态学杂志，33（1）：159－168.

何忠全，陈德西，封传红，等．2014.水稻主要害虫发生区划研究．西南农业学报，27（5）：1 937－1 944.

胡代花，杨晓伟，韩鼎等．2014.不同性诱剂对陕南水稻三大害虫引诱效果比较．江苏农业科学，42（7）：119－121.

胡伟群，朱卫刚，张蕊蕊，等．2014.新型喹啉类化合物ZJ5337的生物活性．农药学学报，16（4）：414－419.

黄磊，胡建坤，俞咪娜，等．2014.稻曲病菌致病力丧失突变菌株B-1015的T-DNA标记基因的克隆．中国农业科学，47（13）：2 552－2 562.

贾东升，马元元，杜雪，等．2014.水稻黑条矮缩病毒在灰飞虱消化系统的侵染和扩散过程．植物病理学报，44（2）：188－194.

贾树芹．2014.用Real－time方法筛选及验证水稻AP2/EREBP转录因子家族中可能抗虫的基因．曲阜师范大学，硕士学位论文．

江平，康晓慧．2014.用逐步回归分析模型预测水稻稻瘟病流行趋势．广东农业科学，41（12）：72－74，84.

蒋蓉，黄萍，刘国芳，等．2014.利用酵母双杂法鉴定水稻白叶枯病菌Ⅲ型效应物寄主靶标初探．基因组学与应用生物学，33（3）：556－563.

蓝建军，李莉，檀志全，等．2014.防虫网覆盖育秧防治稻飞虱与南方水稻黑条矮缩病效果初报．广西植保，27（2）：3－4.

李彬，邓元宝，颜学海，等．2014.一个粳稻来源抗稻瘟病基因的鉴定、遗传分析和基因定位．作物学报，44（1）：54－62.

李波涛，吴隆起，倪笑霞，等．2014.水稻稻瘟病菌对烯肟菌胺的抗性风险评估及抗性机制初探．植物病理学报，44（1）：80－87.

李超，陈恺林，刘洋，等．2014.不同氮素水平对晚稻拟环纹豹蛛及稻飞虱种群动态的影响．湖南农业科学，（20）：37－40，44.

李俊敏，周燕茹，孙宗涛，等．2014.单头灰飞虱体内两种水稻病毒的双重一步法RT－PCR检测．浙江农业学报，26（2）：378－383.

李硕，王世娟，訾金燕，等．2014.灰飞虱从离体病叶快速获得水稻条纹病毒的方法．江苏农业学报，30（2）：449－451.

李文红，李凤良，金剑雪，等．2014.近两年贵州省白背飞虱的抗药性监测．In：2014年中国植物保护学会学术年会，中国福建厦门，p1.

李小珍，崔汝强，宋水林，等．2014.两索线虫对晚稻田不同类型褐飞虱的寄生力研究．生物灾害科学，37（1）：33－37.

李潇桐，杨凤环，梁士敏，等.2014.水稻白叶枯病菌毒性表达的负调控因子 PXO_02944 的分子鉴定中国农业科学，47（13）：2 563 - 2 570.

廖庭，秦健，袁高庆，等.2014.巨大芽杆菌 B196 菌株抑制物质的分离纯化.植物保护，40（2）：16 - 21.

林志楷，郭莺，林清洪，等.2014.井冈霉素纳米胶囊的制备及其对水稻纹枯病的抑茵防病研究.热带作物学报，35（1）：152 - 15.

刘春莹.2014.5 种杀菌剂防治水稻稻曲病的效果比较.福建稻麦科技，6：22 - 23.

刘芳，郑亚强，杜广祖.2014.球孢白僵菌 Bb10716 菌株对甘蔗上大螟三龄幼虫的致病性研究.云南农业大学学报，29（4）：482 - 486.

刘光富，俞晓平.2014.不同饲料配方对茭白二化螟生长发育和繁殖的影响.中国计量学院学报，25（3）：328 - 331.

罗香文，刘建宇，张胜平，等.2014.湖南省安仁白背飞虱种群对 5 种农药敏感度测定.农学学报，4（8）：22 - 24.

宁万光，谢瑛，史洪中，等.2014.信阳水稻稻瘟病发生规律及基于灰色预测模型的预测预报.江苏农业科学，42（6）：102 - 104.

潘以楼，朱桂梅，郭建，等.2014.5 种杀菌剂对短短小芽孢杆菌 TW - 2 菌体及芽孢的影响.上海农业学报，30（1）：45 - 48.

彭翠楠，张凯雄.2014.灯光诱杀田间害虫关键技术取得新突破.农药市场信息，（27）：43.

彭玉萌，霍光华，韩启灿，等.2014.抗稻瘟病菌活性木荷皂甙类似物的分离条件及其分离.分析化学，42（1）：59 - 64.

齐会会.2014."湘桂走廊"水稻两迁害虫的迁飞行为及重要天敌的种群动态研究.中国农业科学院，博士学位论文.

覃安荣，肖卫平，王蓉，等.2014.都匀市水稻稻纵卷叶螟绿色防治技术.现代农业科技，（14）：114 - 116.

秦发亮，刘文文，李莉，等.2014.利用酵母双杂交技术筛选介体灰飞虱中与水稻条纹病毒病害特异蛋白互作的蛋白质.中国农业科学，47（14）：2 784 - 2 794.

屈丽莉.2014.螟黄赤眼蜂防治水稻二化螟效果试验.农业科技与装备，（7）：16 - 17.

全国农业技术推广中心，关于印发 2014 年农作物重大病虫害防控技术方案的通知，农技办〔2014〕16 号，http://www.moa.gov.cn/zwllm/tzgg/tz/201403/t20140318_3818446.htm.

饶玉春，丁正中，陈析丰，等.2014.稻曲病菌 *UvHog*1 基因的克隆及表达分析.中国水稻科学，28（1）：9 - 14.

任建飞，任家琼，李晶，等.2014.稻田养鸭对水稻田病虫害及杂草的控制效果试验初报.南方农业，8（4）：52 - 54.

石保坤，胡朝兴，黄建利，等.2014.温度对褐飞虱发育、存活和产卵影响的关系模型.生态学报，34（20）：5 868 - 5 874.

史金剑，陈晓，陆明红，等.2014.2012 年盛夏多台风发生对褐飞虱迁飞动态的影响.应用昆虫学报，51（3）：757 - 771

孙海霞，陈俊，杨之帆.2014.褐飞虱细胞色素 P450 基因 CYP4C62 的原核表达及多克隆抗体的制备.昆虫学报，57（6）：656 - 662.

宋成艳，王桂玲，李立军，等 .2014. 寒地水稻主栽品种稻瘟病流行规律 . 植物保护，40 (3)：94 -100.

谭明辉，霍光华，彭玉萌，等 .2014. 木荷和无患子等植物组方杀稻瘟剂的药效及其安全性 . 广西农业科学，41 (16)：85 - 89.

唐明，徐小蓉，洪鲲，等 .2014. 褐飞虱体内细菌型共生菌的分布 . 贵州农业科学，42 (2)：89 - 91，94.

唐明，徐小蓉，洪鲲，等 .2014. 褐飞虱唾液分泌物中细菌多样性的初步分析 . 江苏农业科学，42 (4)：90 - 92.

田志来，朱晓敏，骆家玉，等 . 吉林省水稻主要害虫广谱性白僵菌菌株筛选 . 中国生物防治学报，30 (5)：665 - 671.

王道泽，洪文英，胡选祥，等 .2014. 水稻主栽品种病虫侵害风险及田间抗性综合评价 . 农学学报，4 (11)：26 - 33.

王瑞林，陆明红，韩兰芝，等 .2014. 稻飞虱种群发生的调查与取样技术 . 应用昆虫学报，51 (3)：842 - 847.

王梅，段劲生，孙明娜，等 .2014. 30％稻瘟灵展膜油剂在水稻、田水及土壤中的残留与消解动态分析 . 农药，53 (1)：38 - 41.

王世维，郑文静，赵家铭，等 .2014. 辽宁省稻瘟病菌无毒基因型鉴定及分析 . 中国农业科学，47 (3)：462 - 472.

王渭霞，李凯龙，陈龙飞，等 .2014. 褐飞虱延伸因子 Elongation factors - la 的序列克隆和功能分析 . In：2014 年中国植物保护学会学术年会 . 中国福建厦门：2.

王文斌，张荣胜，罗楚平，等 .2014. 中国主要稻区稻曲病菌的生物学特性及群体遗传多样性 . 中国农业科学，47 (14)：2 762 -2 773.

王笑见 .2014. 抗倒伏和抗稻瘟病或抗褐飞虱水稻恢复系的创建 . 华中农业大学，硕士学位论文 .

魏先尧，黄家祥，李春清，等 .2014. 灯光诱杀关键技术在水稻生产上的应用 . 湖北植保，(5)：26 -28.

肖丹凤，王玲，刘连盟，等 .2014. 黑浙桂稻瘟病菌生理小种鉴定与遗传多样性分析 . 西南农业学报，27 (1)：121 - 126.

谢洪科，邹朝晖，刘功朋，等 .2014. 不同蛙类及其密度对水稻性状和主要害虫的影响 . 江西农业学报，26 (6)：21 - 25.

熊鹂，刘之洋，邹华松，等 .2014. Hrp 基因关键调控因子 HrpG 在水稻白叶枯病菌和条斑病菌中的交叉互补性研究 . 植物病理学报，44 (4)：405 - 413.

徐国新 .2014. 抗褐飞虱水稻光温敏核不育系的创建 . 华中农业大学，硕士学位论文 .

徐沛东，常冬冬，兰波，等 .2014. 烯丙苯噻唑对水稻主要防御酶活性的影响及其对稻瘟病的防治效果 . 华中农业大学学报，33 (4)：60 - 65.

徐秋芳，陈晴晴，倪海平，等 .2014. 灰飞虱原肌球蛋白的基因克隆、原核表达及多克隆抗体制备 . 中国农业科学，47 (19)：3 791 -3 798.

闫成业，Gandeka M，朱子建，等 .2014. 分子标记辅助选择改良水稻恢复系 R1005 的褐飞虱抗性 . 华中农业大学学报，33 (5)：8 - 14.

杨雅云，张恩来，阿新祥，等 .2014. 云南高原粳稻白叶枯病菌的抗药性室内鉴定及其 rpfC 基因序列分析 . 中国水稻科学，28 (6)：665 - 674.

尹小乐，陈志谊，于俊杰，等 .2014. 江苏省水稻区域试验品种对稻曲病的抗性评价及稻曲病菌致病力分

化研究 . 西南农业学报，27（4）：1 459 -1 465.

于彩霞 . 2014. 稻飞虱、小麦白粉病发生的气候背景指示及区域动态预警研究 . 中国气象科学研究院，硕士学位论文 .

于彩霞，霍治国，张蕾，等 . 2014. 中国稻飞虱发生的大气环流指示指标 . 生态学杂志，33（4）：1 053 -1 060.

张春云，卢毅，张桥，等 . 2014. 不同药剂・方法和时间浸种对水稻恶苗病的防治效果 . 安徽农业科学，42（9）：25 902 -592.

张谷丰，易红娟，朱先敏，等 . 2014. 基于 WebGIS 的水稻害虫自动预警系统 . 福建农业学报，29（5）：487 - 491.

张丽，纪明山，于志国 . 2014. 娄彻氏链霉菌 YL - 2 代谢产物对稻瘟病菌的抑制活性及其稳定性 . 沈阳农业大学学报，45（2）：143 - 146.

张桥，张春云，秦吉洋，等 . 2014. 不同水稻品种对稻飞虱的抗（耐）性比较试验 . 中国植保导刊，34（3）：52 - 54.

张帅，张绍明，周群芳，等 . 2014. 褐飞虱对噻嗪酮和噻虫嗪的室内抗性及田间防效 . 中国植保导刊，34（7）：77 - 79.

张振飞，肖汉祥，李燕芳，等 . 2014. 水稻品种 'Rathu Heenati'、'玉香油占' 对稻飞虱及其捕食性天敌田间种群动态的影响 . 植物保护，40（2）：58 - 65，84.

赵海红 . 2014. 六种化学农药防治水稻恶苗病效果 . 作物杂志，3：136 - 138.

赵敏，陈瑞，李荣，等 . 2014. 单季稻稻曲病不同药剂防效试验 . 浙江农业科学，3：375 - 377.

赵贞丽，贾斌，沈国娟，等 . 2014. 水稻恶苗病生防用拮抗细菌分离鉴定及抑菌活性研究 . 延边大学农学学报，36（2）：22 - 27.

赵正洪，周政，吴伟怀，等 . 2014. 湖南稻瘟病菌生理小种的组成及其致病性 . 湖南农业大学学报：自然科学版，40（2）：173 - 177.

郑大兵，崔茂虎，何洪平，等 . 2014. 云南师宗白背飞虱前期迁入种群的虫源地分布与降落机制 . 生态学报，34（15）：4 262 -4 271.

郑胜兰 . 2014. SRBSDV 非结构蛋白 P6 在病毒侵染白背飞虱过程中的功能分析 . 福建农林大学，硕士学位论文 .

周丽娜，于海业，张蕾，等 . 2014. 基于叶绿素荧光光谱分析的稻瘟病害预测模型 . 光谱学与光谱分析，34（4）：1 003 -1 006.

周建，李民，李发保 . 2014. 利用信息素防治水稻二化螟的效果研究 . 安徽农业科学，42（26）：8 987 - 8 988，8 990.

周爽爽 . 2014. 褐飞虱气味结合蛋白基因克隆与分析 . 华中农业大学，硕士学位论文 .

周云龙 . 2014. 褐飞虱保幼激素环氧化物水解酶基因 jheh 功能研究 . 华中农业大学，硕士学位论文 .

朱引引，刘永庭，李士河，等 . 2014. 水稻白叶枯菌 OS198 中 talR26.5 基因的克隆及功能分析 . 中国水稻科学，28（4）：343 - 350.

诸茂龙 . 2014. 褐飞虱在太湖单季稻区的迁入、繁殖和为害 . 中国植保导刊，34（7）：64 - 70.

訾情，韩强，曾洪梅 . 2014. 稻瘟菌蛋白激发子 MoHrip1 和 MoHip2 防治水稻白叶枯病的效果评价 . 中国生物防治学报，30（6）：772 - 779.

左示敏，陈天晓，邹杰，等 . 2014. 水稻不同类群品种间的纹枯病抗性评价和抗病新种质筛选 . 植物病理学报，44（6）：658－670.

An B，Deng X，Shi H，et al. 2014. Development and characterization of microsatellite markers for rice leaf-folder，*Cnaphalocrocis medinalis*（Guenée）and cross－species amplification in other Pyralididae. Molecular Biology Reports，41：1 151－1 156.

Bao Y Y，Qin X，Yu B，et al. 2014. Genomic insights into the serine protease gene family and expression profile analysis in the planthopper，*Nilaparvata lugens*. BMC genomics，15：507.

Cao W，Ma Z，Chen Y H，et al. 2014. *Pichia anomala*，a new species of yeast－like endosymbionts and its variation in small brown planthopper（*Laodelphax striatellus*）. Journal of bioscience and bioengineering，2014，doi：10. 1016/j. jbiosc. 11. 007.

Chen X L，Shi T，Yang J，et al. 2014. N－Glycosylation of effector proteins by an α－1，3－mannosyltransferase is required for the rice blast fungus to evade host innate immunity. The plant cell，26（3）：1 360－1 376.

Chen R，Klein M G，Sheng C，et al. 2014. Mating disruption or mass trapping，compared with chemical insecticides，for suppression of *Chilo suppressalis*（Lepidoptera：Crambidae）in northeastern China. Journal of Economic Entomology，107（11）：1 828－1 838.

Cheng R L，Xi Y，Lou Y H，et al. 2014. Brown planthopper nudivirus DNA integrated in its host genome. Journal of virology，88（10）：5 310－5 318.

Ghosh S，Gupta S K，Jha G. 2014. Identification and functional analysis of AG1－IA specific genes of *Rhizoctonia solani*. Current Genetics，60：327－341.

Guo H M，Li H C，Zhou S R，et al. 2014. Cis－12－oxo－phytodienoic acid stimulates rice defense response to a piercing－sucking insect. Molecular plant，7（11）：1 683－1 692.

Haghani A F，Hosseini R，Ebadi，A A，et al. 2014. Genetic variation of *Chilo suppressalis* Walker（Lepidoptera：Pyralidae）populations in Guilan and west of Mazandaran provinces analysed with RAPD markers. Plant Protection Science，50（1）：26－35.

Harikrishnan H，Shanmugaiah V，Balasubramanian N，et al. 2014. Antagonistic potential of native strain Streptomyces aurantiogriseus VSMGT1014 against sheath blight of rice disease. World Journal of Microbiology Biotechnology，30：3 149－3 161.

He M，He P. 2014. Molecular characterization，expression profiling，and binding properties of odorant binding protein genes in the whitebacked planthopper，*Sogatella furcifera*. Comparative biochemistry and physiology Part B，Biochemistry & molecular biology，174：1－8.

He Y，Zhang J，Chen J. 2014. Effect of synergists on susceptibility to chlorantraniliprole in field populations of *Chilo suppressalis*（Lepidoptera：Pyralidae）. Journal of Economic Entomology，107（2）：791－796.

Ho G T T，La H V，Hall D R，et al. 2014. （Z）－11－hexadecenyl acetate and（Z）－13－octadecenyl acetate improve the attractiveness of the standard sex pheromone of the yellow rice stem borer *Scirpophaga incertulas*（Lepidoptera：Pyralidae）in northern Vietnam. Journal of Faculty of Agriculture，Kyushu University，59（1）：85－89.

Hop D V，Hoa P T P，Quang N D，et al. 2014. Biological control of *Xanthomonas Oryzae pv. Oryzae* causing rice bacterial blight disease by *Streptomyces toxytricini* VN08－A－12，isolated from soil and leaf

- litter samples in Vietnam. Biocontrol Science，19（3）：103 - 111.

Hu Maolin，Luo Laixin，Wang Shu，et al. 2014. Infection processes of *Ustilaginoidea virens* during artificial inoculation of rice panicles. European Journal of Plant Pathology，39：67 - 77.

Huang J，Si W，Deng Q，et al. 2014. Rapid evolution of avirulence genes in rice blast fungus *Magnaporthe oryzae*. BMC Genetics，15（2）：45.

Huo Y，Liu W W，Zhang F J，et al. 2014. Transovarial transmission of a plant virus is mediated by vitellogenin of its insect vector. Plos Pathogens，10（3）：e1003949.

Jia S，Wan P J，Li G Q. 2014. Molecular cloning and characterization of the putative Halloween gene Phantom from the small brown planthopper *Laodelphax striatellus*. Insect science，doi：10.1111/1 744 - 7 917，12 147.

Jin J Y，Li Z Q，Zhang Y N，et al. 2014. Different roles suggested by sex - biased expression and pheromone binding affinity among three pheromone binding proteins in the pink rice borer，*Sesamia inferens* (Walker) (Lepidoptera：Noctuidae) . Journal of Insect Physiology，66：71 - 79.

Jing S L，Zhang L，Ma Y H，et al. Genome - wide mapping of virulence in brown planthopper identifies loci that break down host plant resistance. PloS one 9（6）：e98911.

Lu M X，Hua J，Cui Y D，et al. 2014. Five small heat shock protein genes from *Chilo suppressalis*：characteristics of gene，genomic organization，structural analysis，and transcription profiles. Cell Stress and Chaperones，19：91 - 104.

Lu M X，Liu Z X，Cui Y D，et al. 2014b. Expression patterns of three heat shock proteins in *Chilo suppressalis* (Lepidoptera：Pyralidae) . Annals of the Entomological Society of America，107（3）：667 - 673.

Kobayashi T，Yamamoto K，Suetsugu Y，et al. 2014. Genetic mapping of the rice resistance - breaking gene of the brown planthopper *Nilaparvata lugens*. Proceeding of the Royal Society B - Biological Sciences，doi：10.1098/rspb. 2014. 0726.

Kwon Y S，Kim S G，Chuang W S，et al. 2014. Proteomic analysis of *Rhizoctonia solani* AG - 1 sclerotia maturation. Fungal Biology，118：433 - 443.

Kunova A，Pizzatti C，Bonaldi M，et al. 2014. Sensitivity of nonexposed and exposed populations of *Magnaporthe oryzae* from rice to tricyclazole and azoxystrobin. Plant Disease，98（4）：512 - 518.

Lei D，Lin R，Yin C，et al. 2014. Global protein - protein interaction network of rice sheath blight pathogen. Journal of Proteome Researsh，13（7）：3 277 - 3 293.

Li J，Andika I B，Zhou Y，et al. 2014. Unusual characteristics of dicistrovirus - derived small RNAs in the small brown planthopper，*Laodelphax striatellus*. The Journal of general virology，95（3）：712 - 718.

Lin X D，Yao Y，Jin M N，et al. 2014. Characterization of the DiStål - less gene homologue，*NlDll*，in the brown planthopper，*Nilaparvata lugens* (Stål) . Gene，535（2）：112 - 118.

Liu H，Chang Q，Feng W，et al. 2014. Domain dissection of AvrRxo1 for suppressor，avirulence and cytotoxicity functions. PLoS ONE，9（12）：e113875.

Liu J L，Chen X，Zhang H M，et al. 2014a. Effects of exogenous plant growth regulator abscisic acid - induced resistance in rice on the expression of vitellogenin mRNA in *Nilaparvata lugens* (Hemiptera：

Delphacidae) adult females. Journal of insect science，doi：10. 1093/jisesa/ieu075.

Liu L M，Huang S W，Wang L，et al. 2014b. First report of leaf blight of rice caused by *Cochliobolus lunatus* in China. Plant Dis，98 （5）：686 − 687.

Liu W D，Liu J L，Triplett L，et al. 2014. Novel insights into rice innate immunity against bacterial and fungal pathogens. Annual Review Phtopathology，52：213 − 241.

Liu Y，Wu H，Chen H，et al. 2014d. A gene cluster encoding lectin receptor kinases confers broad − spectrum and durable insect resistance in rice. Nature biotechnology，doi：10. 1038/nbt. 3069.

Lu J，Li J，Ju H，et al. 2014. Contrasting effects of ethylene biosynthesis on induced plant resistance against a chewing and a piercing − sucking herbivore in rice. Molecular plant，7 （11）：1 670 −1 682.

Lv W，Du B，Shangguan X，et al. 2014. BAC and RNA sequencing reveal the brown planthopper resistance gene BPH15 in a recombination cold spot that mediates a unique defense mechanism. BMC genomics，15：674.

Mar T，Liu W W，Wang X F. 2014. Proteomic analysis of interaction between P7 − 1 of Southern rice black − streaked dwarf virus and the insect vector reveals diverse insect proteins involved in successful transmission. J Proteomics，102：83 − 97.

Matsumoto Y，Suetsugu Y，Nakamura M，et al. 2014. Transcriptome analysis of the salivary glands of *Nephotettix cincticeps* （Uhler）. Journal of insect physiology，71：170 − 176.

Matsumura M，Sanada − Morimura S，Otuka A，et al. 2014. Insecticide susceptibilities in populations of two rice planthoppers，*Nilaparvata lugens* and *Sogatella furcifera*，immigrating into Japan in the period 2005—2012. Pest management science，70 （4）：615 − 622.

Pang R，Li Y，Dong Y，et al. 2014. Identification of promoter polymorphisms in the cytochrome P450 CYP6AY1 linked with insecticide resistance in the brown planthopper，*Nilaparvata lugens*. Insect Molecular Biology，23 （6）：768 − 778.

Petrova A，Smith C M. 2014. Immunodetection of a brown planthopper （*Nilaparvata lugens* Stål） salivary catalase − like protein into tissues of rice，*Oryza sativa*. Insect Molecular Biology，23 （1）：13 − 25.

Qi H，Jiang C，Zhang Y，et al. 2014. Radar observations of the seasonal migration of brown planthopper （*Nilaparvata lugens* Stål） in Southern China. Bulletin of Entomological Research，104 （06）：731 −741.

Qin X，Zhang R，Zhang J，et al. 2014. Physiological efects of paichongding applied to rice on the *Nilaparvata lugens* （Stål），the brown planthopper. Archives of insect biochemistry and physiology，87 （2）：72 − 84.

Rout S，Thatoi H N，Tewari S N. 2015. Sensitivity of ethanolic extract of Aegle marmelos − based Amasof − e，an organic antifungal product，against *Pyricularia grisea* that causes blast disease of rice. Archives of Phytopathology and Plant Protection，48 （1）：73 − 83.

Saitoh H，Hirabuchi A，Fujisawa S，et al. 2014. MoST1 encoding a hexose transporter − like protein is involved in both conidiation and mycelial melanization of *Magnaporthe oryzae*. FEMS Microbiology Letters，2014，352：104 − 113.

Saleh D，Milazzo J，Adreit H，et al. South − East Asia is the center of origin，diversity and dispersion of the rice blast fungus，*Magnaporthe oryzae*. New Phytologist，201 （4）：1 440 −1 456.

Samalova M，Meyer A，Gurr S J，et al. 2014. Robust anti – oxidant defences in the rice blast fungus *Magnaporthe oryzae* confer tolerance to the host oxidative burst. New Phytologist，201（2）：556 – 573.

Shin H Y，You M K，Jeung J U，et al. 2014. OsMPK3 is a TEY – type rice MAPK in Group C and phosphorylates OsbHLH65，a transcription factor binding to the E – box element. Plant Cell Reports，33（8）：1 343 –1 353.

Spence C，Alff E，Johnson C，et al. 2014. Natural rice rhizospheric microbes suppress rice blast infections. BMC Plant Biology，14：130.

Su J，Zhang Z，Wu M，et al. 2014b. Changes in insecticide resistance of the rice striped stem borer（Lepidoptera：Crambidae）. Journal of Economic Entomology，107（1）：333 – 341.

Sun X，Liu Z，Zhang A，et al. 2014. Electrophysiological responses of the rice leaffolder，*Cnaphalocrocis medinalis*，to rice plant volatiles. Journal of Insect Science，14：Article 70.

Taguchi Y，Elsharkawy M M，Hassan N，et al. 2014. A novel method for controlling rice blast disease using fan – forced wind on paddy fields. Crop Protection，63：68 – 75.

Tanaka Y，Suetsugu Y，Yamamoto K，et al. 2014. Transcriptome analysis of neuropeptides and G – protein coupled receptors（GPCRs）for neuropeptides in the brown planthopper *Nilaparvata lugens*. Peptides，53：125 – 133.

Tang X T，Xu J，Sun M，et al. 2014. First microsatellites from *Sesamia inferens*（Lepidoptera：Noctuidae）. Annals of the Entomological Society of America，107（4）：866 – 871.

Tsukui T，Nagano N，Umemura M，et al. 2014. Ustiloxins，fungal cyclic peptides，are ribosomally synthesized in *Ustilaginoidea virens*. Bioinformatics，19：1 – 5.

Ueno M，Yoshikiyo K. 2014. 2，6 – Dimethoxy – 1，4 – Benzoquinone enhances resistance against the rice blast fungus *Magnaporthe oryzae*. Journal of Phytopathology，162：731 – 736.

Urayama S，Sakoda H，Takai R，et al. 2014. A dsRNA mycovirus，*Magnaporthe oryzae* chrysovirus 1 – B，suppresses vegetative growth and development of the rice blast fungus. Virology，448（5）：265 – 273.

Wan G J，Dang Z H，Wu G，et al. 2014a. Single and fused transgenic *Bacillus thuringiensis* rice alter the species – specific responses of non – target planthoppers to elevated carbon dioxide and temperature. Pest management science，70（5）：734 – 742.

Wan G J，Jiang S L，Zhao Z C，et al. 2014b. Bio – effects of near – zero magnetic fields on the growth，development and reproduction of small brown planthopper，Laodelphax striatellus and brown planthopper，*Nilaparvata lugens*. Journal of insect physiology，68：7 – 15.

Wan P J，Jia S，Li N，et al. 2014c. The putative Halloween gene phantom involved in ecdysteroidogenesis in the white – backed planthopper *Sogatella furcifera*. Gene，548（1）：112 – 118.

Wan P J，Yang L，Wang W X，et al. 2014d. Constructing the major biosynthesis pathways for amino acids in the brown planthopper，*Nilaparvata lugens* Stål（Hemiptera：Delphacidae），based on the transcriptome data. Insect Molecular Biology，23（2）：152 – 164.

Wang H，Xu D，Pu L，et al. 2014a. Southern rice black – streaked dwarf virus alters insect vectors'host orientation preferences to enhance spread and increase rice ragged stunt virus co – infection. Phytopathology，104（2）：196 – 201.

Wang J，Xie Z，Gao J，et al. 2014b. Molecular cloning and characterization of a ryanodine receptor gene in brown planthopper（BPH），*Nilaparvata lugens*（Stål）. Pest management science，70（5）：790 -797.

Wang Y，Zhang L，Li Y，et al. 2014. Expression of Cry1Ab protein in a marker - free transgenic Bt rice line and its efficacy in controlling a target pest，*Chilo suppressalis*（Lepidoptera：Crambidae）. Environmental Entomology，43（2）：528 - 536.

Wang Y C，Zhang K，Ren X B，et al. 2014. Effects of the dietary additives in artificial diets on survival and larval development of *Cnaphalocrocis medinalis*（Lepidoptera：Crambidae）. Florida Entomologist，97（3）：1 041 -1 048.

Wonni I，Cottyn B，Detemmerman L，et al. 2014. Analysis of *Xanthomonas oryzae* pv. *oryzicola* population in Mali and Burkina Faso reveals a high level of genetic and pathogenic diversity. Phytopathology，104：520 -531.

Wu M，Zhang S，Yao R. 2014. Susceptibility of the rice stem borer，*Chilo suppressalis*（Lepidoptera：Crambidae），to flubendiamide in China. Journal of Economic Entomology，107（3）：1 250 -1 255.

Xi Y，Pan P L，Ye Y X，et al. 2014a. Chitinase - like gene family in the brown planthopper，*Nilaparvata lugens*. Insect Molecular Biology，doi：10. 1111/imb. 12133.

Xi Y，Pan P L，Ye Y X，et al. 2014b. Chitin deacetylase family genes in the brown planthopper，*Nilaparvata lugens*（Hemiptera：Delphacidae）. Insect Molecular Biology，23（6）：695 - 705.

Xu H X，He X C，Zheng X S，et al. 2014a. Influence of rice black streaked dwarf virus on the ecological fitness of non - vector planthopper *Nilaparvata lugens*（Hemiptera：Delphacidae）. Insect science，21（4）：507 - 514.

Xu L，Wu M，Han Z. 2014b. Biochemical and molecular characterisation and cross - resistance in field and laboratory chlorpyrifos - resistant strains of *Laodelphax striatellus*（Hemiptera：Delphacidae）from eastern China. Pest management science，70（7）：1 118 -1 129.

Xu Y，Huang L Z，Wang Z C，et al. 2014d. Identification of Himetobi P virus in the small brown planthopper by deep sequencing and assembly of virus - derived small interfering RNAs. Virus Res，179：235 - 240.

Xue J，Zhou X，Zhang C X，et al. 2014. Genomes of the rice pest brown planthopper and its endosymbionts reveal complex complementary contributions for host adaptation. Genome Biology，15（12）：521.

Yamamoto K，Higashiura A，Hossain M T，et al. 2014. Structural characterization of the catalytic site of a *Nilaparvata lugens* delta - class glutathione transferase. Archives of biochemistry and biophysics，566C：36 - 42.

Yang C，Li L Y，Feng A Q，et al. 2014. Transcriptional profiling of the responses to infection by the false smut fungus *Ustilaginoidea virens* in resistant and susceptible rice varieties，Canadian Journal of Plant Pathology，36（3）：377 - 388.

Yang J O，Nakayama N，Toda K，et al. 2014a. Structural determination of elicitors in *Sogatella furcifera*（Horváth）that induce Japonica rice plant varieties（*Oryza sativa* L. ）to produce an ovicidal substance against *S. furcifera* eggs. Biosci Biotech Bioch，78（6）：937 - 942.

Yang K，He P，Dong S L. 2014b. Different expression profiles suggest functional differentiation among chemosensory proteins in *Nilaparvata lugens* （Hemiptera：Delphacidae）. Journal of insect science，14. doi：10. 1093/jisesa/ieu132.

Yang Y，Dong B，Xu H，et al. 2014c. Decrease of insecticide resistance over generations without exposure to insecticides in *Nilaparvata lugens* （Hemipteran：Delphacidae）. J Econ Entomol.，107 （4）：1 618 –1 625.

Yang Y，Wan P J，Hu X X，et al. 2014d. RNAi mediated knockdown of the ryanodine receptor gene decreases chlorantraniliprole susceptibility in *Sogatella furcifera*. Pesticide biochemistry and physiology，108：58 –65.

Yang Y，Xu J，Leng Y，et al. 2014e. Quantitative trait loci identification，fine mapping and gene expression profiling for ovicidal response to whitebacked planthopper （*Sogatella furcifera* Horváth） in rice （*Oryza sativa* L.）. BMC plant biology，14：145.

Yin C，Liu Y，Liu J，et al. 2014. ChiloDB：a genomic and transcriptome database for an important rice insect pest *Chilo suppressalis*. Database，1 – 7.

Yin Y，Qu F，Yang Z，et al. 2013. Structural characteristics and phylogenetic analysis of the mitochondrial genome of the rice leafroller，*Cnaphalocrocis medinalis* （Lepidoptera：Crambidae）. Molecular Biology Reports，41 （2）：1 109 –1 116.

Yin X L，Chen Z Y，Yu J J，et al. 2014. Identification of regional test for rice resistance to rice false smut and virulence differentiation of *Ustilaginoidea virens* in Jiangsu province. Southwest China Journal of Agricultural Sciences，27 （4）：1 459 –1 465.

Yu H，Ji R，Ye W，et al. 2014a. Transcriptome analysis of fat bodies from two brown planthopper （*Nilaparvata lugens*） populations with different virulence levels in rice. PloS one，9 （2）：e88528.

Yu J L，An Z F，Liu X D. 2014b. Wingless gene cloning and its role in manipulating the wing dimorphism in the white – backed planthopper，*Sogatella furcifera*. BMC molecular biology，15：20.

Yu R，Xu X，Liang Y，et al. 2014c. The Insect ecdysone receptor is a good potential target for RNAi – based pest control. International journal of biological sciences，10 （10）：1 171 –1 180.

Zhang H L，Wu Z S，Wang C Y，et al. 2014. Germination and infectivity of microconidia in the rice blast fungus *Magnaporthe oryzae*. Nature communications，5，Article number：4 518.

Zhang J，Zheng X，Chen Y，et al. 2014a. Southern rice black – streaked dwarf virus infection improves host suitability for its insect vector，*Sogatella furcifera* （Hemiptera：Delphacidae）. Journal of economic entomology，107 （1）：92 – 97.

Zhang K J，Zhu W C，Rong X，et al. 2014b. The complete mitochondrial genome sequence of *Sogatella furcifera* （Horváth） and a comparative mitogenomic analysis of three predominant rice planthoppers. Gene，533 （1）：100 – 109.

Zhang M，Chen J L，Liang S K，et al. 2014d. Differentially methylated genomic fragments related with sexual dimorphism of rice pests，*Sogatella furcifera*. Insect science，doi：10. 1111/1 744 – 7 917. 12 179.

Zhang S K，Ren X B，Wang Y C，et al. 2014. Resistance in *Cnaphalocrocis medinalis* （Lepidoptera：Pyralidae） to new chemistry insecticides Journal of Economic Entomology，107 （2）：815 – 820.

Zhang W，Dong Y，Yang L，et al. 2014e. Small brown planthopper resistance loci in wild rice （*Oryza of-*

ficinalis). Molecular genetics and genomics：MGG，289（3）：373 – 382.

Zhang Y，Zhang K，Fang A F，et al. 2014. Specific adaptation of *Ustilaginoidea virens* in occupying host florets revealed by comparative and functional genomics. Nature Communications，5：3 849.

Zhang Y N，Ye Z F，Yang K，et al. 2014a. Antenna – predominant and male – biased CSP19 of *Sesamia inferens* is able to bind the female sex pheromones and host plant volatiles. Gene，536：279 – 286.

Zhang Y N，Zhang J，Yan S W，et al. 2014c. Functional characterization of sex pheromone receptors in the purple stem borer，*Sesamia inferens*（Walker）. Insect Molecular Biology，23（5）：611 – 620.

Zheng L，Zhang M L，Chen Q G，et al. 2014. A novel mycovirus closely related to viruses in the genus Alphapartitivirus confers hypovirulence in the phytopathogenic fungus *Rhizoctonia solani*. Virology，456 – 457：220 – 226.

Zhou G X，Ren N，Qi J F，et al. 2014a. The 9 – lipoxygenase Osr9 – LOX1 interacts with the 13 – lipoxygenase – mediated pathway to regulate resistance to chewing and piercing – sucking herbivores in rice. Physiol Plantarum，152（1）：59 – 69.

Zhou S S，Sun Z，Ma W，et al. 2014b. De novo analysis of the *Nilaparvata lugens*（Stål）antenna transcriptome and expression patterns of olfactory genes. Comparative biochemistry and physiology Part D，Genomics & proteomics，9：31 – 39.

第六章 水稻转基因技术研究动态

2014 年，国内外对于水稻转基因技术的研究，除了传统的改善营养品质、抗虫、抗病、耐盐、抗除草剂等单基因控制性状的分子改良外，开始逐步注重转录因子、信号传递、抗逆、发育等多基因调控的综合代谢工程研究。在研究手段上，RNA 干涉技术或沉默技术成为探明基因功能的新技术，并逐步扩大应用领域和范围。

第一节 国内水稻转基因技术研究进展

一、水稻转基因新技术

（一）双内置遏制策略防止转基因扩散技术

以转基因水稻作为药物大规模生产的生物反应器蛋白可以显著降低成本。然而，药用蛋白转基因水稻生物反应器中转基因的环境扩散和污染食品或饲料的意外风险是限制其应用的关键因素。浙江大学农业与生物技术学院的 Zhang 等（2014）设计了一种有效的双内置遏制分子策略，即在 T－DNA 区构建可选择性终止基因和可视化标签，为防止转基因意外扩散加上双保险。他们在 T－DNA 区同时插入人胰岛素原基因与远红外荧光蛋白 mKate_S158A 基因的融合基因表达框，一个抑制苯达松解毒酶 CYP81A6 基因表达的 RNAi 表达框，并应用草甘膦抗性基因 EPSPS 作为选择标记基因。这种双内置遏制基因载体转化的转基因水稻植株，可被水稻田间杂草控制的常规喷施剂量苯达松除草剂选择性杀死，而且由于重组药用蛋白胰岛素原与 mKate_S158A 蛋白融合，赋予转基因水稻种子鲜红色，很容易在白天用肉眼识别挑选。因此，这种技术采用苯达松除草剂选择性在苗期灭杀扩散转基因植株和种子红色荧光蛋白可视化标签双重遏制策略防止生物反应器水稻的扩散风险，具有很高的应用前景。

（二）洁净 DNA 转化获得抗草甘膦转基因水稻植株

洁净 DNA 转化（clean DNA transformation）是基因枪介导外源基因表达框导入植物的转化技术，能从根本上消除载体框架序列对转基因植株的不利影响。浙江工商大学赵艳等（2014）采用洁净 DNA 转化技术将 2mG2－epsps 基因表达框导入水稻，草甘膦抗性鉴定表明转基因株系可耐受 12～50 毫摩尔/升的草甘膦。

二、水稻基因工程应用进展

（一）改善营养品质的转基因水稻

1. 转葡萄白藜芦醇合酶基因

白藜芦醇（Res）作为一种植物抗毒素类的天然抗菌物质，具有广谱抗病性潜能，并具有预防人体心血管疾病、抗老化、抗肿瘤等保健功效。白藜芦醇合酶（RS）是白藜芦醇合成的关键酶。华中农业大学作物遗传改良国家重点实验室刘聃璐等（2014）将来源于 2 个葡萄品种的白藜芦醇合酶基因以组成型表达的强启动子 Ubiquitin 驱动，并利用农杆菌介导的遗传转化引入粳稻品种中花 11 中，以期获得对真菌病害，特别是稻瘟病具有抗性的水稻资源，开拓水稻抗病的新渠道，同时提高水稻潜在的营养和保健价值。在转基因水稻叶片中检测到最终产物不是白藜芦醇，而是白藜芦醇苷，可以作为提升水稻潜在营养价值的新材料。

2. 转 β-胡萝卜素加强基因

维生素 A 摄入量不足，临床症状常表现为夜盲症、眼球干燥、角膜软化，严重的甚至导致失明。人体自身不能合成维生素 A，需要通过饮食补充。其中，类胡萝卜素是维生素 A 的唯一前体。华中农业大学作物遗传改良国家重点实验室杜丽缺等（2014）将玉米来源的八氢番茄红素合酶基因（psy）和细菌欧文氏菌来源的八氢番茄红素脱氢酶基因（$crtI$）转化到水稻中，且在水稻胚乳中特异性地表达，使得水稻籽粒中可积累促进人体健康的 β-胡萝卜素。超高效液相色谱（HPLC）分析结果表明，$psy/crtI$ 转化水稻植株种子中 β-胡萝卜素含量为（1.99 ± 0.11）～（4.41 ± 0.30）微克/克。

3. 改变淀粉组成

中国科学院上海生命科学研究院戴争妍等（2014）克隆到一个影响粒形的基因 SL，超表达（$SL - OE$）转基因植株表现出粒长增加、粒宽减小、叶宽减小的表型。此外，$SL - OE$ 转基因植株种子胚乳的总淀粉中支链淀粉含量有不同程度提高，影响稻米品质。

（二）抗虫转基因水稻

浙江省农产品品质改良技术研究重点实验室姚张良等（2014）克隆了虫害诱导的水稻脂氧合酶基因 $OsRCI - 1$ 全编码序列，利用农杆菌介导的水稻遗传转化获得了两株 $OsRCI - 1$ 基因的 RNAi 沉默突变体，通过对二化螟抗性的检测，表明水稻 $OsRCI - 1$ 基因正调控对二化螟具有显著抗性。

（三）抗病转基因水稻

细胞色素 P450 是植物中最大的酶蛋白家族，通过调控植保素次级代谢从而参与植物防卫反应。江苏省农业科学院粮食作物研究所李文奇等（2014）将水稻细胞色素 P450 基因 $Oscyp71Z2$ 构建超量表达载体 pVec8∷Oscyp71Z2 并利用农杆菌转化法获得 $Oscyp71Z2$ 超表达转基因水稻植株，对水稻的穗颈瘟抗性等级维持在 1～2 级，表现为抗病或者中抗。武汉大学生命科学学院 Qian 等（2014）将从抗真菌苦瓜种子中分离出的核糖体灭活蛋白 α-苦瓜素基因并转化水稻，获得的转基因植株的稻瘟病发病率较野生型水稻显著下降。

水稻黑条矮缩病毒（Rice black-streaked dwarf virus，RBSDV）是呼肠孤病毒科（Reoviridae）斐济病毒属（Fijivirus）病毒的成员。该病毒能够引起水稻黑条矮缩病和玉米粗缩病，可侵染水稻、大麦、小麦、玉米等禾本科植物。中国农业科学院植物保护研究所赵成金等（2014）以 RBSDV 已报道不同双链 RNA 序列为基础，设计了针对 S2、S6、S10 三个基因共 605bp 的 RNAi 靶序列，通过基因合成的方法获得相应的目的片段。利用 Gateway® LR ClonaseTM Ⅱ Enzyme Mix 的 LR 反应将目的基因构建到 RNAi 载体 pBDL03 中，然后通过农杆菌转化法转到水稻品种泰粳 394 中。T_1 代植株针对 S2、S6 和 S10 基因的三价 RNA 沉默载体对 RBSDV 具有良好的抗性。

江苏省农业科学院植物保护研究所王晓宇等（2014）从生防菌枯草芽胞杆菌 BS-916 中克隆了鞭毛蛋白基因，利用转基因载体 pCAMBIA1300 转入水稻，抗病性鉴定表明，有 3 个转基因株系对水稻细菌性条斑病具有较高抗性。

（四）抗逆转基因水稻

1. 抗氧化性

植物在生物或非生物胁迫下会通过表达磷脂氢谷胱甘肽过氧化物酶（PHGPx）来抵御胁迫引起的氧化损伤，清华大学生命科学学院宋建辉等（2014）构建了过表达 $OsPHGPx$ 基因的转基因水稻。与野生型水稻相比，过量表达 $OsPHGPx$ 的转基因水稻抵御百草枯氧化伤害的能力提高。

2. 除草剂抗性

吉林农业大学农学院王云鹏等（2014）通过对草甘膦污染土壤宏基因组文库的建立及筛选，成功克隆了一个新的草甘膦抗性的 EPSPS 基因（命名为 $soilEPSPS$），将该基因与水稻 Rubisco SSU 引导肽相融合构建由 actin 启动子驱动的植物表达载体，用农杆菌介导法实现了水稻的遗传转化，草甘膦抗性鉴定证明纯合体 T2 代植株能够耐受高达 500 毫摩尔/升的草甘膦。

3. 综合抗逆性

小麦 $TaNADP-ME1$ 基因对干旱、盐、低温等非生物胁迫均能做出响应，中国科学院新疆理化技术研究所付振艳等（2014）将小麦 $TaNADP-ME1$ 基因构建了 $TaNADP-ME1$ 的植物表达载体 pCAME1，农杆菌介导法成功转化水稻品种日本晴成熟胚诱导的愈伤组织，获得 20 株转基因水稻苗。安徽农业大学生命科学学院 Cai 等（2014）将从玉米中分离的 WRKY 转录因子 *ZmWRKY*58，并将其转化粳稻中华 11，发现过表达 *Zm-WRKY*58 广泛提高了转基因植株的耐旱、耐盐、耐脱落酸等抗性。四川大学生命科学学院 Zeng 等（2014）从水稻中分离出一种新的锌指环状结构基因 *OsRHP*1，其在水稻中表达显著增强了转基因植株的耐旱和耐盐能力。合肥工业大学生物技术与食品工程学院 Niu 等（2014）将盐生隐杆藻的 *ApGSMT* 和 *ApDMT* 基因导入水稻，发现 *ApGSMT* 和 *Ap-DMT* 的表达促进了甜菜碱的生成，增强了转基因水稻的耐旱和耐盐能力。

（五）直立穗型转基因水稻

福建省农业科学院水稻研究所程朝平等（2014）利用农杆菌介导的遗传转化方法将直立型密穗基因 *dep*1 导入籼稻成熟胚愈伤组织中，获得了直立穗型转基因水稻植株，并在转基因植株后代中能够稳定地遗传和表达。

（六）研究基因功能

1. RNA 干扰技术

RNA 干扰（RNAi）技术是研究基因功能的一种常用方法。河南省粮食作物协同创新中心水稻工程实验室刘燕霞等（2014）以 pCAMBIA1301 - Gt13a 为表达载体，将小干扰片段与表达载体经过一次双酶切与连接得到 RNAi 载体并获得了水稻转基因株系。同源异型域（Homeobox，HB）转录因子对于植物的生长发育具有重要的调控作用，主要涉及细胞分化、形态建成、内外环境信号应答等多个方面。为了研究该转录因子家族成员在水稻中的功能，天津师范大学生命科学学院艾丽萍等（2014）构建了该家族成员 *OsHox*9 基因的 RNAi 表达载体，用农杆菌法导入水稻中花 11 中，利用反向遗传方法分析该基因功能。

2. 研究启动子活性

复旦大学生命科学学院魏巍等（2014）从水稻中克隆了 EXPANSIN 家族基因 *OsEX-PB*1 的启动子，并用 GUS 报告基因研究了该启动子在水稻各组织发育过程中的活性。发现在水稻成熟植株中，*OsEXPB*1 启动子是一个花发育特异性启动子，可为利用水稻生殖生长期的花特异表达启动子来进行转基因试验提供备选。华中农业大学作物遗传改良国家重点实验室颜彦等（2014）从水稻品种明恢 63 基因组中克隆启动子 *DXCP*3，经转基因水稻分析，证明了该启动子是胚乳特异表达启动子。

第二节 国外水稻转基因技术研究进展

一、水稻基因工程应用

（一）抗虫转基因水稻

植物蛋白酶抑制剂可以被用来作为转基因植物低抗害虫。西班牙的 Quilis 等（2014）将玉米蛋白酶抑制剂（MPI）、一种昆虫丝氨酸蛋白酶抑制剂和马铃薯羧肽酶抑制剂（PCI）构建成一个开放阅读框的融合基因，并将其导入水稻中。该融合基因的表达可以表现出对二化螟的抗性，同时转融合基因水稻植株也增强了对稻瘟病菌的抗性。

（二）抗病转基因水稻

杂草和刺吸害虫是限制世界水稻产量的主要因素。印度的 Chandrasekhar 等（2014）通过将 5 -烯醇丙酮酰莽草酸- 3 -磷酸合酶基因和大蒜叶凝集素基因导入到 64 种高产水稻品种中并得到有效表达，使水稻活动对草甘膦和棕色飞虱的抗性。日本的 Hiroshi Takatsuji（2014）综述了现阶段一种使用调控因子诱导抗病性来发展抗病水稻的方法。在水杨酸信号通路支路中的一种关键转录因子 WRKY45 的超表达可以提高对水稻稻瘟病和白叶枯病的抗性。

日本的 Alam 等（2014）为了检测 *OsAP77* 基因对真菌、细菌及病毒的应答反应，将 GUS 基因和 OsAP77 基因融合，由 *OsAP77* 基因启动子调控，通过农杆菌介导转化水稻，分别在真菌、细菌及病毒感染情况下检测该基因的表达。结果显示，*OsAP77* 基因的表达可以通过病原体被诱导，转基因植株提高了对真菌、细菌及病毒的抗性。

（三）抗逆转基因水稻

1. 抗盐性

韩国的 Kim 等（2014）从水稻中克隆出脱氢抗坏血酸还原酶基因（*OsDHAR*1），将其导入水稻愈伤组织，脱氢抗坏血酸还原酶的超表达增加了水稻对盐的耐受性。印度的 Tuteja 等（2014）从水稻中克隆出 *BAT1* 基因并利用农杆菌介导转化到水稻胚性愈伤中。*OsBAT1*（T1 和 T2）的超表达使转基因水稻显示出对高盐（200 毫摩尔/升 NaCl）的耐受力。

2. 耐旱性

波兰的 Siddiqui 等（2014）研究了转甜椒蛋氨酸亚砜还原酶 B2 基因（*CaMsrB2*）水稻的耐旱机制，*CaMsrB2* 可诱导水稻的生理变化：保持充足的叶片含水量、有效的气孔调控和优化的光合性能。从而比野生型表现出更高的抗寒性。印度的 Ravikumar 等（2014）从模式生物拟南芥中分离出转录因子 *AtDREB1A*，基因通过农杆菌介导方法转化籼稻，结果显示，*AtDREB*1A 基因的表达提高了水稻的耐旱能力。

亮氨酸链转录因子（bZIP）在植物 ABA 信号通路中起着至关重要的作用。*OsbZIP*12 是水稻 EbZIP 转录因子家族中的一种。*OsbZIP*12 能够被生物压力、ABA 和糖所诱导，可以在干旱条件下快速诱导。韩国的 Joo 等（2014）将 *OsbZIP*12 利用农杆菌介导转化水稻，*OsbZIP*12 的超表达提高了转基因植株的耐旱能力以及对 ABA 的超敏反应。

3. 耐除草剂

印度的 Chhapekar 等（2014）通过不同 GC 含量和植物密码子使用将 EPSPS 基因进行优化，融合了 N-端矮牵牛叶绿体定位信号肽形成 *mCP*4 - *EPSPS* 基因，构建双元载体 pCAMBIA1301 并转化水稻，提高了转基因植株的除草剂抗性，可以耐受 1% 的草甘膦。

4. 综合抗逆性

韩国的 Kumar 等（2014）将水稻脱水素（dehydrin）的 cDNA 导入日本的一种栽培稻中，脱水素基因的超表达显著提高了水稻的抗旱、耐盐能力。印度尼西亚的 Rachmat 等（2014）将 OsNAC6 与 CaMV 35S 启动子连接并通过农杆菌介导转化水稻，*OsNAC*6 基因在水稻细胞中实现超表达，提高了转基因植株的耐盐及耐旱能力。

（四）制备疫苗和药物的转基因水稻

血管内皮生长因子（VEGFs）是由肿瘤细胞和其他细胞在缺氧条件下分泌，在血管系统的分化和发展中起着至关重要的作用。韩国的 Chung 等（2014）从人的肿瘤细胞 HL60 合成互补 DNA，在水稻 α-淀粉酶启动子 3D 调控下克隆进表达载体中。利用农杆菌介导转化水稻种子，结果在无糖培养基培养 18 天后 $rhVEGF_{165}$ 蛋白积累达 19 毫克/升。

猪瘟（CSF）是由猪瘟病毒（CSFV）所引起的在猪群中的高传染性疾病。韩国的 Jung 等（2014）从爆发猪瘟后分离出的 SW 03 菌株，将其 E2 基因导入水稻愈伤中使其表达重组 E2 蛋白（rE2 - TRCs），在小鼠和猪上做动物口服试验，表现出对 E2 抗原的免疫反应。

登革热是在人类中由登革热病毒和代表最重要节肢动物传播的病毒性疾病。韩国的 Kim 等（2014）将已进行密码子优化的糖蛋白 E 基因与内质网保留信号融合，构建植物表达载体并通过基因枪法转化水稻愈伤。Western blotting 分析表明，融合一个 *ER* 基因保留信号的植物优化密码子的 *sE* 基因表达大约 18.5g/g 愈伤，结果显示，融合一个 *ER* 基因保留信号的植物优化密码子的 *sE* 基因可以在水稻愈伤中实现高表达。

（五）生产其他物质的转基因水稻

为了在水稻中生产染料木黄酮，韩国的 Sohn 等（2014）从韩国大豆栽培种中克隆出异黄酮合成酶（IFS）基因 *SpdIFS*1 和 *SpdIFS*2，使用水稻球蛋白启动子分别构建表达载体，介导种子特异性表达，发现转基因水稻种子染料木黄酮含量最高达 $103\mu g/g$，比 IFS 转烟草中的含量高出 30 倍。

植物抗毒素是病原体攻击植物时，植物生成的专门的抗微生物代谢产物。日本的

Miyamoto 等（2014）将转录因子 $OsTGAP1$ 基因导入水稻，$OsTGAP1$ 的超表达成功诱导相关生物合成基因和甲基赤藓糖磷酸通路基因 $OsDXS3$ 的表达，使得双萜类植物抗毒素超量积累。

参 考 文 献

艾丽萍，申奥，高志超，等 . 2014. 水稻同源异型域转录因子 OsHox9 的反向遗传学分析 . 中国水稻科学，28（3）：223 - 228.

程朝平，叶新福 . 2014. 农杆菌介导直立型密穗基因 DEP1 遗传转化水稻的研究 . 分子植物育种，12（2）：213 - 218.

杜丽缺，赵明超，林拥军，等 . 2014. β-胡萝卜素加强的转基因水稻培育 . 华中农业大学学报，33（5）：1 - 7.

戴争妍，高晓彦，王江，等 . 2014. 水稻 SL 基因调控水稻的粒形 . 植物生理学报，50（8）：1 159 - 1 166.

付振艳，刘峰，苟小清，等 . 2014. 小麦 TaNADP - ME1 基因重组植物表达载体构建及对水稻的遗传转化 . 华北农学报，29（1）：25 - 27.

刘聃璐，林拥军 . 2014. 葡萄白藜芦醇合酶基因转化水稻的研究 . 华中农业大学学报，33（2）：8 - 14.

李文奇，王芳权，王军，等 . 2014. 水稻 P450 基因 Oscyp71Z2 增强稻瘟病抗性的机制 . 中国农业科学，47（13）：2 485 - 2 493.

刘燕霞，彭廷，赵亚帆，等 . 2014. 水稻简易 RNAi 载体构建及沉默效果鉴定 . 农业生物技术学报，22（7）：832 - 840.

宋建辉，李甜，吴秀云，等 . 2014. OsPHGPx 基因的过量表达增强水稻抗氧化能力 . 生物技术通报，11：107 - 113.

王晓宇，陈志谊，刘文真，等 . 2014. 转鞭毛蛋白基因水稻细菌性条斑病抗性研究 . 西北植物学报，34（8）：1 534 - 1 539.

王云鹏，马景勇，马瑞，等 . 2014. 土壤宏基因组中抗草甘膦新基因的克隆与转化水稻的研究 . 作物学报，40（7）：1 190 - 1 196.

魏巍，黄蔚，姚玲娅，等 . 2014. 一个水稻花发育特异性启动子的克隆与活性分析 . 复旦学报（自然科学版），53（4）：529 - 534.

姚张良，曹梦娇，王霞，等 . 2014. 脂氧合酶 OsRCI - 1 正调控水稻对二化螟的抗性 . 环境昆虫学报，36（4）：507 - 515.

颜彦，林拥军 . 2014. 水稻胚乳特异表达启动子 DXCP35 的克隆及功能鉴定 . 华中农业大学学报，33（5）：15 - 20.

赵艳，邓春泉，邓丽蝶 . 2014. 洁净 DNA 转化获得 2mG2 - epsps 基因单拷贝整合的抗草甘膦水稻 . 中国水稻科学，28（1）：15 - 22.

赵成金，林艳虹，瞿绍洪，等 . 2014. 抗水稻黑条矮缩病毒三价 RNAi 表达载体的构建及转基因水稻的培育 . 分子植物育种，12（5）：853 - 858.

Agus Rachmat, Satya Nugroho, Dewi Sukma, et al. 2014. Overexpression of OsNAC6 transcription factor from Indonesia rice cultivar enhances drought and salt tolerance. Plant Genetic Engineering, 26（6）：

519 –527.

Chung N D，Kim N S，Giap D V，et al. 2014. Production of functional human vascular endothelial growth factor$_{165}$ in transgenic rice cell suspension cultures. Enzyme and Microbial Technology，63：58 – 63.

Cai R H，Zhao Y，Wang Y F，et al. 2014. Overexpression of a maize WRKY58 gene enhances drought and salt tolerance in transgenic rice. Plant Cell Tiss Organ Cult，119：565 – 577.

Ravikumar G，Manimaran P，Voleti S R，et al. 2014. Stress – inducible expression of AtDREB1A transcription factor greatly improves drought stress tolerance in transgenic indica rice. Transgenic Research，23：421 – 439.

Hiroshi，Takatsuji. 2014. Development of disease – resistant rice using regulatory components of induced disease resistance. Front Plant Sci，doi：10. 3389/fpls. 2014. 00630.

Jordi Quilis，Belen Lopez – Garcia，Donaldo Meynard，et al. 2014. Inducible expression of a fusion gene encoding two proteinase inhibitors leads to insect and pathogenresistance in transgenic rice. Plant Biotechnology Journal，12：367 – 377.

Joungsu Joo，Youn Hab Lee，Sang Ik Song. 2014. Overexpression of the rice basic leucine zipper transcription factor OsbZIP12 confers drought tolerance to rice and makes seedlings hypersensitive to ABA. Plant Biotechnol Rep，8：431 – 441.

Kottakota Chandrasekhar，Guda Maheedhara Reddy，Jitender Singh，et al. 2014. Development of Transgenic Rice Harbouring Mutated Rice 5 – Enolpyruvylshikimate 3 – Phosphate Synthase（Os – mEPSPS）and Allium sativum Leaf Agglutinin（ASAL）Genes Conferring Tolerance to Herbicides and Sap – Sucking Insects. Plant Mol Biol Rep，32：1 146 –1 157.

Koji Miyamoto，Takashi Matsumoto，Atsushi Okada，et al. 2014. Identification of Target Genes of the bZIP Transcription Factor OsTGAP1，Whose Overexpression Causes Elicitor – Induced Hyperaccumulation of Diterpenoid Phytoalexins in Rice Cells. doi：10. 1371/journal. pone. 0105823.

Md Mahfuz Alam，Hidemitsu Nakamura，Hiroaki Ichikawa，et al. 2014. Response of an aspartic protease gene OsAP77 to fungal，bacterial and viral infections in rice. Rice，doi：10. 1186/s12284 – 014 – 0009 – 2.

Manu Kumar，Sang – Choon Lee，Ji – Youn Kim，et al. 2014. Over – expression of Dehydrin Gene，OsDhn1，Improves Drought and Salt Stress Tolerance Through Scavenging of Reactive Oxygen Species in Rice（Oryza sativa L. ）. J. Plant Biol，57：383 – 393.

Myunghwan Jung，Yun Ji Shin，Ju Kim，et al. 2014. Induction of immune responses in mice and pigs by oral administration of classical swine fever virus E2 protein expressed in rice calli. Arch Virol，159：3 219 –3 230.

Narendra Tuteja，Ranjan Kumar Sahoo，Kazi Md Kamrul Huda，et al. 2014. OsBAT1 Augments Salinity Stress Tolerance by Enhancing Detoxification of ROS and Expression of Stress Responsive Genes in Transgenic Rice. Plant Mol Biol Rep，doi：10. 1007/s11105 – 014 – 0827 – 9.

Niu X L，Xiong F J，Liu J，et al. 2014. Co – expression of ApGSMT and ApDMT promotes biosynthesis of glycine betaine in rice（Oryza sativa L. ）and enhances salt and cold tolerance. Environmental and Experimental Botany，104：16 – 25.

Qian Q，Lin H，Rong Y，et al. 2014. Enhanced resistance to blast fungus in rice（Oryza sativa L. ）by expressing the ribosome – inactivating protein alpha – momorcharin. Plant Science，217 – 218：1 – 7.

Sushil Chhapekar，Sanagala Raghavendrarao，Gadamchetty Pavan，et al. 2014. Transgenic rice expressing a codon‐modified synthetic CP4‐EPSPS confers tolerance to broad‐spectrum herbicide，glyphosate. Plant Cell Reports，doi：10. 1007/s00299‐014‐1732‐2.

Soo‐In Sohna，Yul‐Ho Kimb，Sun‐Lim Kim，et al. 2014. Genistein production in rice seed via transformation with soybean IFS genes. Plant Science，217‐218：27‐35.

Tae‐Geum Kim，Mi‐Young Kim，Nguyen‐Quang‐Duc Tien，et al. 2014. Dengue Virus E Glycoprotein Production in Transgenic Rice Callus. Mol Biotechnol，56：1 069‐1 078.

Kim Y S，Kim I S，Shin S Y，et al. 2014. Over‐expression of Dehydroascorbate Reductase Confers Enhanced Tolerance to Salt Stress in Rice Plants（*Oryza sativa* L. japonica）. Journal of Agronomy and Crop Science，200：444‐456.

Zeng D E，Hou P，Xiao F M，et al. 2014. Overexpressing a Novel RING‐H2 Finger Protein Gene，*OsRHP*1，Enhances Drought and Salt Tolerance in Rice（*Oryza sativa* L.）. Journal of Plant Biology，57：357‐365.

Zamin Shaheed Siddiqui，Jung‐Il Cho，Taek‐Ryoun Kwon，et al. 2014. Physiological mechanism of drought tolerance in transgenic rice plants expressing Capsicum annuum methionine sulfoxide reductase B2（*CaMsrB2*）gene. Acta Physiol Plant，36：1 143‐1 153.

Zhang X，Wang D，Zhao S，et al. 2014. A Double Built‐In Containment Strategy for Production of Recombinant Proteins in Transgenic Rice. Rice，doi：10. 1371/journal. pone. 0115459.

第七章　稻米品质与质量安全研究动态

2014年，国内外稻米品质与质量安全研究取得新进展。在稻米品质研究方面，主要围绕理化基础、地域性品质特征、品质与生态环境的关系开展相关研究，尤其是在稻米淀粉结构及其相关理化指标对食味的影响方面做了大量研究，取得较好进展。在稻米质量安全研究方面，对水稻对重金属吸收积累特性、重金属间的互作关系、外源激素对缓解重金属毒害、减少稻米重金属污染的技术等仍是研究热点。

第一节　国内稻米品质研究进展

一、稻米品质的理化基础

淀粉是稻米的主要成分，直链淀粉含量和支链淀粉结构是影响稻米品质的主要因素之一。况浩池等（2014）运用86个中等直链淀粉含量（15％～24％）籼型杂交稻进行主要品质性状及相关性分析。结果表明，直链淀粉含量与垩白粒率、垩白度呈极显著正相关；胶稠度与蛋白质含量呈极显著负相关；垩白度与蛋白质含量呈显著负相关，与垩白粒率呈极显著正相关。稻米淀粉精细结构的研究越来越深入，尤其是支链淀粉结构。刘鑫燕等（2014）报道了水稻中可溶性淀粉合成酶4个亚家族不同同工型在决定淀粉精细结构如链长分布的作用，同时对相关基因的表达等方面也做了论述。彭小松等（2014）报道，在重组自交系群体（RIL）中，支链淀粉短链（$6 \leqslant DP \leqslant 11$）分配比率表现为籼型＜偏籼型＜偏粳型＜粳型，中链（$12 \leqslant DP \leqslant 24$）分配比率表现为籼型＞偏籼型＞偏粳型＞粳型，存在极少量短链分配率较高而中链分配率较低的籼型株系，说明利用优质粳稻与籼稻杂交，其后代的籼粳特性对稻米支链淀粉结构有较显著影响，但通过加强后代选择，也可以选到支链淀粉结构象粳型的优良株系。在RIL群体中，支链淀粉短链分配率与起始成糊温度呈极显著负相关，中链分配率与起始成糊温度呈极显著正相关，长链分配率与消减值呈极显著负相关关系，而支链淀粉链长与胶稠度的相关性表现因种植地点不同而有差异。

稻米的黏滞特性能反映其食用品质，淀粉RVA谱特征值与稻米蒸煮食味品质密切相关，可作为评价品质优劣的重要指标。李旭等（2014）报道了水稻收获期的不同对稻米RVA特征谱和营养食味品质的影响。自身遗传特性中直链淀粉含量、蛋白质含量、崩解值及消减值与食味值关系紧密；分期收获对稻米适口性影响较大；不同收获期间的崩解值及消减值存在显著差异，是不同收获期供试品种食味差异的主要影响因素。张睿等（2014）认为，公认食味较好品种的 RVA 谱往往崩解值大多在 100RVU 以上，而消减值小于 25RVU，且多数为负值；相反，食味差的品种崩解值低于 36RVU，而消减值高于 80RVU。赵庆勇等（2014）报道不同生态条件间淀粉 RVA 谱特性差异明显，但随纬度的变化趋势不明显；冷胶黏度和回复值呈现北高南低的趋势；消减值随纬度的升高呈增加趋势；糊化温度和峰值时间在不同纬度间变化较小。随着播期的推迟，峰值黏度、热浆黏度、冷胶黏度和峰值时间 4 个特征值呈减小趋势，而消减值和回复值呈增加趋势，崩解值呈先升后降趋势，糊化温度表现为先降后升趋势。

抗性淀粉具有降低糖尿病患者饭后血糖值、减少肠机能失调及结肠癌发病率、提供能量以及防止脂肪堆积等重要生理功能。稻米中抗性淀粉的研究也越来越受到研究者的重视。罗曦等（2014）报道，抗性淀粉含量这一性状是由少数主效基因和多个微效基因以及非等位基因间互作所控制的数量性状，为高抗性淀粉水稻育种的母本选择提供了理论依据。林静等（2014）报道，抗性淀粉含量较高的稻米材料崩解值较低，而消减值较高；抗性淀粉含量较小的崩解值较高，而消减值较低。高低抗性淀粉含量水稻种质间的 RVA 特征值和淀粉晶体热力学有较大差异。

二、地域性品质特征

夏英俊等（2014）对广东、四川、上海和辽宁四省籼粳稻杂交后代的碾磨品质和外观品质差异及其与生态条件、籼粳属性及稻谷粒形的关系进行了分析。结果表明，辽宁、上海的籼粳稻杂交后代品质性状优于四川和广东，生态区间差异大于籼粳类型间差异的趋势。

朱鑫等（2014）对广东江门稻米的品质指标、营养元素以及土壤地质条件等进行了分析，指出土壤地质对稻米品质的影响。马鹏等（2014）分析了四川盆地 15 种不同品种稻米的外观品质、碾米品质、蒸煮品质和营养品质等。这 15 种稻米品质的差异主要表现在整精米率、垩白大小、垩白米率和支链淀粉含量上。

张宇等（2014）对黑龙江省 20 种香稻和 20 种非香稻材料的品质性状进行综合比较。这 20 个香稻的蛋白质含量平均值明显高于非香稻，蒸煮食味品质好于非香稻，有16 个香稻品种在胶稠度性状上达到了国家优质一级标准，且多项品质指标的变异系数都高于非香稻品种。

马艳等（2014）比较研究了黑龙江与韩国稻米品种的品质，研究表明，黑龙江水稻品种的平均糙米率、蛋白质含量均极显著高于韩国品种，垩白粒率和垩白度低于韩国品种；食味评分方面，韩国品种极显著高于黑龙江品种；品种品质各指标的变异系数均为垩白度、垩白粒率最大，糙米率最小；食味评分与糙米率、精米率、垩白粒率均呈正相关，与蛋白质含量呈显著或极显著负相关。

三、品质与生态环境的关系

(一)温度

在各项环境因素中,温度对稻米品质的影响最为显著。水稻产区极端高温发生频率增加,持续时间延长,范围不断扩大,对稻米品质造成不利影响。

解忠等(2014)报道了不同温度对水稻灌浆期籽粒淀粉关键酶活性及稻米品质的影响。结果表明,灌浆成熟期高温处理下水稻籽粒蛋白质含量升高,直链淀粉含量变化因品种而异,而食味值变差。整个灌浆过程 ADPG 焦磷酸化酶和可溶性淀粉合成酶在高温处理下的酶活性高于常温处理,淀粉分支酶活性因品种不同而表现不同。高温处理使糊化开始温度升高,黏滞峰消减值变大,高温处理下两个品种糊化开始温度较常温处理均有升高,回冷黏滞性恢复值变化与糊化开始温度一致。高温处理下最终黏度呈上升趋势,下降黏度值因品种而有所差异。

张桂莲等(2014)报道,高温胁迫对水稻剑叶光合特性、膜透性、抗氧化酶活性及稻米品质的影响。灌浆结实期高温胁迫下水稻剑叶叶绿素含量、叶绿素 a/b 和净光合速率均降低,超氧化物歧化酶(SOD)、过氧化物酶(POD)活性表现出胁迫初期升高,高温处理 5 天后,随胁迫时间延长呈降低趋势。高温胁迫下垩白粒率和垩白度显著增加,精米率和整精米率显著降低,直链淀粉含量降低,蛋白质含量增加。灌浆结实期高温胁迫下,水稻功能叶抗氧化酶活性降低,膜透性增加,光合能力及光合产物的运输与卸载能力下降,可能是稻米品质降低的重要原因。

(二)肥力

肥料对品质的影响主要是肥料种类和施肥方法。肥料配比对产量品质影响巨大,适当的氮肥量和氮、磷、钾比例可以提高稻米品质。

张建军等(2014)报道,施氮量对汉中稻区晚熟稻单位面积有效穗数有一定影响;不同品种的每穗粒数在一定施氮量范围内随施氮量的递增而增加,但超过一定值后呈下降趋势;施氮量对稻米蛋白质含量、直链淀粉含量及碱消值均随施氮量增加而增大;其胶稠度、垩白米率随施氮量增加而减小;其糙米率在施氮量递增到 277.20 千克/公顷范围内随施氮量增加而增大,超过 277.20 千克/公顷则呈下降趋势;精米率及整精米率在施氮量递增到 254.10 千克/公顷范围内随施氮量增加而增大,超过则呈下降趋势。

桂云波等(2014)研究化肥、有机肥、长效控稀肥、不施肥空白处理对稻米品质的影响。结果表明,不同肥料种类对稻米品质性状的影响存在显著性差异,其中对稻米食用蒸煮品质影响不大,对加工和外观品质的影响较为明显。在加工品质方面,化肥处理可显著提高精米率,有机肥和化肥处理的整精米率要显著高于长效控稀肥。在外观品质方面,3 种肥料处理均可显著降低稻米的垩白粒率和垩白度。

罗一鸣等（2014）报道，钾肥还降低了垩白粒率和垩白度，提高了蛋白质含量和直链淀粉含量，而对稻米的加工品质影响较小。钾肥能够提高香稻品种的糙米香气含量，并对香稻的稻米品质具有一定的改善作用。

杨庆等（2014）关于生物菌肥与化肥两种肥料处理对水稻发育、产量、品质的影响进行了比较研究。结果表明，施用富农生物菌肥可以缩短水稻生育期4～5天，降低植株高度2厘米，增强抗倒伏能力，保证安全成熟，增加每穗总粒数和实粒数，使水稻增产9.2%。施用富农生物菌肥还能提高糙米率、整精米率和胶稠度，降低垩白粒率、垩白度，改善稻米食味。

（三）种植技术

种植技术对稻米品质的影响主要体现在灌溉方式、耕栽方法等方面。朱练峰等（2014）报道了磁化水灌溉对水稻生长发育、产量形成和品质的影响及其机制。磁化水灌溉显著改善稻米品质，其垩白粒率和垩白度均降低了，胶稠度和碱消值则提高了。

刘奇华等（2014）比较研究了湿润、浅水、深水3种灌溉方式对优质粳稻的品质影响。浅水灌溉下的稻米蛋白质含量显著高于其他灌溉方式，垩白率和垩白度的表现相反；RVA谱的最高黏度和热浆黏度值以湿润灌溉最高，深水灌溉最低，最终黏度值以深水灌溉最低；不同品种RVA谱的崩解值、消减值、回复值及稻米直链淀粉含量对3种灌溉方式的响应存在明显的基因型差异。

李艳红等（2014）报道了分蘖期水氮管理对香稻香气、产量和品质的影响。氮肥和水分均显著影响稻米垩白粒率和垩白度，在分蘖期水分和氮肥充足的条件下均会降低稻米的垩白粒率和垩白度。随着氮肥用量的增加，垩白粒率和垩白度降低了，蛋白质含量则会有提高的趋势。

洛育等（2014）报道不同耕作方式（免耕、少耕、翻耕）的对比试验。不同耕作方式对稻米的碾磨加工品质有一定影响，免耕少耕条件下有利于糙米率、精米率和整精米率的提高；不同耕作方式对稻米的垩白影响较大，免耕少耕条件下垩白率和垩白度提高；水稻品种胶稠度和直链淀粉含量均表现出免耕＞少耕＞翻耕。

殷世伟等（2014）报道，与秸秆表面还田相比，麦秸埋入土壤处理，水稻有效穗数有所降低，每穗粒数、结实率与千粒重提高，产量增加，同时改善了稻米的外观品质，直链淀粉含量降低，食味品质提高，其中以麦秸埋深10厘米处理的效果最佳。

第二节　国内稻米质量安全研究进展

一、水稻对重金属吸收、分配和积累特性研究

大量研究表明，不同水稻（*Oryza sativa* L.）品种由于遗传上的差异，在对稻田重金属元素的吸收和分配上存在很大差异。这种差异不仅存在于种间，而且在种内也存

在。龙小林等（2014）采用盆栽试验研究了镉（Cd）胁迫下籼稻和粳稻在不同生育期对重金属 Cd 的吸收和积累及其 Cd 的分布和转移规律。结果表明，在对 Cd 的吸收、积累、转移和分配方面，籼稻与粳稻存在显著差异。籼稻吸收和积累 Cd 的量较粳稻多，且 Cd 转移能力也强于粳稻。吴亮和孙波（2014）选取长江流域及东南沿海地区种植面积较广的 9 个水稻品种（籼型杂交水稻、常规粳稻、常规籼稻各 3 个）和 2 种类型水稻土（黄泥土和红泥土），通过温室盆栽试验研究了不同水稻品种对铅（Pb）和汞（Hg）富集能力的影响。结果表明，在 2 种类型水稻土中，常规籼稻品种（特三矮 2 号和浙 1500）稻米 Pb、Hg 的富集系数较高，对 Pb、Hg 污染比较敏感；而常规粳稻品种（宁粳 1 号）稻米 Pb、Hg 的富集系数均较低，对 Pb、Hg 污染均不敏感。

在同一水稻类型间，不同基因型水稻镉含量也存在显著性差异。佟倩等（2014）选取东北地区大面积种植的 32 个粳稻品种，对水稻植株内 Cd 的吸收和分配规律进行了系统研究。结果表明，Cd 胁迫下不同水稻基因型 Cd 在水稻器官中的分配和 Cd 的富集能力均存在显著差异。不同品种之间相比，籽粒 Cd 低积累的品种根系和茎叶中 Cd 的分配比例较大，而生物量大的水稻品种普遍 Cd 的富集能力较强。

水稻不同器官对重金属元素的吸收蓄积能力存在很大差异，一般以根、茎、叶、籽粒（或糙米）的顺序递减。陈新红等（2014）以 6 个两系和三系杂交水稻为材料，分析 Pb 在水稻植株体内的累积与分配规律，研究表明，水稻植株不同器官 Pb 的浓度和累积量的大小顺序为根＞茎鞘＞叶片，籽粒不同部位 Pb 的浓度大小顺序为糠层＞颖壳＞精米。林华等（2014）进一步研究了 4 个不同处理量铜（Cu）、铬（Cr）、镍（Ni）、镉（Cd）复合污染下水稻的富集特征及其随生育时期的变化规律，结果表明，Cu、Cr、Ni、Cd 污染下植株不同器官中重金属积累量存在着一定差异，如成熟期水稻植株中 Cu 和 Cd 在水稻不同部位的质量分数为根茎≥叶、米粒、谷壳，而 Cr 的分布规律为根叶谷壳≥茎、米粒。但整体来说，根部是水稻植株内不同重金属积累的主要器官，且根部重金属吸收富集系数是地上各部位吸收富集系数的 2～100 倍。

此外，水稻各器官重金属元素的分布也因不同生育时期而异。林华等（2014）研究表明，重金属在水稻植株不同部位的质量分数随生育期的推移均呈现先升后降的趋势，灌浆中期达到最大，到成熟期又明显降低。

二、元素间的交互作用研究

自然界中单个重金属污染较少，主要表现为多种重金属联合作用。重金属联合作用又表现为非重金属—重金属作用、重金属交互作用。利用金属间的协同作用或拮抗作用来缓解重金属对植株的毒害，并抑制重金属的吸收和向作物可食部分的转移，从而达到降低重金属含量的目的，是调控重金属污染的一种有效措施。

在非重金属—重金属作用方面，黄涓等（2014）通过水培试验，从硅（Si）和镉（Cd）在水稻幼苗共质体和质外体中的分布等方面研究了 Si 缓解水稻幼苗镉毒性的机制。结果表明，施 Si 能显著增加水稻幼苗地上部和地下部长度，明显缓解 Cd 对水稻幼苗生长的抑制作用；此外，施 Si 可明显降低水稻根系和茎叶中共质体、质外体中 Cd 含量，并且能使更多的 Cd 积累在根系中，阻止其向地上部转运。

郑淑华等（2014）通过水稻盆栽试验，分别在富硒（Se）土壤、镉污染富硒土壤上种植不同品种的水稻，研究土壤 Se 对水稻籽粒吸收 Cd 的影响。结果发现，在添加 Cd 条件下，高富硒土种植的博优 998、秋优 998、金稻优 998 等水稻籽粒 Cd 含量比低富硒土分别降低了 26.99%、10.28%、13.48%，说明土壤中适量的 Se 对水稻籽粒吸收 Cd 有拮抗作用。

陈喆等（2014）采用室外水稻盆栽试验的方法，研究了硅肥（Si）不同施肥方式（不施用硅肥、基施硅肥、喷施叶面硅肥和两种硅肥配施）对杂交晚稻（丰源优 299）5 个生育期内各部位中镉的含量、器官间转运系数以及对水稻成熟期生物量的影响。结果表明，与对照处理相比，硅肥施肥处理组均显著降低了水稻籽粒中镉的含量且不会明显影响水稻产量，其中，以两种硅肥配施对籽粒的降镉效果最佳，分别使谷壳、糙米和精米降镉幅度达到 62.59%、58.33% 和 65.83%，基施硅肥处理和喷施叶面硅肥处理的降镉潜力次之。

董亚玲等（2014）以籼稻 9311 为试验材料，采用水培法研究了不同浓度的 P 和 Cd 对水稻生长发育的影响。研究发现，当 Cd 浓度为 0.05 mmol/L 时，随着 P 浓度的增加，水稻幼苗 Cd 含量与对照相比分别增加了 9.6%、21.8% 和 43.5%，但 P、Cd 同时处理水稻地上部分 Cd 含量比 Cd 单独处理水稻的 Cd 含量降低了 25.7%，说明 P 能降低 Cd 由地下部分向地上部分的转移率。研究还表明，相同 Cd 处理情况下，水稻的干物质量随着 P 浓度的增高先上升后下降，超氧化物歧化酶（SOD）等同工酶的活性呈先降低后升高的趋势，且 312 毫克/千克的 P 浓度为最适处理量。

重金属交互作用方面，锌（Zn）和铁（Fe）都是植物生长所必需的微量元素，具有多种重要的生理功能。Zn、Fe 和 Cd 都是二价阳离子，具有很多类似的生物地球化学性质。植物中 Zn/Cd 和 Fe/Cd 的交互作用一直是研究的热点。一些研究显示 Zn，Fe 能减少作物对 Cd 的吸收。

李明举等（2014）以贵州省遵义县新民镇中心村水稻土为供试土壤，通过田间试验研究了不同施用量的 Zn 肥对土壤、稻米中重金属 Cd 含量、水稻长势、产量及经济效益的影响。结果表明，在水稻生产中施用 Zn 肥能降低土壤 Cd 含量，施锌肥 30 千克/公顷的效果优于施锌肥 15 千克/公顷；能降低水稻籽粒与秸秆中 Cd 的含量，能促进水稻植株干物质累积，防止秧苗"坐蔸"现象；且提高水稻产量，施用 30 千克/公顷锌肥较不施锌肥增产 861 千克/公顷，增产率为 9.8%，节本增效 3 436.50 元/hm²，明显提高了经济效益。

刘丹青等（2014）采用蛭石—营养液联合培养试验，探讨了缺 Fe 预处理下的根际性状和低分子量有机酸对根际 Fe、Cd 吸附与水稻吸收转运的影响。结果表明，缺 Fe 预处理后水稻根际酸度增加，根际还原性增强，稻根分泌的低分子量有机酸降低；根际蛭石表面吸附的 Fe 变化不大，而稻根表面吸附沉积的 Fe 减少；根际蛭石非结晶态 Cd 含量增加，根表 Fe 膜中的 Cd 含量升高但不显著，水稻根系 Cd 含量和积累量上升，说明缺 Fe 减少了两种元素在根际和根表吸附位点的竞争，但由于 Fe 膜对 Cd 的阻挡作用有限，促进了水稻对 Cd 的吸收。不过，缺 Fe 导致水稻根部向地上部转运的 Cd、Fe 下降，可能与根内低分子量有机酸载体数量的下降有关。

三、外源物质对缓解水稻重金属毒害的研究

施用外源物质缓解农作物重金属胁迫的主要机理有两个方面：一方面，施用外源物质缓解了农作物对重金属的吸收，降低植株体内重金属的积累量，进而达到缓解的目的。另一方面，细胞酶活性及可溶性蛋白质和丙二醛（MDA）、脯氨酸（Pro）、膜透性等生理指标是植物受重金属（如 Cd）胁迫的生理反应，也被认为可能是植物解毒的一种机制，因此，外源物质通过影响这些生理指标，达到缓解农作物重金属胁迫的目的。

万亚男等（2014）采用营养液培养法，研究了水（对照）、柠檬酸、苹果酸和乙二胺四乙酸（EDTA）4 个处理对不同品种水稻幼苗吸收和转运 Cd 的影响及其对根中 Cd 的解析作用。结果表明，与对照相比，EDTA 的添加明显抑制了水稻根部对 Cd 的吸收，使水稻幼苗地上部和根中 Cd 的含量分别降低了 90% 和 96%，但促进了 Cd 向地上部的运输。而柠檬酸和苹果酸的添加对水稻根系吸收和运输 Cd 的影响较弱。3 种有机酸对不同水稻品种 Cd 吸收的影响趋势一致。解析试验的结果表明，EDTA 对根中的 Cd 具有较强的解吸能力，而柠檬酸和苹果酸相对较弱。

雷武生等（2014）以两个水稻品种武运粳 24 号和 II 优 107 为材料，采用盆栽试验，研究了硫肥对 Cd 胁迫下不同基因型水稻抽穗期和灌浆期剑叶抗氧化酶 SOD、POD、CAT 活性和光合特性的影响。结果表明，Cd 胁迫下水稻植株抽穗和灌浆期剑叶 SOD、POD、CAT 活性和叶绿素含量均有所降低，光合能力有所减弱。外源施加硫肥能显著减少 2 个品种的 Cd 积累，并能够不同程度地增加水稻抽穗及灌浆期剑叶叶片的 SOD、POD、CAT 活性。此外，研究还发现，无论胁迫与否，硫肥均有增加剑叶光合能力的趋势，这可能与土壤中有机质及硫酸盐的供应有关。

四、减少稻米重金属污染相关研究

（一）低重金属积累品种的筛选

对重金属污染土壤的治理方法包括工程、化学和生物治理方法，但这些方法在有效性、持久性及经济性方面难以达到预期效果。而通过选择籽粒低重金属积累的水稻品种种植，从而在重金属轻中度污染的土壤上持续进行稻米安全生产已被公认为是最经济有效的途径。

肖国樱等（2014）用 8 个不育系和 3 个恢复系配制了 24 个组合参加吸 Cd 性试验，发现低 Cd 组合均来自恢复系 11C2265（籼爪交）和 11C2292（籼粳交）所配组合。从试验结果来看，这 2 个恢复系只有与科 108A、科 113A 配组才能得到低 Cd 品种，说明这 2 个不育系对杂交稻的低 Cd 积累也有重要贡献，具有利用价值。

（二）农艺措施

不同经济类型作物对重金属的吸收存在很大差异。因此，在重金属含量较高的区域，通过因地制宜选择作物类型和轮作方式来减少水稻重金属污染，是一种治理重金属污染经济有效的途径。

刘洋等（2014）以湘早籼 45 号和陆两优 996 为材料，研究了不同栽培模式下水稻体内 Cd 积累特性及其与光合生理之间的相关性。研究结果表明，在常规水育秧、软盘育秧、旱育秧、直播 4 种不同栽培模式下，产量差异达显著水平（$P < 0.05$），2 个品种均在直播模式下产量最高；直播栽培模式下植株对重金属 Cd 的吸收能力最强，各个器官中的 Cd 均显著高于其他 3 种栽培模式。

于玲玲等（2014）通过田间试验，利用不同吸 Cd 特性的油菜与水稻轮作，研究 Cd 污染农田土壤上不同轮作体系中植物对重金属的吸收累积规律。研究结果表明，在 Cd 污染农田土壤上，2 个油菜品种根系对根际土壤中的镉有不同程度的活化作用，川油 Ⅱ-93 和朱苍花籽的根际土有效 Cd 含量分别增长了 75.6％和 22.2％。油菜收获后显著影响了下茬水稻糙米中 Cd 的含量，油菜朱苍花籽成熟收获后种植水稻的轮作体系中，糙米中 Cd 含量超过标准限值 10％，而其他轮作体系中糙米镉含量符合标准限值。

此外，肥料的选择和施用对水稻吸收重金属也有影响，科学施肥同样可以达到治理的目的。梁延鹏等（2014）采用盆栽试验，研究在 Cr 污染水稻土中分别施加氮肥、钾肥、磷肥对水稻生长以及吸收和分配 Cr 的影响。结果表明，施肥处理不仅增加了水稻的产量，而且也改变了水稻植株对土壤 Cr 的吸收和积累。从总体上看，氮肥、钾肥处理的水稻植株总 Cr 与对照处理相比增加，而磷肥处理的水稻植株总 Cr 相比对照处理则降低。此外，不同施肥处理明显影响了 Cr 在水稻植株内的分配与迁移。受试的氮肥、钾肥不仅促进水稻根部对 Cr 的吸收和累积，也促进了 Cr 向地上部分迁移；而磷肥则降低了水稻根部对 Cr 的吸收和累积以及 Cr 向地上部分迁移。

（三）土壤修复

物理化学修复和生物修复是降低土壤镉污染水平常用和有效的治理方法。其中，化学修复措施主要采用改良剂、螯合剂及化学淋溶等技术，通过改变土壤 pH 值、Eh 等理化性质，使稻田重金属发生氧化、还原、沉淀、吸附、抑制和拮抗等作用，达到抑制水稻吸收镉的目的。在土壤修复方面，目前，国内已相继开展了大量相关研究，取得了一系列研究成果。

曾卉等（2014）通过盆栽试验，研究组配固化剂石灰石＋海泡石在不同施用量下，盆栽土壤中重金属 Pb、Cd、Zn 交换态含量的变化与在水稻根、茎、壳和糙米的累积分布。结果表明，土壤中 Pb、Cd 和 Zn 交换态含量随着组配固化剂施用量的增加呈明显降低趋势，有效缓解了水稻对土壤 Pb、Cd 和 Zn 的吸收。此外，水稻生长状况得到改善，表现为株高随组配固化剂施用量的增加逐渐上升，且水稻各器官对 Pb、Cd 和 Zn 的吸收量随施用量的增加逐渐下降。

雷鸣等（2014）通过水稻盆栽试验研究磷酸氢二钠和羟基磷灰石对污染土壤中重金属（Pb、Cd 和 Zn）向水稻迁移的影响。结果表明，磷酸氢二钠和羟基磷灰石都显著提高了土壤 pH 值和有效磷含量，降低了土壤中 Pb、Cd 和 Zn 交换态含量，且羟基磷灰石降低重金属交换态的效果比磷酸氢二钠好。水稻地上部分重金属含量与土壤中重金属交换态含量呈明显正相关关系，说明磷酸氢二钠和羟基磷灰石通过降低土壤中重金属交换态含量从而达到减少重金属向水稻中迁移的目的。同时，磷酸氢二钠和羟基磷灰石明显降低了水稻各器官 Pb、Cd 的含量，同时使水稻根、壳、糙米中 Zn 含量降低，但增加了茎叶中 Zn 的含量。

刘国胜等（2014）以 Cd、Pb 复合污染土壤为对象，采用田间试验，研究复合型螯合药肥（钠基、钾基和钙基）对降低农产品 Cd 和 Pb 含量的效果。结果表明，复合型螯合药肥施用量在耕层土重的 0.5％以上即可有效降低土壤中 Cd 和 Pb 的移动性，土壤中 Cd 和 Pb 的固定效率分别达到 49.2％～66.2％和 79.9％～93.6％，且可使稻米等农产品中 Cd 含量降低至国家标准限值以内，但对稻米中 Pb 含量无明显的降低作用。同时，该药肥对土壤 pH 值无明显影响。研究表明，供试钠基、钾基和钙基 3 种复合型螯合药肥可推荐用作镉污染土壤的原位固定修复材料。

（四）生物修复

生物修复通过种植超富集植物、挑选耐性微生物定植在植物根际或引入富集镉的动物（如蚯蚓）等，利用生物萃取、根系过滤和生物吸附等作用，将土壤重金属转移至生物体或改变重金属生物有效性等，从而达到土壤修复的目的。在污染土壤的修复措施中，生物修复是一种绿色技术，具有传统土壤治理方法所无法比拟的优点，也是现今国际环境修复的热点和前沿领域。目前，关于超富集植物和微生物对重金属耐性和积累性机理、修复性能改进及应用技术等方面的研究已经在国内广泛开展，并且取得了一定进展。

刘影等（2014）采用土壤盆栽试验，研究紫色皇竹草、甜象草、柳枝稷 3 种能源草在铅锌矿区原状重金属污染土壤中的生长及其对 Pb、Cd、Zn、Cu 的吸收累积特性。结果表明，3 种能源草在铅锌矿区重金属污染土壤中生长正常，外观均未表现出明显的受毒害症状，具有良好的适应性，并且对 Pb 具有较好的富集能力，可用于以 Pb 为主的重金属复合污染土壤的修复。

殷永超等（2014）以龙葵为修复植物，进行了为期两年的野外场地规模 Cd 污染土壤植物修复预试验和试验研究。对修复前后土壤 Cd 含量的分析结果表明，土壤表层和亚表层 Cd 的去除作用明显。预试验和重复试验中，土壤表层 Cd 的平均减少率为 6.3%和 16.8%，亚表层各层 Cd 的减少幅度分别为 50.6%和 49.5%（20～40 厘米）、73.5%和 53.9%（40～60 厘米）、80.7%或未检出（60～80 厘米）。两组数据表明，在农田土壤条件下，龙葵植株可产生较大的生物量，从而提高对 Cd 的积累与运移能力；采用植物修复技术可实现轻、中度镉污染土壤的修复，以实现农业生产的良性循环。

张璐（2014）从重金属污染矿区筛选得到一株具有分泌铁载体能力的菌株 T07，经生理生化和 16SrDNA 序列分析鉴定其为假单胞菌属（*Pseudomonas* sp. T07）。菌株 T07 应用于微生物强化能源作物甜高粱修复重金属污染土壤的盆栽试验，结果表明，T07 的接入能够显著提高甜高粱的生物量和重金属的吸收量，其中地上部和根部的干重比未接菌的对照分别增加了 22.6%和 33.3%，而甜高粱地上部 Cd、Zn 和 Cu 的总含量分别提高了 55%，55.6%和 49.5%。试验中发现，菌株 T07 在根际与植物的相互作用过程中促进了甜高粱对土壤中矿质营养元素如 Fe 和 P 的吸收，同时改变了土壤中重金属的可溶出性。研究表明，产铁载体细菌 T07 可改善能源作物甜高粱的重金属修复效率，具有潜在的实际应用价值。

第三节 国外稻米品质与质量安全研究进展

一、稻米品质

（一）理化基础

淀粉的理化特性直接影响稻米品质。Colussi 等（2014）分析了高、中、低直链淀粉含量的稻米淀粉乙酰化后的结构、形态及理化性质。低直链淀粉含量的稻米淀粉比高、中含量的更易乙酰化。乙酰化的过程中，淀粉的结晶度降低了，而且其糊化温度、崩解值、峰值黏度、最终黏度、膨胀力和溶解度均有不同程度下降。稻米淀粉糊化温度和崩解值的下降，可使米饭在蒸煮过程中提高其对高温的敏感度和稳定性。同时，评价了不同直链淀粉含量的乙酰化淀粉对酶法水解的敏感性。

淀粉结构的研究受到研究者们的青睐，尤其在解析精细结构方面。Fan 等（2014）报道通过小角 X 射线散射效应研究微波对稻米淀粉层参数的影响。微波加热大米淀粉材料，其淀粉层状结构会发生变化。淀粉结构变化利用小角 X 射线散射（SAXS）进行研究，结合线性相关函数从 SAXS 数据中得到重复层状结构参数。结果表明，淀粉层状变化采用微波快速对流加热的过程中保持类似的趋势，表明微波加热对淀粉微观结构的影响可能主要是由于其快速加热率。微波的分子振动对层状结构的影响较小。You 等（2014）研究了不同直链淀粉含量的稻米淀粉的分子和晶体结构及理化性质。高直链淀粉含量的稻米淀粉含有高比例的短链支链，结晶度和焓值相对较高。大量的低抗性淀粉存在于直链淀粉含量低的稻米淀粉中，而高抗性淀粉则存在于直链淀粉含量高的稻米淀粉中。稻米淀粉的消化率可受其分子和晶体结构的影响。You等（2014）报道了糯米摩尔质量一般在1.1×10^8克/摩尔到2.2×10^8克/摩尔的范围内。各种糯米淀粉的平均链长和长短链分支比例都是不同的。平均链长较长、长链比例较多且短链较少的糯米淀粉，其糊化程度、焓值、消减值和最终黏度都要比其他糯米淀粉的高些。但是，上述糯米淀粉含有较低的快速消化淀粉以及高含量的抗性淀粉。

水分对稻米品质存在一定影响。Nasirahmadi等（2014）认为，稻米的糙米率、精米率和整精米率与水分含量密切相关。随着水分含量的减少，稻米的精米率、整精米率及垩白度相应增加。

稻米淀粉中的不同蛋白质组分对淀粉质构特性的影响各不相同。Baxter等（2014）着重研究了谷蛋白和球蛋白。稻米淀粉中谷蛋白的存在，引起淀粉糊化温度的提升，但降低了其糊化过程中的黏度参数。淀粉中谷蛋白的浓度与淀粉凝胶的硬度和黏性能呈正相关。球蛋白的存在降低了淀粉除凝胶硬度以外的糊化特性和质地参数，这些变化大多可与蛋白浓度呈线性相关。淀粉的糊化和结构特性与谷蛋白、球蛋白的相对浓度有关，也同时受到清蛋白和醇溶蛋白组分的影响。在稻米蒸煮过程中，球蛋白加速淀粉的吸水率，而谷蛋白则减缓吸水率，当两种蛋白都存在时，淀粉吸水量明显比纯淀粉的少。

水稻中某些基因的表达对稻米品质起重要作用。Yushi等（2014）报道了水稻蔗糖转运蛋白基因$OsSUT1$在源库器官不同的遮阴条件下，在籽粒灌浆过程中的表达对稻米产量和品质产生的影响。结果表明，水稻籽粒在所有的遮光处理下$OsSUT1$基因表达增加；在分支处，整个植物的$OsSUT1$基因表达下降，但在源遮光后增加。此外，稻米千粒重和结晶率在遮光下明显下降。抑制$OsSUT1$基因的表达会造成稻米产量及品质下降。

（二）稻米品质与生态环境的关系

水稻的灌溉与稻米品质紧密相关。Jeong等（2014）报道利用农业技术转让决策支持系统DSSAT模型对城市污水灌溉的水稻评价其氮肥施用量和分离应用。再生水比常规灌溉水含更多的营养，更适用于稻田的灌溉。同时，利用DSSAT评估氮肥用量及分次施氮对稻米产量、品质的影响，发现最佳施氮速度比标准速度低20%～50%，有利于糙米率提高，适当调整施氮量可提高稻米产量。Jung等（2014）比较了灌溉地下水、未处理污水和再生水对稻米品质的影响。生长于未处理污水和再生水的稻米穗数、产量均明显高于地下水组稻米。稻米总营养物质与产量有关，正是用再生水灌溉的稻米产量高的原因。再生水灌溉生长的常规稻米的蛋白质含量和整精米率显著高于地下水灌溉生长的稻米。

气候是水稻生长环境中非常关键的因素，二氧化碳的浓度会影响到稻米品质。Guo-fo等（2014）报道二氧化碳浓度与稻米中的抗氧化物质含量存在一定的相关性。水稻暴露在高浓度CO_2下，稻米加工组分的总酚含量减少，糙米的芥子酸和米饭的羟基苯甲酸的含量也大幅降低。同时，稻米的总黄酮量也随CO_2浓度的提高而减少，精米和糙米的生育酚也随之减少。Bhattacharyya 等（2014）报道了二氧化碳和温度对热带稻米磷素吸收的影响，在高 CO_2 和高 CO_2 加高温这两种情况下，水稻的总有机碳均有所增加，乙酸、酒石酸、苹果酸和柠檬酸这 4 种有机酸含量也均有增加。随着 CO_2 浓度升高，水稻磷吸收量增大，有机酸的分泌和酶活性都会影响水稻的磷吸收，从而造成稻米品质的差异。

水稻生长所处的土壤也是影响稻米品质的主要因素，土壤的问题主要包括盐水、碱钠、硫酸盐和有机质等。稻田里的常见化学问题在于低营养状况、低 pH 值、持水能力差以及高磷的固定等。Haefele 等（2014）分析了全球水稻生产的土壤质量，种植水稻的土壤被分类为好、差、极差或问题土壤等，根据全球水稻分布，大多数水稻种植在亚洲，其次是非洲和美洲。在全球范围内，1/3 的水稻土壤较为贫瘠。

二、稻米质量安全研究进展

（一）水稻对重金属转运的调控机理研究

植物适应重金属元素胁迫的机制包括阻止和控制重金属的吸收、体内螯合解毒、体内区室化分隔以及代谢平衡等。近年来，随着分子生物学技术在生态学研究中的深入应用，控制这些过程的分子生态机理逐渐被揭示出来。尤其是细胞膜跨膜转运器已得到深入研究，相关金属离子转运器陆续被鉴定分离，一些控制基因如铁锌控制运转相关蛋白（ZIP）类、低亲和性阳离子转运蛋白（LCT）类、天然抗性巨噬细胞蛋白类（NRAMP）、重金属 ATP 酶（HMA）类基因已被发现和克隆。

OsHMA3 是一个定位在水稻根部液泡膜上的镉（Cd）转运蛋白，属于重金属 ATP 酶（HMA）家族成员，具有将 Cd^{2+} 从胞质运进液泡从而隔离起来的功能。Sasaki 等（2014）研究发现，无 Cd 条件下，OsHMA3 过表达植株与空载对照植株的根部和茎部生长没有明显差异；但 Cd 胁迫条件下，Cd 对 OsHMA3 过表达植株生长的抑制作用明显减弱；与野生型和空载对照植株相比，OsHMA3 过表达植株根部中 Cd 浓度增高，而茎中的 Cd 浓度降低，表明 OsHMA3 过表达促进了根系中 Cd 的液泡区隔化，从而降低了水稻籽粒中的 Cd 含量。此外，过表达 OsHMA3 能显著上调 OsZIP4、OsZIP5、OsZIP8、OsZIP9 和 OsZIP10 等 5 个锌转运蛋白基因的表达，从而维持水稻茎部 Zn^{2+} 平衡。

OsABCC1 是水稻中发现的 C 型 ATP 结合盒（ABC）转运蛋白家族成员。Song 等（2014）研究表明，OsABCC1 在许多组织中有表达，包括根、叶、节间、花梗和叶轴。高砷（As）条件下 OsABCC1 表达显著上调，而低砷条件下其表达没有受到明显影响。亚细胞定位表明，OsABCC1 定位在液泡膜上，能够通过在茎节韧皮部液泡中隔离 As 来限制其向籽粒中转运。敲除 OsABCC1 后降低了水稻对 As 的耐性，但是对 Cd 毒性没有影响。

OsNRAMP5 是自然抗性相关巨噬细胞蛋白，是水稻根部细胞参与吸收外部 Mn^{2+}、

Cd^{2+} 和 Fe^{2+} 的主要转运蛋白，同时负责这些离子从根部向地上部的运输。Yang 等（2014）研究发现，OsNRAMP5 在水稻根和穗中高度表达，在茎中表达适中，而在叶片和叶鞘中表达较低，且表达随着叶龄逐步降低。突变体 OsNRAMP5 生长减弱，主要是由于植株根茎对缺锰更敏感。外源添加大量的 Mn 后，突变体根系对 Mn 的吸收增加，而茎中 Mn 含量仍然维持在较低水平。表明 OsNRAMP5 不仅影响根对 Mn^{2+}、Fe^{2+} 和 Cd^{2+} 的吸收，还影响它们在根部和叶片的分布，以及从根部向茎部的运输。

（二）水稻重金属积累的生理和抗性机制研究

重金属（如 Cd、Cr、Pb、Hg、As）是植物非必需元素，在植物体内过量积累会对植物的生长发育造成严重伤害，如降低抗氧化酶活性、改变叶绿体和细胞膜的超微结构以及诱导产生氧化胁迫等，严重时可导致植物死亡。植物在适应污染环境的同时，逐渐形成了一系列忍耐和抵抗重金属毒害的防御机制。迄今为止，利用蛋白组学、转录组学、分子生物学等手段对水稻植株内重金属积累的生理和耐性机制的研究已有过不少报道。

Xue 等（2014）以 2 个 Cd 积累能力不同的水稻品种为材料，利用差异蛋白质组学结合定量 PCR（qPCR）技术，研究了不同基因型水稻 Cd 胁迫下籽粒的蛋白质和相关基因表达差异。该研究通过蛋白质组学技术成功筛选并鉴定出了 47 个差异蛋白质，GO 和 KEGG 富集分析表明，这些蛋白参与了细胞内多种应激信号通路，其中，大部分为储藏蛋白和淀粉合成类蛋白，表明 Cd 积累造成了水稻稻米品质的严重下降。研究结果还推测，活性氧（ROS）可能在水稻籽粒 Cd 胁迫响应的信号传递中起着重要作用，该研究为阐明稻谷中镉的积累机制提供了新的见解。

Oono 等（2014）利用基因芯片对 Cd 胁迫下水稻根/茎转录组的表达变化进行了全面的分析。研究结果显示，Cd 胁迫下，水稻根/茎中大量参与活性氧清除、螯合和金属转运蛋白的基因表达上调。同时，许多参与干旱胁迫响应相关的基因也表现为上调。进一步分析证实几个参与干旱胁迫信号通路的基因如 DREB 的转录表达能被 Cd 胁迫诱导。研究结果揭示，水稻 Cd 胁迫响应和干旱胁迫响应转录调控网络相似，可能存在着相互关联。

Sahoo 等（2014）研究发现，Cd 和 Pb 能强烈诱导水稻中 OsSUV3 的转录表达，这个基因主要负责编码 DNA 和 RNA 解旋酶，并且表达受高盐环境诱导，能通过维持光合作用和抗氧化组件来调控水稻盐胁迫抗性。转基因实验进一步显示 OsSUV3 过表达能增强水稻 Cd 和 Pb 的抗性，揭示 OsSUV3 同时参与了植物的盐胁迫抗性和重金属胁迫抗性。

Lim 等（2014）研究了水稻 E3 泛素连接酶 RING 家族基因（OsRFP）表达与 As 和 Cd 积累的关系。半定量 PCR 研究结果发现在 47 个 OsRFP 家族基因中，As 和 Cd 胁迫能显著诱导 E3 泛素连接酶 1 基因 OsHIR1 的上调表达。酵母双杂交和双分子荧光互补试验进一步表明，OsHIR1 蛋白与液泡膜内在蛋白 OsTIP4；1 有明显的交互作用，泛素化的 OsTIP4；1 蛋白随后被 26S 蛋白酶体降解。拟南芥中异源表达 OsHIR1 后导致拟南芥植株重金属抗性增加，并且地上部和根部的 As 和 Cd 积累量下降，这些结果揭示 Os-HIR1 蛋白能通过调节 OsTIP4；1 的表达来调控植株对 As 和 Cd 的吸收。

（三）减少稻米重金属吸收及相关修复技术研究

1. 低重金属积累品种的筛选

Cao 等（2014）在浙江省 12 个水稻种植区开展大田试验，系统评估了 158 个水稻新品种的籽粒重金属含量的环境和基因型差异。结果表明，籽粒重金属含量存在显著的环境与品种间差异，158 个样品中分别有 5.3％和 0.4％的籽粒样品 Pb 和 Cd 含量超过 FAO/WHO 规定的最大阈值，而 Cr 和 Cu 没有出现超标情况。不同类型水稻品种间，杂交稻籽粒 Cd 含量显著高于常规稻。逐步多元线性回归分析表明，土壤 pH 值及有效态重金属含量显著影响籽粒重金属含量。筛选到可在中、轻度污染地区种植的籽粒重金属低积累水稻品种（系）秀水 817、嘉优 08－1 和春优 689。

2. 农艺措施

Moreno－Jiménez 等（2014）研究了水分管理对水稻产量和籽粒中 As，Cd 含量的影响。研究结果表明，与传统淹水灌溉模式相比，喷灌模式对水稻产量的影响不大，但是籽粒中的总 As 含量下降为淹水灌溉时的 1/6，从 0.55 毫克/千克下降到 0.09 毫克/千克。此外，喷水灌溉模式下水稻籽粒无机 As 的浓度也比淹水灌溉模式下降了 50％；与之相反，喷水灌溉模式下水稻籽粒中 Cd 的含量增加了 10 倍。该研究结果表明，在水稻田中采用喷水灌溉系统能够减轻 As 在水稻籽粒中的积累，但可能会导致稻米中 Cd 含量增加。

3. 化学物质防治技术

Zhou 等（2014）通过水稻盆栽试验研究两种组合改良剂（LS，石灰石＋海泡石；HZ，羟基组氨酸＋沸石）对污染土壤中重金属（Pb、Cd、Cu 和 Zn）向水稻迁移的影响。结果表明，LS 和 HZ 都显著提高了土壤 pH 值，同时降低了土壤中 Pb、Cd、Cu 和 Zn 的交换态含量。同时，LS 和 HZ 明显降低了水稻各器官中 Pb、Cd、Cu 和 Zn 的含量。LS 处理下水稻糙米中 Pb、Cd、Cu 和 Zn 含量与对照相比下降了 10.6％～31.8％、16.7％～25.5％、11.5％～22.1％和 11.7％～16.3％，而 HZ 处理下 Pb、Cd、Cu 和 Zn 含量则分别下降了 5.1％～40.8％、16.7％～20.0％、8.1％～16.2％和 13.3％～21.7％。结果表明，LS 和 HZ 组合改良剂均能有效抑制重金属在水稻植株内的积累。

Bian 等（2014）连续在华南稻区污染的稻田上进行了 3 年的田间试验，研究了小麦秸秆生物炭对土壤中 Cd 和 Pb 生物有效性的影响。结果表明，施加生物炭显著提高了土壤的 pH 值和有机碳含量，降低了土壤中有效态 Cd、Pb 含量。同时，水稻植株不同器官中的 Cd 含量均显著降低，而 Pb 含量仅在根中下降。生物炭颗粒观察结果表明，生物炭多孔结构表面的阳离子交换吸附参与了 Cd 和 Pb 的固定化作用。

Hu 等（2014）采用盆栽试验，研究了施 Se 对 Cd、Pb 污染下水稻植株内 Cd 和 Pb

积累特性的影响。研究结果表明，施 Se 显著增加了水稻籽粒中的 Se 含量，而且明显抑制了水稻器官中 Cd 和 Pb 的含量。施 Se 处理下水稻糙米中 Cd 含量相比对照下降了 44.4%，而 Pb 含量没有明显差异。此外，0.5 毫克/千克的 Se 显著降低了土壤中 Cd 和 Pb 的移动性。研究结果表明，硒肥能有效抑制 Cd 从土壤到水稻的迁移，从而有效降低水稻糙米中的 Cd 含量。

He 等（2014）利用水培试验研究了外源 NO 供体（SNP）对镉胁迫下水稻种子萌发和生长的影响。结果表明，外源施加 SNP 能够缓解 Cd 对水稻种子萌发和生长的抑制作用，并且 SNP 浓度为 30 微摩尔/升时这种缓解作用最明显。同时，Cd 胁迫下外源施加 30 微摩尔/升 SNP 能显著增加水稻根茎内的 SOD、APX、POD 和 CAT 活性，从而降低 MDA 和 H_2O_2 含量，导致根茎膜质过氧化程度降低。此外，外源施加 SNP 后水稻植株内的 Cd 含量也显著降低。表明外源施加 SNP 能够有效抑制 Cd 在水稻植株内的积累。

Singh 等（2014）利用水培试验研究了外源施加茉莉酮酸甲酯（MeJA）对水稻植株 Cd 伤害的影响。研究结果表明，与对照组相比，单独施加 MeJA 没有影响水稻根/茎的抗氧化酶活性和 H_2O_2、O_2^-·含量。而 Cd 胁迫的植株添加外源 MeJA 显著改变了抗氧化酶 CAT、SOD、POD 和 GR 的活性，并且诱导了谷胱甘肽（GSH）含量的增加，表明外源施加 MeJA 明显缓解了 Cd 胁迫对水稻植株的氧化胁迫。

参 考 文 献

陈新红，叶玉秀，潘国庆，等.2014.杂交水稻不同器官重金属铅浓度与累积量.中国水稻科学，28（1）：57 - 64.

陈喆，铁柏清，雷鸣，等.2014.施硅方式对稻米镉阻隔潜力研究.环境科学，35（7）：2762 - 2770.

董亚玲，刘斌美，陈慧茹，等.2014.磷营养元素与水稻幼苗镉吸收关系研究.广东农业科学，41（13）：6 - 8.

桂云波，张瑛，吴敬德.2014.肥料种类对优质稻产量、品质及稻米食用安全性的影响.安徽农业科学，42（23）：7 860 - 7 862.

黄涓，柳赛花，纪雄辉.2014.低镉胁迫下水稻幼苗硅—镉互作初步研究.作物研究，28（8）：876 - 880.

解忠.2014.不同温度对水稻灌浆期籽粒淀粉关键酶活性及稻米品质的影响.黑龙江农业科学，（7）：32 - 35.

况浩池，杨扬，曹正明，等.2014.中等直链淀粉含量籼型杂交水稻组合稻米品质及相关性研究.中国稻米，20（2）：25 - 28.

雷鸣，曾敏，胡立琼，等.2014.不同含磷物质对重金属污染土壤—水稻系统中重金属迁移的影响.环境科学学报，34（6）：1 527 - 1 533.

雷武生，杨宝林，戴金平.2014.硫肥对镉胁迫下不同基因型水稻抗氧化系统和光合特性的影响.河北农业大学学报，37（2）：12 - 17.

李明举，严正炼，王文华.2014.水稻施用锌肥对镉吸收的抑制效果初探.现代化农业，（8）：39 - 41.

李旭，毛艇，张睿，等 .2014. 水稻收获时期对稻米淀粉 RVA 特性和食味品质的影响 . 贵州农业科学，
　　42（4）：55 - 57.

李艳红，唐湘如，潘圣刚，等 .2014. 分蘖期水氮互作对香稻香气、产量及稻米品质的影响 . 华北农学
　　报，29（1）：159 - 164.

梁延鹏，张学洪，刘杰，等 .2014. 不同化肥品种对水稻铬吸收和分配的影响 . 环境污染与防治，36
　　（1）：45 - 50.

林华，张学洪，梁延鹏，等 .2014. 复合污染下 Cu，Cr，Ni 和 Cd 在水稻植株中的富集特征 . 生态环境
　　学报，23（12）：1 991 - 1 995.

林静，孙宝霞，方先文，等 .2014. 富含抗性淀粉稻米淀粉特性研究 . 农业科学与技术：英文版，15
　　（3）：355 - 358.

刘丹青，陈雪，葛滢 .2014. 缺 Fe 预处理对 Fe，Cd 根际吸附与水稻吸收和转运的影响 . 农业环境科学
　　学报，33（2）：224 - 230.

刘国胜，饶中秀，张钱，等 .2014. 复合型螯合药肥对镉铅污染土壤的原位固定修复效应分析 . 农业现
　　代化研究，35（5）：668 - 671.

刘奇华，吴修，陈博聪，等 .2014. 灌溉方式对黄淮稻区优质粳米品质的影响 . 应用生态学报，25
　　（9）：2 583 - 2 590.

刘鑫燕，李娟，刘雪菊，等 .2014. 可溶性淀粉合成酶与稻米淀粉精细结构关系的研究进展 . 植物生理
　　学报，50（10）：1 453 - 1 458.

刘洋，张玉烛，方宝华，等 .2014. 栽培模式对水稻镉积累差异及其与光合生理关系的研究 . 农业资源
　　与环境学报，31（5）：450 - 455.

刘影，伍钧，杨刚，等 .2014.3 种能源草在铅锌矿区土壤中的生长及其对重金属的富集特性 . 水土保
　　持学报，28（5）：291 - 296.

龙小林，向珣朝，徐艳芳，等 .2014. 镉胁迫下籼稻和粳稻对镉的吸收，转移和分配研究 . 中国水稻科
　　学，28（2）：177 - 184.

罗曦，黄锦峰，朱永生，等 .2014. 水稻功米 3 号高抗性淀粉性状的遗传分析 . 农业生物技术学报，22
　　（1）：10 - 16.

罗一鸣，肖立中，潘圣刚，等 .2014. 钾肥对香稻香气及稻米品质的影响 . 西南农业科学，27（3）：
　　1 147 - 1 153.

洛育，孙世臣，张凤鸣，等 .2014. 免耕与少耕栽培对水稻产量和品质的影响及其经济效益分析 . 黑龙
　　江农业科学，（8）：39 - 42.

马鹏，陶试顺，吴霞，等 .2014. 四川盆地不同水稻品种稻米品质分析鉴定 . 安徽农业科学，42（28）：
　　9 936 - 9 937.

马艳，郑桂萍，蔡永盛，等 .2014. 中国黑龙江与韩国引进水稻品种的品质比较 . 江苏农业科学，42
　　（8）：62 - 65.

彭小松，朱昌兰，王方，等 .2014. 籼粳杂种后代支链淀粉结构及其与稻米糊化特性相关性分析 . 核农
　　学报，28（7）：1 219 - 1 225.

佟倩，张秀双，魏晓敏，等 .2014. 不同品种水稻对镉累积特性研究 . 北方水稻，44（5）：1 - 7.

万亚男，张敬锁，余垚，等 .2014. 有机酸对苗期水稻吸收和运输镉的影响 . 生态学杂志，33（8）：
　　2 188 - 2 192.

吴亮，孙波.2014.不同品种对水稻铅汞耐性和富集能力的影响.土壤，46（6）：1 061 -1 068.

夏英俊，范名宇，徐海，等.2014.不同生态区籼粳稻杂交后代碾磨和外观品质分析.沈阳农业大学学报，45（3）：257 - 263.

肖国樱，周浩，李锦江，等.2014.低镉杂交水稻组合的选育进展和策略.作物研究，28（8）：925.

杨庆，杨晶，吕彬，等.2014.富农生物菌肥对水稻生长、产量及品质的影响.中国稻米，20（5）：72 -74.

殷世伟，吴子帅，张安存，等.2014.麦秸还田埋深对水稻产量和品质的影响.中国稻米，20（1）：73 -75.

殷永超，吉普辉，宋雪英，等.2014.龙葵（Solanum nigrum L.）野外场地规模 Cd 污染土壤修复试验.生态学杂志，33（11）：3 060 -3 067.

于玲玲，朱俊艳，黄青青，等.2014.油菜—水稻轮作对作物吸收累积镉的影响.环境科学与技术，37（1）：1 - 12.

曾卉，周航，邱琼瑶，等.2014.施用组配固化剂对盆栽土壤重金属交换态含量及在水稻中累积分布的影响.环境科学，35（2）：727 - 732.

张桂莲，廖斌，汤平，等.2014.灌浆结实期高温对水稻剑叶生理特性和稻米品质的影响.中国农业气象，35（6）：650 - 655.

张建军，贾哲，涂强，等.2014.不同施氮量对汉中稻区晚熟稻产量及稻米品质的影响.西北农业学报，23（8）：60 - 65.

张路，张锡洲，李廷轩，等.2015.水稻镉安全亲本材料对镉的吸收分配特性.中国农业科学，48（1）：174 - 184.

张璐.2014.产铁载体细菌强化甜高粱修复土壤重金属污染.环境科学与技术，37（4）：74 - 79.

张庆勇，张亚东，朱镇，等.2014.播期与地点对不同生态类型粳稻淀粉 RVA 谱特性的影响.江苏农业学报，30（1）：1 - 8.

张睿，邱翔.2014.稻米淀粉 RVA 谱在水稻优质米育种上的应用.北方水稻，44（5）：72 - 75.

张宇，赵宏伟，刘化龙，等.2014.黑龙江省香稻种质资源品质分析.农业现代化研究，35（1）：108 -112.

郑淑华，朱凰榕，李榕，等.2014.自然富硒土中 Se 对不同水稻籽粒吸收 Cd 的影响.环境保护科学，40（5）：74 -80.

朱练峰，张均华，禹盛苗，等.2014.磁化水灌溉促进水稻生长发育提高产量和品质.农业工程学报，30（19）：107 -114.

朱鑫.2014.广东江门水稻品质与地质地球化学关系研究.地质学刊，38（2）：302 -308.

Baxter G，Blanchard C，Zhao J. 2014. Effects of glutelin and globulin on the physicochemical properties of rice starch and flour. Journal of Cereal Science，60：414 - 420.

Bhattacharyya P，Roy K S，Dash P K，et al. 2014. Effect of elevated carbon dioxide and temperature on phosphorus uptake in tropical flooded rice（*Oryza sativa* L.）. Europ. J. Agronomy，53：28 - 37.

Bian R，Joseph S，Cui L，et al. 2014. A three - year experiment confirms continuous immobilization of cadmium and lead in contaminated paddy field with biochar amendment. Journal of Hazardous Materials，272：121 - 128.

Cao F，Wang R，Cheng W，et al. 2014. Genotypic and environmental variation in cadmium，chromium，lead and copper in rice and approaches for reducing the accumulation. Science of the Total Environment，496：275 - 281.

Colussi R，Pinto V Z，Halal S L，et al. 2014. Structural，morphological，and physicochemical properties of acetylated high -，medium -，and low - amylose rice starches. Carbohydrate Polymers，103：405 - 413.

Fan D M，Wang L Y，Chen W，et al. 2014. Effect of microwave on lamellar parameters of rice starch through small - angle X - ray scattering. Food Hydrocolloids，35：620 - 626.

Guofo P，Pereira J，Figueiredo N，et al. 2014. Effect of elevated carbon dioxide（CO2）on phenolic acids，flavonoids，tocopherols，tocotrienols，γ - oryzanol and antioxidant capacities of rice（*Oryza sativa* L.）. Journal of Cereal Science，59：15 - 24.

Haefele S M，Nelson A，Hijmans R J. 2014. Soil quality and constraints in global rice production. Geoderma，235：250 - 259.

He J，Ren Y，Chen X，et al. 2014. Protective roles of nitric oxide on seed germination and seedling growth of rice（*Oryza sativa* L.）under cadmium stress. Ecotoxicology and Environmental Safety，108：114 -119.

Hu Y，Norton G J，Duan G，et al. 2014. Effect of selenium fertilization on the accumulation of cadmium and lead in rice plants. Plant and Soil，384（1 - 2）：131 - 140.

Jeong H，Jang T，Seong C，et al. 2014. Assessing nitrogen fertilizer rates and split applications using the DS-SAT model for rice irrigated with urban wastewater. Agricultural Water Management，141：1 - 9.

Jung K，Jang T，Jeong H，et al. 2014. Assessment of growth and yield components of rice irrigated with re-claimed wastewater. Agricultural Water Management，138：17 - 25.

Lim S D，Hwang J G，Han A R，et al. 2014. Positive regulation of rice RING E3 ligase OsHIR1 in arsenic and cadmium uptakes. Plant Molecular Biology，85（4 - 5）：365 - 379.

Moreno - Jiménez E，Meharg A A，Smolders E，et al. 2014. Sprinkler irrigation of rice fields reduces grain arsenic but enhances cadmium. Science of the Total Environment，485：468 - 473.

Nasirahmadi A，Emadi B，Abbaspour - Fard M H，et al. 2014. Influence of Moisture Content，Variety and Parboiling on Milling Quality of Rice Grains. Rice Science，21（2）：116 - 122.

Oono Y，Yazawa T，Kawahara Y，et al. 2014. Genome - wide transcriptome analysis reveals that cadmium stress signaling controls the expression of genes in drought stress signal pathways in rice. PloS one，9（5）：e96946.

Sahoo R K，Tuteja N. 2014. OsSUV3 functions in cadmium and zinc stress tolerance in rice（Oryza sativa L. cv IR64）. Plant Signaling & Behavior，9（1）：e27389.

Sasaki A，Yamaji N，Ma J F. 2014. Overexpression of OsHMA3 enhances Cd tolerance and expression of Zn transporter genes in rice. Journal of Experimental Botany，65（20）：6 013 -6 021.

Singh I，Shah K. 2014. Exogenous application of methyl jasmonate lowers the effect of cadmium - induced oxi-dative injury in rice seedlings. Phytochemistry，108：57 - 66.

Song W Y，Yamaki T，Yamaji N，et al. 2014. A rice ABC transporter，OsABCC1，reduces arsenic accu-mulation in the grain. Proceedings of the National Academy of Sciences，111（44）：15 699 -15 704.

Xue D，Jiang H，Deng X，et al. 2014. Comparative proteomic analysis provides new insights into cadmium accumulation in rice grain under cadmium stress. Journal of Hazardous Materials，280：269 - 278.

Yang M，Zhang Y，Zhang L，et al. 2014. OsNRAMP5 contributes to manganese translocation and distribution in rice shoots. Journal of Experimental Botany，65（17）：4 849 -4 861.

You S Y，Lim S T，Lee J H，et al. 2014. Impact of molecular and crystalline structures on in vitro digestibility of waxy rice starches. Carbohydrate Polymers，112：729 - 735.

You S Z，Zhe S Z，Zheng X Z. 2014. Study of Molecular and Crystalline Structure and Physicochemical Properties of Rice Starch with Varying Amylose Content. Korean Journal of Food Science and Technology，46（6）：682 - 688.

Yushi I，Kenta O，Masayuki M，et al. 2014. Expression of rice sucrose transporter gene OsSUT1 in sink and source organs shaded during grain filling may affect grain yield and quality. Environmental and Experimental Botany，97：49 - 54.

Zhou H，Zhou X，Zeng M，et al. 2014. Effects of combined amendments on heavy metal accumulation in rice (*Oryza sativa* L.) planted on contaminated paddy soil. Ecotoxicology and Environmental Safety，101：226 - 232.

下篇

2014 年
中国水稻生产、质量与贸易发展动态

第八章 中国水稻生产发展动态

2014 年，中央继续加大对"三农"的投入补贴力度，扩大粮食直补、良种补贴、农资综合直补和农机具购置补贴等"四补贴"规模，提高并及早公布小麦、稻谷最低收购价，稳定粮食市场价格，提高农民种粮效益；继续实施农业防灾、减灾、稳产、增产关键技术补助政策，力促全国水稻增产丰收。2014 年全国水稻单产和总产齐创历史新高。

第一节 国内水稻生产概况

一、2014 年水稻种植面积、总产和单产情况

2014 年全国水稻种植面积达到 45 463.8 万亩，比 2013 年略减 3.8 万亩；亩产 454.0 千克，提高 6.2 千克，创历史新高；总产 20 642.5 万吨，增产 281.3 万吨，比历史最高的 2012 年增产 218.9 万吨，再创历史新高。

1. 早稻生产

与常年相比，2014 年我国南方汛期来得早而且猛烈，影响水稻、油菜等作物生产。持续的低温阴雨天气给早稻分蘖、拔节和后期生长带来诸多不利影响，江西、湖南、广西、广东等地受频繁降雨影响，引发洪涝，导致早稻生产面积减损，单产水平也受到影响。尽管 7 月份以后南方地区普遍以晴朗干燥天气为主，有利于早稻产量形成，但难以抵消前期灾害性气候带来的不利影响，造成 2014 年全国早稻面积、单产、总产"三减"。据国家统计局公告，2014 年全国早稻面积 8 692.5 万亩，比 2013 年减少 14.1 万亩；总产 3 401.0 万吨，减产 12.5 万吨；亩产 391.3 千克，略降 0.8 千克，但仍是历史次高年份。从面积变化看，湖北、湖南以集中育秧为抓手，大力推进"单改双"，早稻播种面积分别比 2013 年增加 40.2 万亩和 10.0 万亩；广东、广西、安徽和福建受比较效益下降、劳动力短缺等影响，播种面积分别减少 18.2 万亩、15.4 万亩、15.3 万亩和 10.3 万亩。从单产变化看，湖南、江西部分产区受长时间低温寡照以及局地暴雨、洪涝等气象灾害影响，亩产分别下降 4.4 千克和 2.8 千克；浙江、广西早稻生长后期受台风影响较重，亩产分别下降 5.7 千克和 4.2 千克；安徽、广东早稻亩产分别提高了 9.2 千克和 6.8 千克。

2. 中晚稻生产

2014 年全国中晚稻面积 36 771.3 万亩，比 2013 年略减 8.4 万亩；总产 17 241.5 万吨，增产 287.6 万吨。从一季中稻生产看，黑龙江水稻面积继续扩大，全省大棚旱育苗面积达到 90% 以上，龙粳 31、龙粳 43 等高产品种面积进一步扩大，活动积温高于往

年、水稻灌浆期长，仍然是对全国稻谷增产贡献最大的省份；浙江、安徽、湖北和湖南等地的部分地区一季中稻在抽穗扬花期间遭遇持续高温热害，出现不同程度减产；湖南、湖北等省继续推进"单改双"，中稻面积有所减少。南方双季晚稻普遍呈增产趋势，江西、湖南主产区双季晚稻生长的中后期气象条件较好，灌浆结实期间光照强，温度高、昼夜温差大，结实率高，特别是后期没有遭遇寒露风危害，有利于双季晚稻增产；广东晚稻生长期间气候条件总体较好，光温雨水充足，虽然受到 7 月中旬"威马逊"和 9 月中旬"海鸥"两次强台风影响，但影响不大。

二、扶持政策

2014 年，中央财政用于"三农"的投入继续稳步增加，总支出超过 1.4 万亿元。其中，粮食直补、良种补贴、农机具购置补贴和农资综合直补的"四补贴"投入资金超过 1 700 亿元，有力地推动了农业和粮食生产。

（一）加大农业生产投入和补贴力度

1. 农业综合开发投入

2014 年，中央财政投入农业综合开发资金 360.71 亿元，比 2013 年增加 32.19 亿元，增幅 9.8%。其中，安排 222.75 亿元，将中低产田改造项目与高标准农田示范工程项目并轨，统称为高标准农田建设项目，亩均财政资金投入标准提高到 1 100～1 300 元，比 2013 年提高了 10% 左右，计划建设高标准农田 2 818.6 万亩；安排 15.37 亿元，新建和续建农业综合开发中型灌区节水配套改造项目 175 个；安排 4.57 亿元，在 28 个省（区、市）支持 338 个新型农业经营主体（其中，合作社 225 个）开展高标准农田建设试点；安排 39.97 亿元，以发展壮大区域优势主导产业和带动农民增收为目标，加大对龙头企业、农民专业合作社等新型农业经营主体扶持。

2. 小型农田水利设施建设投入

2014 年，中央财政安排小型农田水利建设补助资金和中央统筹从土地出让收益中计提的农田水利建设资金 378.09 亿元，比 2013 年增长 55%，继续支持各地开展农田水利建设，改善农业生产基础条件。其中，新增 400 个农田水利建设重点县，充分发挥"集中投入、整合资金、竞争立项、连片推进"等重点县建设管理模式的优势；按照"东北节水增粮、西北节水增效、华北节水压采、西南五小水利以及南方节水减排"的总体思路，由各地自主选择重点县建设类型。

3. 粮食直补和农资综合补贴政策

2014 年，中央财政继续安排粮食直补资金 151 亿元，农资综合补贴资金 1 071 亿元，两项补贴合计 1 222 亿元。其中，直补资金原则上要求发放给从事粮食生产的农民，具体由各省级人民政府根据实际情况确定；农资综合补贴按照动态调整制度，根据化肥、柴油等农资价格变动，遵循"价补统筹、动态调整、只增不减"的原则及时安排和增加补贴资金，合理弥补种粮农民增加的农业生产资料成本。

4. 良种补贴政策

近年来，中央财政每年安排的农作物良种补贴资金稳定在 200 亿元以上，有效地推广了农作物良种良法，有力促进了粮食稳定增产和农民持续增收，已成为一项提升粮食综合生产能力的重大支农政策（表 8-1）。2014 年，中央财政累计拨付农作物良种补贴资金 214.45 亿元，实现了水稻、小麦、玉米和棉花等农作物的全覆盖。水稻每亩补贴 15 元，采取现金直接补贴方式，具体由各省（自治区、直辖市）按照简单便民的原则自行确定。

5. 农机具购置补贴政策

农机购置补贴政策已经连续实施了 11 年，在调动农民购机积极性、推动全国农机装备总量较快增长和提升主要农作物机械化作业水平等方面发挥了重要作用。2004—2014 年，中央财政农机购置补贴资金从 2004 年的 7 000 万元增长到 2014 年的 236.5 亿元，累计投入资金约 1 200 亿元。2014 年，全国农机总动力预计达到 10.5 亿千瓦，比 2004 年增加 4.1 亿千瓦，增长 64%；大中型拖拉机、联合收获机、水稻插秧机保有量分别超过 558 万台、152 万台和 66 万台，分别是 2004 年的 5 倍、3.7 倍和 9.8 倍；全国农作物耕种收综合机械化水平超过 61%，比 2004 年提高 27 个百分点；水稻机械种植、收获水平分别从 2004 年的 6%、27%，提高到 2014 年的 38%、81%，分别提高了 32 和 54 个百分点；全国农机作业服务专业户、农机合作社等各类服务组织数量分别超过 530 万个、170 万个，涌现了一大批懂技术、会操作、善经营的农机能手，每年完成作业服务面积近 40 亿亩，占全国农机作业总面积的 2/3 左右。

表 8-1 2012—2014 年中央财政"四补贴"资金投入情况 （单位：亿元）

年份	粮食直补	农资综合直补	良种补贴	农机具购置补贴
2012	151	1 078	220.00	215.0
2013	151	1 071	205.24	217.5
2014	151	1 071	214.45	236.5

（二）加快适用技术推广应用

1. 粮棉油糖高产创建及粮食增产模式攻关

2008 年，农业部开始组织实施粮棉油糖高产创建，重点是集成技术、集约项目、集中力量，促进良种良法配套，挖掘单产潜力，带动大面积平衡增产。2014 年，中央财政继续安排 20 亿元专项资金，在全国建设 12 500 个粮棉油糖万亩示范片，每个示范片安排资金 16 万元。其中粮食作物万亩示范片 11 160 个；鼓励支持整市（地）、整县（市）、整乡（镇）整建制推进。在高产创建常规工作基础上，继续组织开展粮食增产模式攻关试点，突出抓好东北、黄淮海、长江中下游、西南西北 4 大区域，集中支持水稻、小麦、玉米、油菜、马铃薯5大作物，重点推广农业部发布的58个区域性、标准化技术模式。选择生产基础好、科技水平高、农技推广体系健全、行政推动力度大的62个县（市），试验具有前瞻性、引领性，可推动生产方式重大变革、单产水平显著提升的高产高效可持续新技术。

2. 防灾减灾稳产增产关键技术良法补助政策

2013年，中央财政安排农业防灾减灾稳产增产关键技术补助60.5亿元，在东北秋粮和南方水稻实行综合施肥促早熟补助，针对南方高温干旱和洪涝灾害安排了恢复农业生产补助，大力推广农作物病虫害专业化统防统治等，对于预防区域性自然灾害、及时挽回灾害损失发挥了重要作用。2014年，中央财政继续加大相关补助力度，积极推动实际效果显著的关键技术补助常态化。4月，中央财政安排39.1亿元，用于小麦"一喷三防"、主要农作物病虫害统防统治、特大抗旱补助、南方水稻集中育秧、旱作区地膜覆盖等技术补助。

3. 测土配方施肥补贴政策

中央财政从"农林业科技成果转化与技术推广服务补助资金"中安排测土配方施肥专项资金7亿元，以配方肥推广和施肥方式转变为重点，继续补充完善取土化验、田间试验示范等基础工作，开展测土配方施肥手机信息服务试点和新型经营主体示范，创新农企合作，强化测土配方施肥整建制推进，扩大配方施肥到田覆盖范围。计划测土配方施肥技术推广面积达到14亿亩，粮食作物配方施肥面积达到7亿亩以上，免费为1.9亿农户提供测土配方施肥指导服务，实现示范区亩均节本增效30元以上。

4. 土壤有机质提升补助政策

2014年，中央财政安排专项资金8亿元，通过物化和资金补助等方式，调动种植大户、家庭农场、农民合作社等新型经营主体和农民的积极性，鼓励和支持其应用土壤改良、地力培肥技术，促进秸秆等有机肥资源转化利用，提升耕地质量；继续在适宜地区推广秸秆还田腐熟技术、绿肥种植技术和大豆接种根瘤菌技术，在南方水稻产区开展酸化土壤改良培肥综合技术推广，在北方粮食产区开展增施有机肥、盐碱地严重地区开展土壤改良培肥综合技术推广。

5. 继续加强基层农技推广体系建设

2009年开始，中央财政安排基层农技推广体系改革与建设补助资金；2012年实现了基层农技推广体系改革与建设项目基本覆盖全国所有农业县；2014年，中央财政安排农林业科技成果转化与技术推广资金26亿元，用于支持基层农技推广体系改革与建设工作。目前已经累计投入资金101.7亿元，有力促进了基层农技推广体系改革与建设，明确了基层农技推广工作的公益性定位，稳定了农技推广队伍，加速了农业科技成果转化，主导品种和主推技术的入户率和到位率均达到95％以上。

6. 开展农业资源休养生息试点政策

2014年，我国全面开展农业环境治理工作。其中，与水稻生产相关的政策主要包括 3 个方面：一是开展耕地重金属污染治理。以南方酸性水稻土产区为重点区域，以降低农产品中重金属含量为核心目标，以农艺措施为主体、辅以工程治理手段，在摸清污染底数的基础上，对污染耕地实行边生产、边修复，同时对示范农户进行合理补偿。二是开展地表水过度开发和地下水超采治理。在地表水过度开发和地下水超采问题较严重的区域，加大农业节水工程建设力度，调整种植结构，种植低耗水作物，不断提高水资源利用效率，逐步改善农业环境和水生态环境。三是开展东北黑土地保护。针对东北黑土层变薄、土壤有机质含量下降的区域，重点开展调整种植结构、增施有机肥、深松耕、坡耕地农田保护设施建设等。

（三）加大产粮大县奖励力度

2014 年，中央财政安排产粮（油）大县奖励资金 351 亿元，比 2013 年增加 31.8 亿元，增幅 10.0％。其中，13 个粮食主产区累计获得奖励资金 312 亿元、占全国的 89％。奖励资金继续采用因素法分配，粮食商品量、产量和播种面积权重分别为 60％、20％和 20％，常规产粮大县奖励资金与省级财力状况挂钩，不同地区采用不同的奖励系数，产粮大县奖励资金由中央财政测算分配到县，常规产粮大县奖励标准为 500 万～8 000万元，奖励资金作为一般性转移支付，由县级人民政府统筹使用，超级产粮大县奖励资金用于扶持粮食生产和产业发展。在奖励产粮大县的同时，中央财政还特别对 13 个粮食主产区的前 5 位超级产粮大省给予重点奖励，奖励资金由省级财政用于支持本省粮食生产和产业发展。

（四）完善农业保险制度

2014 年，国家进一步加大农业保险支持力度，提高中央、省级财政对主要粮食作物保险的保费补贴比例，逐步减少或取消产粮大县县级保费补贴，不断提高稻谷、小麦、玉米三大粮食品种保险的覆盖面和风险保障水平；对于种植业保险，中央财政对中西部地区补贴 40％，对东部地区补贴 35％，对新疆生产建设兵团、中央单位补贴 65％，省级财政至少补贴 25％；鼓励保险机构开展特色优势农产品保险，有条件的地方提供保费补贴，中央财政通过以奖代补等方式予以支持；鼓励开展多种形式的互助合作保险。

（五）提高稻谷最低收购价格

2014 年新产的早籼稻（三等，下同）、中晚籼稻和粳稻最低收购价格分别为每 50 千克 135 元、138 元和 155 元，比 2013 年分别提高 3 元、3 元和 5 元，提高幅度分别为 2.3％、2.2％和 3.3％。由于新季稻谷收购价格普遍低于最低收购价格，2014 年主产区全面启动稻谷最低收购价收购（表 8-2）。

表 8-2 2013—2015 年我国稻谷最低收购价格政策变化情况

提出时间	文件	实施范围	价格
2013 年 1 月 30 日	国家发改委《关于提高 2013 年稻谷最低收购价格的通知》	早籼稻：安徽、江西、湖北、湖南、广西 5 省（自治区）；中晚籼稻和粳稻：辽宁、吉林、黑龙江、江苏、安徽、江西、河南、湖北、湖南、广西、四川等 11 省（自治区）	早籼稻：132 元/50 千克；中晚籼稻：135 元/50 千克；粳稻：150 元/50 千克
2014 年 2 月 11 日	国家发改委《关于提高 2014 年稻谷最低收购价格的通知》	早籼稻：安徽、江西、湖北、湖南、广西 5 省（自治区）；中晚籼稻和粳稻：辽宁、吉林、黑龙江、江苏、安徽、江西、河南、湖北、湖南、广西、四川等 11 省（自治区）	早籼稻：135 元/50 千克；中晚籼稻：138 元/50 千克；粳稻：155 元/50 千克
2015 年 2 月 3 日	国家发改委《关于公布 2015 年稻谷最低收购价格的通知》	早籼稻：安徽、江西、湖北、湖南、广西 5 省（自治区）；中晚籼稻和粳稻：辽宁、吉林、黑龙江、江苏、安徽、江西、河南、湖北、湖南、广西、四川等 11 省（自治区）	早籼稻：135 元/50 千克；中晚籼稻：138 元/50 千克；粳稻：155 元/50 千克

（六）进出口贸易政策

2014 年，国家继续对小麦等 7 种农产品和尿素等 3 种化肥的进口实施关税配额管理，并对尿素等 3 种化肥实施 1% 的暂定配额税率。对关税配额外进口一定数量的棉花继续实施滑准税，并适当调整税率，以保证国内棉花市场供需基本稳定。2014 年 12 月 2 日，国家发展与改革委员会发布了 2015 年粮食进口关税配额数量。其中，大米 532 万吨（长粒米 266 万吨，中短粒米 266 万吨），国有企业贸易占比 50%。

三、品种推广情况

（一）平均推广面积

根据全国农作物主要品种推广情况统计[①]，2013 年全国种植面积在 10 万亩以上的水稻品种共计 818 个，比 2012 年增加 5 个；推广总面积达到 35 262 万亩，占全国水稻种植面积的比例为 77.6%，比 2012 年减少 1 191 万亩，减幅 3.3%。其中，常规稻推广品种 284 个，比 2012 年增加 27 个，推广总面积达到 16 441 万亩，比 2012 年增加 824 万亩；杂交稻推广品种 534 个，比 2012 年减少 22 个，推广面积 18 821 万亩，比 2012 年减少 2 015 万亩（表 8-3）。

---

① 由于全国农业技术推广服务中心的品种推广数据截至 2013 年，本书即以 2013 年数据进行阐述

（二）大面积品种推广情况

从大面积品种推广情况看，2013 年常规稻推广面积 100 万亩以上的品种 34 个，累计推广面积 9 484 万亩，比 2012 年增加 1 191 万亩。其中，推广面积最大的常规稻品种是龙粳 31，在黑龙江推广了 1 692 万亩，比 2012 年大幅增加 926 万亩；中嘉早 17 在湖南、江西等地累计推广面积 744 万亩，比 2012 年大幅增加 269 万亩。2013 年杂交稻推广面积在 100 万亩以上的品种共计 27 个，累计推广面积 5 749 万亩。其中，推广面积最大的 Y 两优 1 号种植面积 515 万亩，比 2012 年减少 50 万亩；五优 308 推广面积 497 万亩，增加 133 万亩（表 8 - 4）。

表 8 - 3　2011—2013 年全国水稻品种推广情况

年份	常规稻		杂交稻	
	个数	面积（万亩）	个数	面积（万亩）
2011	279	15 650	504	20 252
2012	257	15 617	556	20 836
2013	284	16 441	534	18 821

注：数据来源于全国农业技术推广服务中心，品种按推广面积 10 万亩以上统计

表 8 - 4　2013 年常规稻和杂交稻推广面积前 10 位的品种情况

常规稻		杂交稻	
品种名称	推广面积（万亩）	品种名称	推广面积（万亩）
龙粳 31	1 692	Y 两优 1 号	515
中嘉早 17	744	五优 308	497
空育 131	578	深两优 5814	390
宁粳 4 号	526	天优华占	327
湘早籼 45 号	484	扬两优 6 号	323
垦稻 12	452	冈优 188	316
连粳 7 号	408	新两优 6 号	282
淮稻 5 号	324	中浙优 1 号	210
黄华占	343	岳优 9113	253
龙粳 26	331	五丰优 T025	210

注：数据来源于全国农业技术推广服务中心，品种按推广面积 10 万亩以上统计

四、气候条件

根据中国气象局发布的《2014 年中国气候公报》数据显示，2014 年我国主要粮食产区光、温、水匹配较好，气候条件对农业生产比较有利，但是部分地区仍然出现了阶段性干旱、低温阴雨、高温等灾害，使得农作物生长发育受到一定影响。2014 年，全国平均气温 10.1℃，比常年偏高 0.5℃；平均降水量 636 毫米，与常年基本持平；极端气候事件比 2013 年少，暴雨洪涝、干旱等灾害较轻，农作物受灾面积明显偏少。对于水稻生产来说，南方早稻生长中前期受低温阴雨天气影响，中晚稻生长期间气候条件总体较为有利；北方地区尽管遭遇了严重的"夏伏旱"，但影响最大的是玉米，水稻生产几乎未受干旱损害。

（一）早稻生长期间的气候条件

2014 年早稻生育期内，江南、华南光温条件前期和后期好、中间偏差，栽插用水充足，高温热害范围小，气候条件总体接近常年、略差于 2013 年。分阶段看，华南早稻 2 月下旬至 3 月中旬、江南早稻 3 月下旬至 4 月中旬的播种育秧期间，主产区大部光温充足，适宜的热量条件利于早稻适时播种育秧，秧苗长势良好；移栽返青期间，华南、江南大部日照时数接近常年同期或略偏多，早稻移栽返青顺利；分蘖拔节期间，4 月下旬至 5 月下旬江南、华南大部日照时数比常年同期偏少 40～80 小时，雨日偏多 3～10 天，平均气温偏低 1～2℃，低温寡照导致早稻分蘖缓慢，大蘖少；抽穗扬花期强降雨致使部分早稻遭受"雨洗禾花"危害；灌浆成熟期间以晴雨相间天气为主，光照充足，高温热害影响偏轻，利于早稻灌浆成熟。以主产省江西为例，2014 年早稻生育期间（3 月中旬～7 月下旬），平均气温 23.1℃，比常年同期偏高 0.8℃；降水总量为 1 127 毫米，偏多 1 成；日照时数 602 小时，偏多 57 小时；气象条件总体有利于早稻生长发育和产量形成，早稻亩产达到 392.0 千克，为历史次高年份，仅次于 2013 年。

（二）一季稻生长期间的气候条件

2014 年全国一季稻生育期内，主产区大部积温正常略偏多、降水量接近常年，光温水条件匹配协调，高温热害、暴雨洪涝、干旱等灾害影响偏轻，气象条件总体适宜一季稻生长发育和产量形成，与 2013 年相比有明显改善。播种育秧阶段，东北地区气温偏高，一季稻播种育秧期提前 3～7 天，但 5 月上中旬东北大部气温偏低 1～2℃，雨日有 10～15 天，日照偏少 2～5 成，对一季稻幼苗健壮生长略为不利；江淮、江汉和江南东部降水量偏多、日照偏少，阴雨寡照天气对一季稻播种育秧略有影响；西南地区降水量接近常年，气温正常或偏高 1～2℃，日照充足，利于一季稻播种育秧和苗期生长。移栽至分蘖阶段，东北产区大部降水量接近常年同期或偏多 2～5 成、气温偏高 1～2℃、光照充足，利于水稻返青生长和有效分蘖形成；江淮、江汉、江南东部以及西南产区大部气温接近常年同期，以过程性降水为主，日照充足，利于一季稻移栽返青、分蘖生长和增加有效分蘖。孕穗抽穗阶段，东北产区未出现明显低温冷害，光照比常年略偏多，对一季稻孕穗和抽穗扬花十分有利；江淮、江汉和江南东部产区大部降水日数普遍有 16～25 天、日照偏少 30～120 小时，特别是 8 月 7～14 日大部地区气温较常年偏低 4～6℃、出现 3 天以上日平均气温≤22℃的低温天气，导致部分水稻授粉不良，结实率降低、空壳率增加，但气象条件好于发生严重高温热害和干旱的 2013 年；西南产区光温水条件较好，利于一季稻拔节孕穗、抽穗扬花和提高结实率。灌浆成熟阶段，一季稻主产区大部多晴好天气、光照充足，利于一季稻充分灌浆和安全成熟，水稻收获较为顺利。

（三）双季晚稻生长期间的气候条件

2014 年双季晚稻生育期内，主产区气象条件总体接近常年，好于 2013 年，对晚稻生长发育及产量形成有利，仅江南北部部分地区出现阶段性低温阴雨天气，不利于晚稻秧苗生长和分蘖。播种育秧阶段，江南南部、华南大部稻区光热适宜，利于晚稻秧苗生长；江南北部阴雨寡照不利培育壮秧，特别是 7 月中旬长江中下游地区出现大范围强降雨过程，7 月下旬受超强台风"威马逊"和台风"麦德姆"影响，江南、华南部分地区出现暴雨，对晚稻秧苗生长不利。移栽至分蘖阶段，江南、华南以晴雨相间天气为主，气象条件总体有利于晚稻移栽活棵和分蘖生长。孕穗至抽穗阶段，江南、华南大部以晴好天气为主，气温比常年同期偏高 1～2℃，日照时数比常年同期偏多 50～100 小时，温高、光足利于晚稻孕穗和抽穗，但 9 月 12～19 日，湖南北部、江汉平原西部出现了连续 3～8 天日平均气温≤22℃的寒露风天气，对正处于抽穗扬花期的晚稻不利，但受灾范围小，影响轻。灌浆至成熟阶段，江南大部气温偏高 1～4℃，日照时数比常年同期偏多 50～100 小时，华南大部日照时数、气温接近常年同期，适宜的光热条件有利于晚稻抽穗灌浆和成熟收晒。

五、效益情况

（一）2009—2013 年我国稻谷成本效益情况

2009 年以来，在成本持续上涨、国外低价大米大量进口、最低收购价格支撑等一系列因素的综合影响下，国内稻米市场价格波动较大，水稻种植的成本效益发生了一系列显著变化。据 2014 年全国主要农产品成本收益资料，2013 年全国稻谷亩均总产值、净利润和现金收益分别达到 1 305.90 元、154.79 元和 734.74 元，分别比 2012 年减少了 34.93 元、130.94 元和 62.73 元，减幅分别达到 2.7%、84.6%和 8.5%（表 8-5）。

2013 年稻谷成本收益变化的主要特点有：一是成本继续增加。2013 年稻谷亩均总成本达到 1 151.11 元，比 2012 年增加了 96.01 元，增幅达到 8.3%。从成本构成情况分析，生产性成本 957.83 元，占总成本的比重为 83.2%，比 2012 年增加 77.7 元。随着城镇化、工业化的快速推进，土地流转现象增加，机械化生产得以快速发展，人工成本、土地成本和机械作业成本增长较快，2013 年分别比 2012 年上涨了 12.8%、9.5% 和 7.9%。二是成本涨幅明显回落。与前几年相比，成本涨幅出现明显回落，2010 年、2011 年和 2012 年稻谷亩均总成本同比分别上涨了 12.2%、17.0% 和 17.6%，2013 年稻谷亩均总成本同比上涨了 8.3%，比 2012 年下降了 9.3 个百分点。三是亩均净利润持续下降。2013 年，稻谷亩均净利润仅为 154.79 元，分别比 2011 年、2012 年下降了 216.48 元和 130.94 元，减幅分别高达 58.3% 和 45.8%。四是农资成本基本稳定。近年来，国家进一步加强了对种子、化肥、农药等农资流通环节的监督管理和宏观调控力度，严厉打击不法商贩销售假冒伪劣农资行为，同时大力推进农作物测土配方施肥和病虫害统防统治工作，取得了显著成效。2013 年，稻谷亩均化肥、农药成本分别为 130.79 元和 49.41 元，与 2012 年相比，化肥成本下降了 2.1%，农药成本则持平略增；种子成本尽管上涨了 6.3%，但增速也明显放缓。

表 8 - 5 　 2009—2013 年稻谷成本收益变化情况 　 （单位：元/亩）

项目	年份				
	2009	2010	2011	2012	2013
产值合计	934.32	1 076.45	1 268.25	1 340.83	1 305.90
总成本	683.12	766.63	896.98	1 055.10	1 151.11
生产成本	560.59	625.20	737.30	880.13	957.83
物质与服务费用	333.77	358.62	409.34	453.51	468.52
种子	29.48	36.17	42.51	48.32	51.57
化肥	108.22	105.98	124.15	133.57	130.79
农药	40.69	43.17	44.51	48.97	49.41
机械作业费	87.71	104.87	125.04	147.14	159.83
人工成本	226.82	266.58	327.96	426.62	489.31
土地成本	122.53	141.43	159.68	174.97	193.28
净利润	251.20	309.82	371.27	285.73	154.79
现金收益	545.50	650.31	780.69	797.47	734.74

数据来源：2014 年全国农产品成本收益资料汇编

（二）2014 年我国稻谷成本效益情况

在成本刚性增长、最低收购价格提高等因素的支撑下，全年稻米市场价格稳定上涨，但同时受国外低价大米大量进口影响，涨幅较小。从水稻生产过程看，近年来农村生产用工紧张、价格上涨，机械化生产水平继续提高，人工成本、土地成本、机械作业费用等均稳定上涨，预计 2014 年稻谷亩均总产值和现金收益基本稳定，略有增加。

1. 早籼稻

从早稻生产情况分析，2014 年全国早稻亩产 391.3 千克，略降 0.8 千克。但受早籼稻持续丰收、国外低价籼米大量进口和终端消费需求不旺等因素影响，国内早籼稻市场总体平稳运行，价格上涨幅度不大；受气候条件和当地市场制约等因素影响，省际间种植收益差异明显，但生产成本均稳定增加、亩均净利润均呈下滑趋势。根据江西、广东两省物价成本调查机构针对早稻生产的成本收益调查显示，2014 年江西省调查户早籼稻平均亩产 433.99 千克，比 2013 年略减 2.31 千克；亩均总成本 915.66 元，增加 25.58 元。其中，农药、人工成本、机械作业费用和土地成本分别上涨 12.04%、9.41%、1.11% 和 0.91%，但化肥成本同比下降了 7.55%；亩均现金收益 665.02 元，略增 2.58 元；亩均净利润 223.35 元，减少 28.77 元。2014 年广东省调查户早籼稻平均亩产 421.20 千克，比 2013 年提高 19.4 千克；亩均总成本 1 240.4 元，增加 73.8 元。其中，机械作业费用、农药费用和人工成本分别上涨了 10.0%、18.6% 和 9.0%；亩均现金收益 646.10 元，增加 66.3 元；亩均净利润为 -49.30 元，同比亏损有所减少（表8 -6）。

表 8 - 6　2013—2014 年江西和广东两省早籼稻生产成本收益情况

项目	江西		广东	
	2013	2014	2013	2014
单产（千克/亩）	436.30	433.99	401.80	421.20
总成本（元/亩）	890.08	915.66	1 166.60	1 240.40
净利润（元/亩）	252.12	223.35	-77.70	-49.30
现金收益（元/亩）	662.44	665.02	579.80	646.10

数据来源：江西、广东两省成本调查机构调查数据

2. 中籼稻

2014 年南方地区一季中籼稻生长期间总体气候条件适宜，主产区中籼稻产量普遍提高、效益增长。根据安徽、湖北等地调查机构和物价系统农户抽样调查数据显示，2014 年中籼稻单产水平普遍提高，亩均现金收益、净利润均呈增加趋势，总成本则持续增长（表 8 -7）。2014 年，安徽省调查户中籼稻亩产 490.43 元，同比提高了 6.73 千克；亩均现金收益、净利润分别为 755.55 元和 328.24 元，同比分别增加 52.87 元和 8.55 元；亩均总成本 967.54 元，增加 31.98 元。湖北省调查户中籼稻亩产 611.27 千克，同比提高 36.65 千克；亩均现金收益、净利润分别为 810.40 元、685.40 元，分别增加 170.24 元、169.24 元；亩均总成本 959.32 元，增加 109.16 元，增幅 12.8%（表8 -7）。

表 8-7 2013—2014 年安徽和湖北两省中籼稻生产成本收益情况

项目	安徽		湖北	
	2013	2014	2013	2014
单产（千克/亩）	483.70	490.43	574.62	611.27
总成本（元/亩）	935.56	967.54	850.16	959.32
净利润（元/亩）	319.69	328.24	516.16	685.40
现金收益（元/亩）	702.68	755.55	640.16	810.40

数据来源：安徽、湖北两省成本调查机构调查数据

3. 晚籼稻

2014 年，南方湖南、江西等主产区晚籼稻生长的中后期气象条件较好，特别是后期没有遭遇寒露风危害，广东等地 7 月中旬虽然遭遇强台风影响，但影响不大。总体分析，2014 年晚籼稻产量有所提高、销售价格稳定上涨、农民种稻效益增加，但同时总成本也持续增长。根据江西、湖北两省调查数据（表 8-8）显示，2014 年江西省调查户晚籼稻平均亩产 401.00 千克，比 2013 年提高 8.21 千克；亩均现金收益、净利润分别为 722.76 元、628.00 元，同比分别增加 83.60 元和 76.15 元；亩均总成本 682.00元，同比基本持平。湖北省调查户晚籼稻平均亩产 525.07 千克，比 2013 年提高 34.13千克；亩均现金收益、净利润 941.09 元、541.09 元，同比分别增加 171.57 元和120.77 元；亩均总成本 940.15 元，同比增加 66.47 元，增幅 7.0%。

表 8-8 2013—2014 年江西和湖北两省晚籼稻生产成本收益情况

项目	江西		湖北	
	2013	2014	2013	2014
单产（千克/亩）	392.79	401.00	490.94	525.07
总成本（元/亩）	681.93	682.00	873.68	940.15
净利润（元/亩）	551.85	628.00	420.32	541.09
现金收益（元/亩）	639.16	722.76	769.52	941.09

数据来源：江西、湖北两省成本调查机构调查数据

4. 粳稻

2014 年，南北方粳稻生长期间气候条件十分有利，产量普遍提高。与此同时，受低价进口籼米影响小、市场需求旺盛等因素影响，粳稻市场走势明显要好于籼稻。但受区域经济、机械化发展等因素影响，南北方粳稻成本收益情况存在明显差异。根据吉林、安徽两省调查数据（表 8-9）显示，2014 年吉林省调查户粳稻平均亩产 536.45 千克，比 2013 年提高 27.68 千克；亩均现金收益、净利润 944.07 元、142.54 元，同比分别增加 149.85 元、88.15 元；亩均总成本 1 454.55 元，增加 15.15 元。安徽省粳稻亩产 492.37 千克，比 2013 年提高 5.15 千克；亩均现金收益、净利润 920.46 元、

457.05 元，同比分别增加 47.81 元、43.39 元；亩均总成本 985.69 元，增加 12.74 元。与吉林粳稻生产相比，安徽粳稻生产的土地成本、人工成本为 193.91 元、361.22 元，分别比吉林粳稻低了 237.43 元、151.68 元，这也是安徽粳稻亩均净利润明显要高于吉林的主要原因。

表 8-9　2013—2014 年吉林和安徽两省粳稻生产成本收益情况

项目	吉林		安徽	
	2013	2014	2013	2014
单产（千克/亩）	508.77	536.45	487.22	492.37
总成本（元/亩）	1 439.40	1 454.55	972.95	985.69
净利润（元/亩）	54.39	142.54	413.66	457.05
现金收益（元/亩）	794.22	944.07	872.65	920.46

数据来源：吉林、安徽两省成本调查机构调查数据

第二节　世界水稻生产概况

一、2014 年世界水稻生产情况

根据联合国粮农组织（FAO）2015 年《作物前景与粮食形势》分析报告，认为 2014 年全球稻谷产量 7.06 亿吨，比 2013 年小幅减产 100 万吨。其中，亚洲稻谷小幅减产 0.5%，主要是印度、印度尼西亚、斯里兰卡和泰国等国家水稻生长期间遭遇不同程度灾害，特别是印度受季风影响，降雨量低于平均水平，预计稻谷减产超过 3%，但中国、孟加拉国、缅甸、越南和菲律宾稻谷均有不同程度增产；非洲的马达加斯加受蝗灾影响，2013 年稻谷减产超过 20%，2014 年得到强劲复苏，预计总产将超过 400 万吨，增产超过 10%。

二、区域分布

2013 年亚洲水稻种植面积占世界的 88.01%，非洲占 6.57%，美洲占 3.93%，欧洲和大洋洲分别占 1.41% 和 0.07%（图 8-1）。表 8-10 至表 8-12 为 2009—2013 年各大洲及部分水稻主产国家的种植面积、总产以及单产变化情况（图 8-1）。

（一）亚洲

2013 年，亚洲水稻种植面积和总产分别为 219 266.8 万亩和 67 472.3 万吨，分别占世界水稻种植面积和总产的 88.01% 和 90.55%。印度是世界水稻种植面积最大的国家，

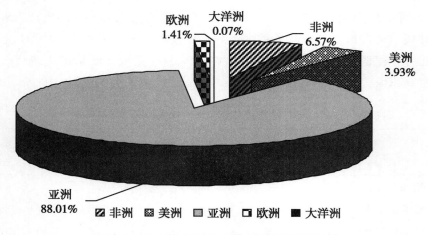

图 8 - 1　2013 年世界各大洲水稻种植面积情况

2013 年种植面积达到 65 250.0 万亩，亩产 244.0 千克，总产 15 920.0 万吨；中国水稻种植面积仅次于印度[①]，2013 年水稻面积达 45 339.0 万亩，亩产 448.4 千克，总产 20 329.0 万吨、居世界第一；亚洲水稻单产水平最高的国家是韩国，2013 年水稻亩产 450.9 千克。

（二）非洲

2013 年非洲地区水稻种植面积 16 360.3 万亩，总产 2 902.1 万吨，分别占世界水稻种植面积和总产的 6.57% 和 3.89%。埃及是非洲地区水稻单产水平最高的国家，2013 年埃及水稻面积 1 050.0 万亩，总产 675.0 万吨，亩产高达 642.9 千克；尼日利亚是非洲水稻种植面积最大的国家，2013 年种植面积达到 3 900.0 万亩，总产 470.0 万吨，但单产水平较低，亩产仅为 120.5 千克。

（三）欧洲

2013 年欧洲地区水稻种植面积为 3 523.7 万亩，总产 389.5 万吨，分别占世界水稻种植面积和总产的 1.41% 和 0.52%。意大利是欧洲水稻种植面积最大的国家，2013 年意大利水稻种植面积 318.8 万亩，总产 133.9 万吨，亩产 420.1 千克；西班牙是欧洲水稻单产水平最高的国家，2013 年水稻亩产高达 501.5 千克。

（四）大洋洲

2013 年大洋洲地区水稻种植面积 175.8 万亩，总产 117.2 万吨，面积和总产分别占世界水稻种植面积和总产的 0.07% 和 0.16%；大洋洲是世界水稻单产水平最高的洲，2013 年水稻亩产高达 666.4 千克，比世界平均水平高出 122.8%；澳大利亚是大洋洲水

[①] 为了便于比较，本段内容中国的水稻生产采用 FAO 统计数据，与国内统计数据略有差别

稻生产最主要的国家，2013 年水稻种植面积为 170.5 万亩，总产 116.1 万吨，亩产高达 681.2 千克，也是世界上单产水平最高的国家之一。

（五）美洲

2013 年美洲地区水稻种植面积为 9 800.6 万亩，总产 3 636.1 万吨，分别占世界水稻种植面积和总产的 3.93％和 4.88％；巴西是美洲地区水稻种植面积最大的国家，2013 年水稻面积 3 523.4 万亩，总产 1 175.9 万吨，亩产 333.7 千克；其次是美国，2013 年水稻种植面积为 1 498.1 万亩，总产 861.3 万吨，亩产 574.9 千克。

三、主要特点

（一）生产集中度较高

世界水稻生产绝大部分集中在亚洲的东亚、东南亚、南亚的季风区以及东南亚的热带雨林区。亚洲是世界上唯一具有季风气候的大洲，夏季高温多雨，冬季温和少雨，雨热同期，给水稻生长带来了良好的气候环境。2013 年，世界水稻种植面积前 10 位的国家均分布在亚洲，其中，印度、中国、印度尼西亚、泰国、孟加拉国、缅甸、越南等 6 个国家水稻种植面积均在 1 亿亩以上，面积之和达到 190 655.7 万亩，产量之和达到 59 613.4 万吨，分别占世界水稻种植面积和总产的 76.5％和 80.0％。

（二）单产水平差距大

2013 年，世界上种植面积在 1 000 万亩以上的国家共有 23 个，单产水平最高的埃及亩产高达 642.9 千克，比最低的尼日利亚高出 522.4 千克；在面积最大的 10 个国家中，中国单产水平最高，亩产达到 448.4 千克，比最低的柬埔寨高出 247.5 千克；单产差距大，除了受耕地质量、气候条件和投入成本等因素影响外，最为重要的一个原因就是熟制差异，南亚国家一般一年可种植三季，多数为两熟制。若剔除该因素，产量差异缩小，如 2013 年中国一季稻平均亩产可以达到 485.6 千克，比全国水稻平均亩产高出 37.2 千克，但早稻和双季晚稻亩产仅分别为 391.3 千克和 387.8 千克。

（三）品质差异明显

中国历来更加重视水稻单产水平的提高，以高产为主要特征的杂交水稻面积较大，而优质水稻种植面积相对较小。随着居民生活水平的不断提高，近年来，中国已经将大米品质改良提到了更加重要的位置，杂交水稻品种选育开始更加注重品质指标。泰国政府与稻米生产加工者十分重视大米质量的提高，其稻米生产全过程均实行严格的品质质量控制，并在全球树立了良好的信誉和品牌，出口的泰国香米更是以品质取胜；日本稻米产业全过程均实现了标准化，严格规定农药、化肥的使用时期和次数，十分注重大米的品质标准；印度虽然平均单产低，但也一直将大米品质作为品种选育的首要目标，巴斯马蒂大米（Basmati）更是以其独特的香味和易消化性享誉全球。

表 8 – 10　2009—2013 年世界水稻种植面积

区域	2009	2010	2011	2012	2013
世界（万亩）	237 865.5	242 642.9	246 187.5	244 798.6	249 127.3
亚洲					
种植面积（万亩）	211 537.9	214 851.3	217 905.4	217 901.1	219 266.8
占世界比重（%）	88.93	88.55	88.51	89.01	88.01
中国（万亩）	44 822.4	45 175.9	45 467.0	45 835.5	45 339.0
印度（万亩）	62 877.5	64 293.6	66 150.0	63 750.0	65 250.0
泰国（万亩）	16 712.1	18 179.3	17 445.5	18 900.0	18 559.7
印度尼西亚（万亩）	19 325.4	19 880.3	19 802.0	20 165.2	20 752.9
孟加拉国（万亩）	17 030.3	17 293.2	18 000.0	17 330.2	17 655.0
日本（万亩）	2 436.0	2 440.5	2 364.0	2 371.5	2 398.5
越南（万亩）	11 155.8	11 234.1	11 477.9	11 629.7	11 849.1
非洲					
种植面积（万亩）	14 370.0	15 775.7	16 753.2	15 807.3	16 360.3
占世界比重（%）	6.04	6.50	6.81	6.46	6.57
埃及（万亩）	863.2	689.3	889.8	930.4	1 050.0
欧洲					
种植面积（万亩）	1 000.8	1 076.3	1 088.0	1 033.0	3 523.7
占世界比重（%）	0.42	0.44	0.44	0.42	1.41
大洋洲					
种植面积（万亩）	20.7	35.0	120.2	161.4	175.8
占世界比重（%）	0.01	0.01	0.05	0.07	0.07
澳大利亚（万亩）	12.0	28.4	113.7	154.7	170.5
美洲					
种植面积（万亩）	10 936.2	10 904.7	10 320.6	9 895.9	9 800.6
占世界比重（%）	4.60	4.49	4.19	4.04	3.93
巴西（万亩）	4 308.1	4 083.7	4 129.3	3 619.9	3 523.4
美国（万亩）	1 883.6	2 194.4	1 589.2	1 625.6	1 498.1

数据来源：联合国粮农组织（FAO）统计数据库

表 8 - 11　2009—2013 年世界水稻总产

区域	2009	2010	2011	2012	2013
世界（万吨）	68 509.4	70 112.8	72 276.0	71 973.8	74 517.2
亚洲					
总产量（万吨）	61 920.6	63 374.6	65 324.0	65 158.0	67 472.3
占世界比重（%）	90.38	90.39	90.38	90.53	90.55
中国（万吨）	19 668.1	19 721.2	20 266.7	20 598.5	20 329.0
印度（万吨）	13 567.3	14 396.3	15 570.0	15 260.0	15 920.0
泰国（万吨）	3 211.6	3 558.4	3 458.8	3 780.0	3 878.8
印度尼西亚（万吨）	6 439.9	6 646.9	6 574.1	6 904.5	7 128.0
孟加拉国（万吨）	4 814.4	5 006.1	5 062.7	3 389.0	5 150.0
日本（万吨）	847.4	848.3	840.2	1 065.4	1 075.8
越南（万吨）	3 895.0	4 000.6	4 233.2	4 366.2	4 407.6
非洲					
总产量（万吨）	2 356.5	2 587.8	2 653.2	2 682.4	2 902.1
占世界比重（%）	3.44	3.69	3.67	3.73	3.89
埃及（万吨）	552.0	433.0	567.5	591.1	675.0
欧洲					
总产量（万吨）	422.8	431.9	437.6	433.9	389.5
占世界比重（%）	0.62	0.62	0.61	0.60	0.52
大洋洲					
总产量（万吨）	8.2	20.9	73.8	93.2	117.2
占世界比重（%）	0.01	0.03	0.10	0.13	0.16
澳大利亚（万吨）	6.5	19.7	72.3	91.9	116.1
美洲					
总产量（万吨）	3 801.3	3 697.6	3 787.4	3 606.4	3 636.1
占世界比重（%）	5.55	5.27	5.24	5.01	4.88
巴西（万吨）	1 265.1	1 123.6	1 347.7	1 155.0	1 175.9
美国（万吨）	997.2	1 102.7	839.2	904.8	861.3

数据来源：联合国粮农组织（FAO）统计数据库

表 8 - 12 2009—2013 年世界水稻单位面积产量

区域	2009	2010	2011	2012	2013
世界（千克/亩）	288.0	289.0	293.6	294.0	299.1
亚洲（千克/亩）	292.7	295.0	299.8	299.0	307.7
中国（千克/亩）	438.8	436.5	445.7	449.4	448.4
印度（千克/亩）	215.8	223.9	235.4	239.4	244.0
泰国（千克/亩）	192.2	195.7	198.3	200.0	209.0
印度尼西亚（千克/亩）	333.2	334.3	332.0	342.4	343.5
孟加拉国（千克/亩）	282.7	289.5	281.3	195.6	291.7
日本（千克/亩）	347.9	347.6	355.4	449.3	448.5
越南（千克/亩）	349.1	356.1	368.8	375.4	372.0
非洲（千克/亩）	164.0	164.0	158.4	169.7	177.4
埃及（千克/亩）	639.5	628.1	637.8	591.1	642.9
欧洲（千克/亩）	422.5	401.3	402.2	433.9	110.5
大洋洲（千克/亩）	393.8	598.7	614.2	577.5	666.4
澳大利亚（千克/亩）	543.3	693.8	636.3	594.0	681.2
美洲（千克/亩）	347.6	339.1	367.0	364.4	371.0
巴西（千克/亩）	293.7	275.1	326.4	319.1	333.7
美国（千克/亩）	529.4	502.5	528.0	556.6	574.9

数据来源：联合国粮农组织（FAO）统计数据库

第九章　中国水稻种业发展动态

2014 年，国内种业界贯彻落实国务院办公厅《关于深化种业体制改革提高创新能力的意见》精神，深入推动种业体制机制改革，现代种业呈现蓬勃发展的新局面。从杂交稻种子生产看，2014 年全国杂交水稻制种面积连续两年调减至合理水平。从市场看，由于杂交水稻种子供过于求，市场价格较上年度明显回落。在国际贸易方面，受东南亚主要出口市场及非洲新兴市场需求拉动，2014 年我国水稻种子出口量比上年度增长 15.9%。

第一节　国内水稻种子生产动态

一、2014 年国内杂交稻种子生产情况

2008—2012 年，国内杂交水稻制种面积逐年增加，产量稳步增长。但受高库存压力影响，自 2013 年起，国内杂交水稻制种面积连续两年出现大幅下滑。2014 年，杂交水稻制种面积 140 万亩左右，比 2013 年减少 23 万亩，收获面积 124 万亩（图 9-1）。种业企业普遍调减杂交水稻制种面积，仅有部分拥有畅销或新审品种企业、新企业扩大面积。此外，制种企业通过组合多样化回避制种风险。2014 年 8 月 7～20 日，江苏省连续遭遇三轮历史罕见低温，8 月 22～27 日再次遭遇连续阴雨，其中，以广占 63S 系列、培矮 64S、Y58S、苯 88S、深 08S 为主的两系制种组合 115 个因纯度不达标，导致 16 万亩两系稻制种因低温转育而全部报废，减产 2 000 万千克。另外，福建受台风灾害影响，制种减产 300 多万千克。预计 2014 年全国杂交水稻种子总产 2.3 亿千克，比 2013 年减少 4 200 万千克。

总体上看，尽管杂交水稻制种面积大幅下降，杂交水稻种子仍然供大于求。如 2013 年江苏、湖南单产大幅下降，但 2014 年杂交水稻种子库存量仍然达到 1.25 亿千克。受水稻主产区"双改单"面积反弹和常规稻面积反弹等因素影响，2014 年全国杂交水稻面积比年初预计面积减少 2 000 万亩以上，用种量相应减少 2 500 万千克以上。预计 2015 年杂交水稻种子总供给量为 3.55 亿千克，大田用种和出口合计需种量 2.45 亿千克左右，期末库存水平将降至 1.1 亿千克左右，市场压力有所减缓。从结构上看，三系杂交稻种子严重过剩，两系杂交稻种子供求基本平衡，受灾严重的两系稻品系种子还可能出现供应偏紧（图 9-2）。

此外，2014 年杂交水稻种子生产进一步集中，四川、湖南、江西和江苏四省面积共计 98 万亩，占全国杂交水稻制种面积的 60.32%（图 9-3）。

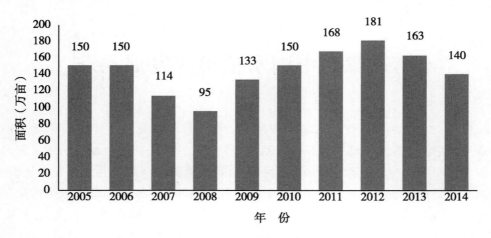

图 9 - 1 2005—2014 年全国杂交水稻制种面积变化

数据来源：全国农业技术推广服务中心种业信息与技术处

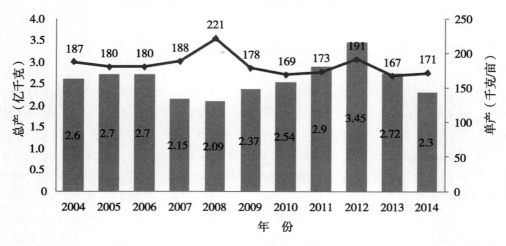

图 9 - 2 2004—2014 年全国杂交水稻总产及单产变化

数据来源：全国农业技术推广服务中心种业信息与技术处

二、国外杂交水稻发展情况

20 世纪 90 年代初，联合国粮农组织（FAO）将推广杂交水稻列为解决发展中国家粮食短缺问题的首选战略措施。目前，杂交水稻已经在世界上 20 多个国家得到推广应用，种植面积不断扩大，为水稻主产国家的稻谷增产开辟了新途径。中国的杂交稻在印度、越南、菲律宾，印度尼西亚、孟加拉、巴基斯坦、美国等国家推广面积达到 7 800 万亩，平均亩产比当地常规品种高出 133 千克左右。目前，国外杂交稻种子年需求总量在 2.5 万吨以上，市场总规模 6 亿元以上。特别是东南亚国家，每年都要从中国进口大量的杂交水稻种子。许多国家正在积极开展杂交水稻的科研、引进与推广。如印度、越

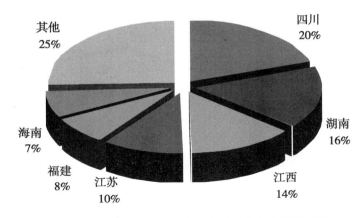

图 9-3 2014 年全国主要杂交水稻制种大省面积统计

南、印度尼西亚、孟加拉国、菲律宾、缅甸、老挝、巴基斯坦、柬埔寨、韩国、斯里兰卡、马来西亚等。东南亚地区水稻生产的发展给我国杂交水稻生产发展带来不小冲击。据了解，东南亚地区种植成本只有国内的一半，柬埔寨、巴基斯坦、越南等地的两季稻、三季稻的制种成本低、产量高。

第二节 国内水稻种子市场动态

一、2014 年国内杂交水稻种子市场情况

商品种子价格受粮价政策、良种补贴政策、供求关系、作物及其品种、销售时间、销售区域、种子企业与零售商策略等多重因素的影响。据农业部统计数据，2009—2012年，杂交水稻种子市场零售价格呈现持续上涨趋势，但2013年以来，杂交水稻种子市场零售价格连续两年出现明显回落（图 9-4）。

在杂交水稻种子市场方面，华南双季稻区三系杂交早稻种子品种间价格差异较大，变幅在30～60元/千克，平均51.4元/千克，同比每千克下降0.9元，降幅1.7%；两系杂交中稻种子平均售价83.4元/千克，与去年相比基本持平。在西南中稻区，四川、重庆、云南和贵州等省三系杂交中稻种子平均售价57.2元/千克，同比每千克下降0.8元，降幅1.4%，但同期四川市场宜香优系列、天优华占等品种价格坚挺，高达100元/千克。在长江中下游稻区，安徽、江苏、湖北、湖南、江西、浙江等省三系杂交稻种子品种间价格变幅在40～60元/千克，平均售价48.4元/千克，比去年下降0.13元，同比下降0.2%；同期上述省份两系杂交稻种子平均售价67.7元/千克，每千克上涨0.27元，同比涨幅0.4%，其中，Y两优系列价格在75～95元/千克。在常规水稻种子市场方面，天津、辽宁、吉林、黑龙江、江苏、安徽、山东等北方地区常规水稻种子平均售价7.0元/千克，同比下降1.4%；湖南、湖北、云南、江西等南方地区常规稻种子平均售价7.6元/千克，同比基本持平。

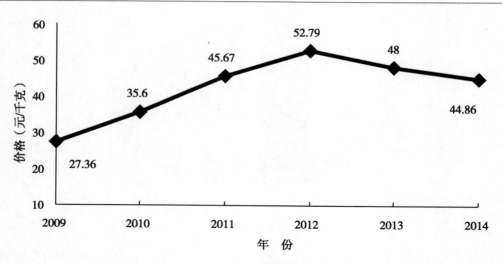

图 9-4 2009—2014 年全国杂交水稻种子价格变化情况

根据本年度我国水稻商品种子使用量、种子价格计算，2014 年我国水稻种子市值 176.31 亿元，约占全国 8 种主要农作物种子总市值的 22.3%。其中，杂交水稻种子市值 132.56 亿元，常规稻种子市值 43.75 亿元（表 9-1）。

表 9-1 全国主要农作物种子市值分布情况

作物	市值（亿元）	占比（%）
玉　米	269.29	34.03
小　麦	156.24	19.75
常规稻	43.75	5.53
杂交稻	132.56	16.75
大　豆	23.05	2.91
马铃薯	128.68	16.26
棉　花	24.96	3.15
油　菜	12.73	1.61

二、2014 年国内杂交水稻种子贸易情况

中国杂交水稻种子在种质资源和育种技术方面的优势明显，应在更广阔的国际种业市场上大有可为。一方面，国际市场空间巨大。全球水稻种植面积达到 22.5 亿亩（中国仅占比 20.3%），且商品化率不高。另一方面，中国杂交稻生产技术目前领先世界至少 5 年，具备全球优势。世界水稻生产主要分布在亚洲，面积和总产均占世界的 90% 左右，其中东南亚地区水稻种植面积占世界水稻面积的 70%，但商品化率仅为 15%，

成为中国稻种企业国际布局首选之地。截至 2014 年，世界上已经有 20 多个国家和地区引进了中国杂交水稻种子。

近年来，受国外市场需求拉动，中国杂交水稻种子出口量、出口金额持续增长。但受出口市场集中度和依存度高、主要出口市场需求减少、品种结构不合理、国际市场竞争力减弱等因素影响，2012，2013 年杂交水稻种子出口量出现持续下降，2014 年杂交水稻种子出口又恢复增长势头。据国家海关数据，2014 年杂交水稻种子出口量 20 227.98 吨，同比增长 16%；出口金额 6 338.83 万美元，同比增长 13.9%（表 9-2）。其中，四川省依然是我国最大的种子出口省份，已连续 8 年位居全国水稻种子出口首位，2014 年四川省水稻种子出口量 7 689.83 吨，出口金额达 2 113.28 万美元，分别占全国的 38.02% 和 33.34%（表 9-3）。

表 9-2　2011—2014 年中国水稻种子出口贸易情况

年份	数量（千克）	比去年同期涨幅（%）	金额（美元）	比去年同期涨幅（%）
2011	25 017 650	30.5	73 190 039	55.3
2012	23 172 668	-7.4	71 746 913	-2.0
2013	17 445 061	-24.7	55 664 795	-22.4
2014	20 227 972	16	63 388 338	13.9

数据来源：海关信息网

表 9-3　2014 年中国主要水稻种子出口省份分布情况

地　区	数量（千克）	占比（%）
四川省	7 689 829	38.02
湖南省	4 215 867	20.84
安徽省	3 916 786	19.36
湖北省	1 232 065	6.09
福建省	1 076 100	5.32
其　他	2 097 325	10.37

在出口国家方面，越南是 2014 年我国杂交水稻种子出口量最大的国家，达 9 163.44 吨，占我国水稻种子出口贸易总量的 45.3%（表 9-4）。

表 9-4　2014 年中国水稻种子主要出口国家情况

国　家	数量（千克）	占比（%）
越　南	9 163 435	45.30
巴基斯坦	6 019 811	29.76

（续）

国　　家	数量（千克）	占比（%）
菲律宾	2 406 004	11.89
印度尼西亚	1 246 650	6.16
孟加拉国	1 138 336	5.63
其　　他	253 736	1.25

第三节　国内水稻种业企业发展动态

一、上市种业企业经营业绩

目前，国内已上市的水稻种子相关企业共有 9 家，分别是在 A 股上市的袁隆平农业高科技股份有限公司（简称隆平高科）、合肥丰乐种业股份有限公司（简称丰乐种业）、安徽荃银高科种业股份有限公司（简称荃银高科）、北京大北农科技集团股份有限公司（简称大北农）、海南神农大丰种业科技股份有限公司（简称神农大丰）、中农发种业集团股份有限公司（简称农发种业）以及在新三板上市的北大荒垦丰种业股份有限公司（简称垦丰种业）、江苏红旗种业股份有限公司（简称红旗种业）、江苏中江种业股份有限公司（简称中江种业）。根据各企业公布的 2014 年年度报告，从总体经营情况看，营业总收入最高的是大北农，2014 年营业总收入高达 184.45 亿元，净利润 7.95 亿元（表 9 - 5）。其后分别是农发种业、垦丰种业、隆平高科、丰乐种业、荃银高科、神农大丰、中江种业和红旗种业（表 9 - 5）。从种子业务看，种子业务收入最高的是垦丰种业，2014 年种子业务收入高达 18.1 亿元，其中，水稻种子业务占比达到 30.1%；其次是隆平高科，种子业务收入达到 15.1 亿元，其中，水稻种子业务占比达到 62.3%。种子业务的毛利率相对较高，2014 年各种业上市公司中种子毛利率最高的为大北农，达到47.09%，其次为垦丰种业，为 45.28%，但比 2013 年度略有下降（表 9 - 6）。

表 9 - 5　2012—2014 年水稻种业上市公司经营业绩情况 （单位：亿元、%）

公司名称	营收与利润	2012 年		2013 年		2014 年	
		数额	增长率	数额	增长率	数额	增长率
隆平高科	营业总收入	17.05	9.86	18.85	11.1	18.15	- 3.68
	净利润总额	1.71	28.25	1.86	8.9	3.62	94.35
丰乐种业	营业总收入	18.43	13.80	16.94	- 7.9	13.79	- 18.60
	净利润总额	0.68	24.91	0.56	- 18.5	0.61	9.32

（续）

公司 名称	营收与利润	2012 年		2013 年		2014 年	
		数额	增长率	数额	增长率	数额	增长率
荃银高科	营业总收入	4.07	45.74	4.66	15.1	4.69	0.63
	净利润总额	0.22	4.41	0.08	-65.6	0.05	-32.41
大北农	营业总收入	106.40	35.78	166.61	56.6	184.45	10.71
	净利润总额	6.75	34.01	7.69	13.9	7.95	3.45
神农大丰	营业总收入	4.32	0.92	4.53	5.1	3.56	-21.72
	净利润总额	0.60	0.83	0.38	-35.5	-0.88	-330.31
农发种业	营业总收入	28.09	124	25.29	-10.3	30.5	20.61
	净利润总额	0.30	275	0.42	44.0	1.11	158.97
垦丰种业	营业总收入	—	—	17.86	—	18.37	2.85
	净利润总额	—	—	4.06	—	3.66	-9.8
红旗种业	营业总收入	—	—	1.9	—	1.65	-13.46
	净利润总额	—	—	0.06	—	0.02	-63.81
中江种业	营业总收入	—	—	2.52	—	3.07	21.84
	净利润总额	—	—	0.04	—	0.09	118.06

数据来源：2012—2014 年上市公司年报

表 9 - 6　2012—2014 年各上市公司水稻种子经营情况

（单位：亿元、%、%）

公司 名称	2012 年种子业务			2013 年种子业务			2014 年种子业务		
	收入	毛利率	水稻业务 占比	收入	毛利率	水稻业务 占比	收入	毛利率	水稻业务 占比
隆平高科	13.68	39.96	63.67	13.90	35.72	62.6	15.11	36.61	62.34
丰乐种业	6.91	34.24	54.27	7.05	27.93	39.1	5.85	28.53	—
荃银高科	5.86	48.72	58.53	4.28	33.79	61.7	4.43	33.35	57.58
大北农	4.31	32.2	85.15	4.37	46.22	66.6	4.78	47.09	53.6
神农大丰	13.68	39.96	63.67	3.99	29.25	87.5	3.2	21.73	90.31
农发种业	2.81	28.64	5.34	5.29	32.12	28.9	6.34	28.61	20.11
垦丰种业	—	—	—	17.63	47.69	29.15	18.08	45.28	30.13
红旗种业	—	—	—	1.84	7.57	59.88	1.60	7.92	57.29

数据来源：2012—2014 年上市公司年报

　　2011 年以来，在国家各项政策的积极引导和支持下，各大种业公司通过增加科研投入，加大品种选育力度，增强持续发展动力。2014年，各种业上市公司中研发投入占营业收入比例最高的是神农大丰，达到35.18%（表9-7），主要用以建设海南南繁种业高技术产业基地。但与跨国种子公司每年用于新技术、新产品开发的研发投入占到销售收入10%左右的强度相比，我国种业企业仍然存在较大差距。据农业部相关统计，近3年来，国内仅有中种集团一家企业的研发投入持续保持在10%以上。2014年，中国种子集团有限公司（以下简称中种集团）在品种选育、技术开发方面的研发投入占当年销售收入比例超过14%。

表9-7 2014年上市种子企业研发投入情况

企 业	研发投入（亿元）	占营业收入比例（％）
大北农	4.94	2.68
神农大丰	1.25	35.18
隆平高科	1.11	6.11
垦丰种业	0.76	4.15
丰乐种业	0.5	3.65
农发种业	0.22	0.73
荃银高科	0.18	3.90

二、2014年主要种子经营企业研发合作与产业投资动态

（一）投资组建爱种网

随着移动终端的多样化，智能终端的普及化以及云计算、大数据等的广泛运用，互联网正深刻影响并改造着国民经济各行各业，"互联网＋"成为当下传统产业实现升级换代的重要方式和途径。位居农业产业链最上游的种子行业也已出现互联网身影。面对行业变革，9月，由农业部牵头，中种集团、隆平高科、垦丰种业、丰乐种业、金色农华等11家种子公司与现代种业发展基金、中国种子协会共同投资组建北京爱种网络科技有限公司，探索种业网络营销新模式，创建适应农村信息环境的网络营销平台，建立种子、农资快速流通渠道，实现高效农业服务。

（二）中种集团深化与广东省农业科学院的战略合作

2014年，中种集团进一步深化与广东省农业科学院的战略合作，携手现代种业发展基金增持并控股广东省金稻种业有限公司，并以此为平台，加速广东省农业科学院水稻所育种科研成果转化进程。同时，控股金稻公司也大幅提升并巩固中种集团水稻业务在华南地区的市场竞争力。

（三）隆平高科与江苏农林职业技术学院发起成立中国现代农业职业教育集团

2014 年 12 月 26 日，由隆平高科与江苏农林职业技术学院联合发起的中国现代农业职业教育集团正式成立。该职教集团是以服务现代农业发展为宗旨，重点从创新人才培养模式、构建新型人才培养体系，利用校企资源优势、培育新型职业农民，加强产学研合作、推进科技创新与服务，深化校企合作、探索招生与就业新路径，实施"走出去"战略、促进国际交流合作等方面开展工作。

（四）垦丰种业与湖南农业大学共建全面合作伙伴关系

2014 年 12 月 29 日，垦丰种业与湖南农业大学战略合作签约仪式在湖南省长沙市举行，此次战略合作是在原有合作基础上，通过共建校企合作基地、人才定向培养、科研项目合作、成果分享，进一步发挥双方优势，形成"互助、共赢"的良好合作局面，促进种业科研成果转化，以集成各类资源为基础，以提升创新能力为目标，共同建立战略性、紧密型的全面合作伙伴关系。

第四节　国内水稻种业发展大事记

习近平总书记在湖北、山东等地多次考察种业时强调，要求下决心把民族种业搞上去，抓紧培育具有自主知识产权的优良品种，从源头上保障国家粮食安全。李克强总理强调，要深化种业体制改革，培育最具竞争力的现代育种产业。2014 年，在中央领导同志的高度重视下，国家相关部门积极支持种业改革发展，有力推进种业创新驱动发展。

一、在育种研发环节，积极推动科技成果向企业流动，打造以企业为主体的商业化育种体系

2014 年 8 月 13 日，国家种业科技成果产权交易中心及交易平台在中国农业科学院正式启动。该平台是经农业部批准设立的唯一从事种业科技成果产权交易的国家级权威机构，拥有覆盖品种权、育种专利、育种材料和基因元件等种业科技成果产权在线交易的全套系统。2014 年 12 月 2 日，农业部在中国农科院举办种业科技成果确权推介交易活动，通过"国家种业科技成果产权交易平台"，共有中种集团等单位完成 9 笔新品种、新技术的交易签约，成交总金额超过 3 000 万元。科技成果产权交易平台的投入使用，促进了育种要素向企业流动，积极培植种业企业成为创新主体。此外，2014 年由科技部、农业部会同财政部、教育部、中国科学院共同组织的主要农作物育种重大科研攻关规划（2015—2020 年）编制工作正式启动，规划围绕发展现代种业和保障粮食安全的重大需求，以水稻、小麦、玉米等七大作物为对象，针对种质资源、品种创制、良种繁

育、种子加工流通等重大技术环节，对育种研发进行全产业链系统布局。规划突出需求导向、品种导向，强调产学研融合，多部门协作，注重机制创新和商业化育种体系及企业创新主体地位建设。

二、在制种生产环节，加快推进国家级育种制种基地建设，保障农业供种安全

国家级育种制种基地特别是海南、甘肃、四川三大基地，是保障农业供种安全的基础。2014 年，国务院副总理汪洋在海南考察调研现代农业和种业工作时强调，要规划先行，尽快把南繁基地纳入基本农田范围，划定南繁科研育种永久保护区，依法实施用途管制，坚决守住这块稀缺的、不可替代的国家战略资源。按照"中央支持、地方负责、社会参与"的原则，调动各方面积极性，加大投入力度，加快南繁基地建设。为了把南繁基地保护好、建设好、利用好、管理好，农业部与国家发改委、财政部、国土资源部和海南省人民政府合力推进南繁科研育种基地建设，积极推动《国家南繁科研育种基地（海南）建设规划》编制工作。此外，为加快推进四川水稻制种基地建设，提高制种生产规模化、标准化、机械化、集约化水平，相关部门督促制种大县落实好大县奖补政策，用好财政奖补资金，扩大制种保险试点，促进制种产业稳定健康发展。

三、在市场推广环节，以品种审定绿色通道为依托，加速突破性优良品种的选育和推广

2014 年 5 月 30 日，农业部品种审定委员会发布《国家级水稻玉米品种审定绿色通道试验指南（试行）》（以下简称《指南》），明确了育繁推一体化企业自行开展自有品种区域试验、生产试验的方式方法以及已通过省级审定的品种申请国家级审定的免试条件。与原有《农作物品种审定管理办法》相比，《指南》对于品种的审定环节提高了进入门槛，但同时保证了种企可以自行安排区域试验、生产试验；种企在研品种也可以批量进入区域试验和生产试验。此外，根据《指南》，参加绿色通道的品种审定审批时间将从过去的 4～5 年缩短为 2～3 年。《指南》的出台标志着针对种业龙头企业的绿色通道制度进入了实质性的可操作阶段。此外，农业部还积极开展种子打假专项行动、种子市场秩序行业评价、种业全程可追溯管理和委托经营试点等工作，在维护种子市场秩序的同时，做到销售种子可追溯管理，从根本上保证种子质量。

四、以世界种子大会为契机，提升中国种业在全球的影响力

2014 年 5 月 24～28 日，以中种集团为理事长单位的中国种子贸易协会等单位联合承办的 2014 世界种子大会在北京成功召开。这是大会第四次来到亚洲、首次来到中国。

作为种业界的"奥林匹克"，世界种子大会是业界规模最大、层次最高，集会议会展、贸易洽谈、行业决策于一体的大型综合性种业大会；同时是各国展示本国种业发展成果、开展交流与合作的窗口和平台。2014 年世界种子大会以"小种子、大梦想"为主题，广泛交流良种培育技术和经验，并深入探讨和谋划种业未来。大会通过了《国际种子联盟 2014 年世界种子大会北京宣言》，强调种子对解决世界食品安全、营养与健康等问题的重要性；提出加强国际种业合作、交流与贸易，构建公平合理的市场秩序；依靠种业科技创新，强化知识产权保护，促进种业健康发展。国际种子联盟主席蒂姆·约翰逊对大会给予高度评价，认为大会为中国种子产业发展提供了难得的机遇，也为世界种子行业了解中国搭建了良好的平台。

第十章 中国稻米质量发展动态

稻米品质是稻米商品性的关键指标。目前，我国稻米品质从发展期进入了基本能够满足消费需求下的波动期。根据农业部稻米及制品质量监督检验测试中心（以下简称部稻米质检中心）分析统计，2014 年检测样品达标率为 24.5%，比 2013 年下降了 8.1 个百分点。其中，籼稻比 2013 年下降了 10.6 个百分点，粳稻上升了 1.5 个百分点，直链淀粉含量和透明度的达标率分别比 2013 年上升了 25.3 和 8 个百分点，整精米率和垩白度的达标率分别下降了 17.1 和 18.6 个百分点。2014 年全国大部地区日照时数接近常年同期或偏少 100～300 小时，南方部分地区出现阶段性阴雨寡照等天气是影响稻米品质达标率的关键。

第一节 国内稻米质量概况

2014 年度部稻米质检中心共检测品质全项的水稻品种样品 3 319 份，来自于全国 27 个省（直辖市、自治区），依据农业行业标准 NY/T 593—2013《食用稻品种品质》进行了全项检验，总体达标率为 24.5%，粳稻达标率为 32.6%，籼稻为 22.1%。

一、总体情况

2014 年度的优质食用稻达标率总体比 2013 年下降了 8.1 个百分点，连续 3 年轻度下滑，其中，粳稻品质上升了 1.5 个百分点，籼稻品质下降了 10.5 个百分点。从不同来源样品分析，应用类、区试类和选育类样品品质达标率分别比 2013 年下降了 13.9、4.4 和 26.7 个百分点。与 2013 年度相比，各稻区优质食用稻达标率均出现下降，其中西南稻区大幅下降了 24.4 个百分点，华南稻区、华中稻区和北方稻区也分别下降了7.2、6.4 和 5.7 个百分点。

在 2014 年检测的 3 319 份样品中，符合优质食用稻品种品质要求（3 级以上）的样品 814 份，占 24.5%（表 10-1）。其中，籼黏优质食用稻品种品质的达标率为 22.1%，达 2 级标准以上的样品为 5.5%；粳黏的达标率为 32.6%，达 2 级标准以上样品为3.2%。在 2014 年检测到的种植面积在 100 万亩以上的杂交水稻品种中，有五优 308、天优华占、丰两优 4 号等 3 个品种可以达到优质食用稻 2 级以上水平（表 10-1）。

表 10-1　优质食用稻品种品质检测评判分级情况

稻类	测评样（份）	1～2级		3级		合计	
		样品数	百分率（%）	样品数	百分率（%）	样品数	百分率（%）
籼糯	14	1	7.1	2	14.3	3	21.4
籼黏	2 639	146	5.5	436	16.5	582	22.1
粳糯	40	13	32.5	12	30.0	25	62.5
粳黏	626	20	3.2	184	29.4	204	32.6
总计	3 319	180	5.4	634	19.1	814	24.5

二、不同稻区样品优质食用稻品种品质达标情况

根据《中国稻米品质区划及优质栽培》，全国31个省（直辖市、自治区）共划分为4个稻米品质产区。据此将检测样品归为华南（粤、琼、桂、闽、台）、华中（苏、浙、沪、皖、赣、鄂、湘）、西南（滇、黔、川、渝、青、藏）和北方（京、津、冀、鲁、豫、晋、陕、宁、甘、辽、吉、黑、蒙、新）4个稻区。

北方稻区的优质食用稻品种品质达标率最高（表10-2），达到41.2%，华中稻区、华南稻区和西南稻区依次为24.2%，23.5%和18.0%。粳稻和籼稻样品优质稻达标率最高值均在北方稻区，分别为45.7%和39.4%；西南稻区籼稻样品优质稻达标率最低，为18.0%。

表 10-2　各稻区优质食用稻品种品质检测评判达标情况

稻区	稻类	测评样（份）	1～2级		3级		合计	
			样品数	百分率（%）	样品数	百分率（%）	样品数	百分率（%）
华南	籼稻	362	22	6.1	63	17.4	85	23.5
	粳稻	—	—	—	—	—	—	—
	总计	362	22	6.1	63	17.4	85	23.5
华中	籼稻	1 707	90	5.3	273	16.0	363	21.3
	粳稻	582	32	5.5	160	27.5	192	33.0
	总计	2 289	122	5.3	433	18.9	555	24.2
西南	籼稻	391	15	3.8	56	14.3	71	18.2
	粳稻	3	0	0.0	0	0.0	0	0.0
	总计	394	15	3.8	56	14.2	71	18.0

（续）

稻区	稻类	测评样（份）	1～2级		3级		合计	
			样品数	百分率（%）	样品数	百分率（%）	样品数	百分率（%）
北方	籼稻	193	20	10.4	56	29.0	76	39.4
	粳稻	81	1	1.2	36	44.4	37	45.7
	总计	274	21	7.7	92	33.6	113	41.2

三、不同来源样品优质食用稻品质达标情况

检测样品按来源将其分为3类：一是应用类，由生产基地、企业送样；二是区试类，由各级水稻品种区试机构送样；三是选育类，即育种家选送的高世代品系。这3种来源也代表了水稻品种推广应用的3个阶段。

2014年总体达标率依次为应用类＞选育类＞区试类，分别为27.5%、27.0%和24.0%；其中，粳稻样品选育类达标率为42.6%，区试类为32.6%，应用类为30.8%；籼稻样品应用类达标率为26.9%，区试类为22.1%，选育类为18.7%（表10-3）。

表10-3　各类样品优质食用稻品种品质检测评判分级情况

类型	稻类	测评样（份）	1～2级		3级		合计	
			样品数	百分率（%）	样品数	百分率（%）	样品数	百分率（%）
应用类	籼稻	134	14	10.4	22	16.4	36	26.9
	粳稻	26	3	11.5	5	19.2	8	30.8
	总计	160	17	10.6	27	16.9	44	27.5
区试类	籼稻	2 289	116	5.1	390	17.0	506	22.1
	粳稻	518	23	4.4	146	28.2	169	32.6
	总计	2 807	139	5.0	536	19.1	675	24.0
选育类	籼稻	230	17	7.4	26	11.3	43	18.7
	粳稻	122	7	5.7	45	36.9	52	42.6
	总计	352	24	6.8	71	20.2	95	27.0

华南稻区：有362份样品来源于该稻区，均为籼稻。不同来源样品的达标率为：应用类＞选育类＞区试类（表10-4）。

华中稻区：有2 289份样品来源于该稻区，其中籼稻1 744份，粳稻545份。不同来源样品的达标率为：粳稻优势明显，在选育、区试和应用3个环节的达标水平均高于籼稻，

特别是选育类粳稻达标率高达 44.5%，区试、应用类分别为 29.7% 和 27.3%（表 10-4）。

西南稻区：该稻区以籼稻为主，生产上外引了一些粳稻，2014 年有 276 份样品来源于该稻区，其中，籼稻 391 份，粳稻 3 份。不同来源样品的达标率：籼稻为应用类＞选育类＞区试类，3 份粳稻样品表现不佳，均未达标（表 10-4）。

表 10-4 不同稻区各类型样品优质食用稻品种品质达标情况

分类	稻类	华南稻区		华中稻区		西南稻区		北方稻区	
		测评样数	达标率（%）	测评样数	达标率（%）	测评样数	达标率（%）	测评样数	达标率（%）
应用类	籼	18	44.4	86	25.6	43	25.6	2	0.0
	粳	—	—	11	27.3				
区试类	籼	282	22.3	1 555	21.5	308	17.2	168	38.7
	粳	—	—	424	29.7			70	48.6
选育类	籼	62	22.6	103	20.4	40	17..5	25	4
	粳	—	—	110	44.5	3	0.0	9	33.3

北方稻区：籼稻样品比往年有所增加，区试类占比较大。该稻区监测样品 274 份，其中，籼稻 195 份，粳稻 79 份。由于部稻米质检中心未对北方稻区开展重点监测，应用类样品极少。不同来源样品的达标率：区试类粳稻为 48.6%，选育类籼稻达标率仅为 4%（表 10-4）。

糙米率、整精米率、垩白度、透明度、碱消值、胶稠度和直链淀粉含量等 7 项指标是为《食用稻品种品质》标准的定级指标。在这些品质性状上，糙米率、透明度、碱消值和胶稠度达标率总体较好，平均在 80% 以上；整精米率和直链淀粉含量的达标率粳稻优于籼稻；垩白度在各项指标中达标率最低，平均为 61.3%，影响整体达标率；应用类籼稻整精米率和区试类粳稻垩白度的达标率均低于 50%（表 10-5）。

表 10-5 不同类型样品主要品质性状指标达标情况

分类	稻类	测评样（份）	达标率（%）						
			糙米率	整精米率	垩白度	透明度	碱消值	胶稠度	直链淀粉
应用类	籼	244	93.9	46.2	76.5	92.4	85.6	93.2	77.3
	粳	55	100.0	63.6	59.1	68.2	86.4	100.0	77.3
区试类	籼	1 989	99.1	62.5	50.7	96.6	78.2	89.7	74.3
	粳	603	99.4	87.4	48.6	93.3	81.7	88.0	94.9
选育类	籼	311	96.1	55.5	65.9	78.6	76.4	95.6	69.4
	粳	85	99.1	77.7	67.0	80.4	94.6	88.4	75.0

四、各项理化品质指标变化及稻米品质影响因素分析

在现行标准采用的各项品质指标中，糙米率、整精米率、碱消值、胶稠度的数值越高则稻米的品质越好；垩白率、垩白度与透明度的数值越低则稻米的品质越好；直链淀粉的数值适中品质好；蛋白质的数值越高其营养品质越好，但有研究报道蛋白质含量过高会影响大米口感。

籼黏和粳黏样品的主要检测项目统计结果（表 10 - 6）：在垩白米率、垩白度、透明度、碱消值、胶稠度和蛋白质含量等 6 项指标上，平均值差异不明显；变异系数（CV）籼稻大于粳稻，垩白米率、碱消值和胶稠度相差较为明显。糙米率粳黏高于籼黏，且变异不大。籼稻的整精米率低于粳稻，且变异较大。籼稻的直链淀粉含量高于粳稻，变异系数是粳稻的 1 倍，说明籼稻品种间差异较大。

表 10 - 6　籼黏与粳黏主要检测指标统计结果

稻类	项目	糙米率（%）	整精米率（%）	垩白米率（%）	垩白度	透明度	碱消值	胶稠度（毫米）	直链淀粉（%）	蛋白质（%）
籼黏（N=3564）	变幅	65.9~85.0	4.3~73.2	0~100	0~35.6	1~5	3.0~7.0	30~91	8.7~28.3	6.5~16.0
	平均值	80.9	52.1	35	6.2	1.9	5.7	67	17.8	9.7
	CV	1.8	23.5	71.1	87.2	44.1	20.7	17.8	24.3	12.9
粳黏（N=747）	变幅	74.9~88.5	14.7~78.1	2~99	0.1~35.9	1~5	3.1~7.0	38~89	6.2~24.6	6.9~17.1
	平均值	83.4	68.4	34	5.8	1.6	6.6	68	14.8	9.4
	CV	2.2	8.8	55.7	81.6	42.6	10.6	11.2	12.4	10.6

不同来源样品各检测指标的统计结果（表 10 - 7）：从平均值来看，糙米率、整精米率、碱消值、胶稠度和蛋白质等 4 项指标在各类型间差异不大，应用类和区试类籼稻的整精米率变化系数相对较高。垩白米率、垩白度与透明度这 3 项外观指标，应用类籼稻和选育类粳稻相对品质较好，选育类粳稻变异系数偏高。直链淀粉含量，不论是籼稻还是粳稻，区试类样品平均值均略高。

不同稻区各项检测的统计结果见表 10 - 8、表 10 - 9。不同稻区间糙米率、碱消值、胶稠度、直链淀粉及蛋白质这几项指标的平均值基本一致（不包含样品数量低于 10 份的稻区），主要测定结果如下。

（1）整精米率。除华中稻区的籼稻，各稻区的平均值均已符合优质食用稻标准要求，其中北方稻区籼稻的整精米率最高，华南稻区次之；粳稻仅有华中和北方两个稻区，北方稻区略高，两者差异不大。

表 10-7 不同类型样品理化检测指标统计结果

品种	样品类型	项目	糙米率	整精米率	垩白米率	垩白度	透明度	碱消值	胶稠度	直链淀粉	蛋白质
籼黏	应用类 (N=992)	变幅	74.8~83.6	5.8~72.1	0~89	0~16.1	1~4	3.0~7.0	36~90	8.7~27.0	7.2~15.5
		平均	80.1	48.1	19	3.2	1.7	5.9	69	16.5	9.9
		CV (%)	2.5	31.6	84.2	87.5	43.7	19.0	16.2	23.4	15.5
	区试类 (n=1960)	变幅	72.8~84.9	4.3~71.7	1~99	0.1~35.6	1~5	3.0~7.0	30~91	10.0~28.3	6.7~13.5
		平均	81.0	52.7	36	6.5	1.8	5.6	67	18.0	9.7
		CV (%)	1.7	21.6	68.0	83.5	43.8	20.7	18.1	24.0	11.0
	选育类 (n=612)	变幅	65.9~85.0	5.2~73.2	0~100	0~27.3	1~4	3.0~7.0	42~90	9.8~26.8	6.5~16.0
		平均	80.7	49.0	28	5.0	2.0	5.8	70	16.6	10.2
		CV (%)	2.4	34.2	88.9	113.1	45.5	21.5	16.1	25.7	18.2
粳黏	应用类 (n=170)	变幅	80.1~86.6	33.4~74.9	5~80	0.4~22.7	1~4	3.2~7.0	60~85	9.3~17.6	8.3~14.4
		平均	83.3	63.3	31	5.7	2.1	6.4	71	14.6	10.4
		CV (%)	1.9	17.4	72.7	96.5	50.9	15.9	10.5	16.0	14.0
	区试类 (n=431)	变幅	74.9~88.5	30.1~78.1	2~99	0.1~35.9	1~5	3.3~7.0	38~89	8.4~21.9	6.9~13.8
		平均	83.4	69.2	35	6.1	1.5	6.5	68	15.0	9.2
		CV (%)	1.8	8.7	52.4	72.5	41.5	12.6	11.2	9.6	11.7
	选育类 (n=146)	变幅	77.6~86.5	14.7~77.7	3~94	0.4~20.3	1~4	3.1~7.0	48~89	6.2~24.6	7.0~17.1
		平均	83.7	65.6	28	4.5	1.8	6.7	69	13.8	10.0
		CV (%)	3.4	12.4	66.7	94.6	47.5	6.0	11.2	14.3	16.1

（2）垩白米率与垩白度。华南稻区籼稻明显较好，其余3个稻区水平相差不大；北方稻区粳稻明显优于华中稻区。

（3）透明度。各稻区的平均值均已达标，并且差异不大。其中，华中稻区籼稻透明度略高于其他稻区，华中稻区粳稻的透明度略高于北方稻区。

整精米率、垩白度、透明度和直链淀粉含量是影响稻米品质性状的主要指标。其中，整精米率是稻米碾磨品质的关键指标，直接影响出米率。无论何种类型的优质稻，均要求稻谷有较高的整精米率。垩白度与透明度是影响稻米外观的重要指标，直链淀粉含量则影响稻米食味。

表 10 - 8　各稻区籼黏样品检测指标统计结果

稻区	项目	糙米率（%）	整精米率（%）	垩白米率（%）	垩白度	透明度	碱消值	胶稠度（毫米）	直链淀粉（%）	蛋白质（%）
华南稻区（n=826）	变幅	72.8~84.4	10.0~72.5	0~97	0~24.7	1~4	3.0~7.0	35~90	10.6~27.9	7.3~16.0
	平均	80.5	54.5	23	3.7	1.8	5.2	68	16.1	9.4
	CV（%）	2.3	20.8	86.7	104.2	35.5	26.0	16.6	24.0	15.3
华中稻区（n=2187）	变幅	75.5~84.9	4.3~72.1	0~100	0~35.6	1~5	3.0~7.0	30~91	8.7~28.3	6.5~16.0
	平均	81.0	50.4	36	6.8	1.9	5.7	68	17.9	9.8
	CV（%）	1.6	24.9	70.7	86.9	46.5	20.0	17.7	25.1	11.7
西南稻区（n=391）	变幅	65.9~85.0	17.1~71.8	0~92	0~23.5	1~4	3.0~7.0	30~90	11.4~27.5	6.7~14.6
	平均	80.7	53.7	37	6.3	1.7	5.2	66	18.8	9.6
	CV（%）	2.4	20.5	54.8	63.3	31.9	18.3	20.0	20.5	16.8
北方稻区（n=160）	变幅	75.7~83.6	16.4~73.2	0~96	0~24.5	1~4	3.0~7.0	42~90	13.1~26.2	8.8~13.3
	平均	81.0	59.7	34	6.0	1.7	5.9	69	18.5	11.0
	CV（%）	1.3	14.9	70.2	84.3	49.5	18.5	16.6	19.2	11.6

表 10 - 9　各稻区粳黏样品检测指标统计结果

稻区	项目	糙米率（%）	整精米率（%）	垩白米率（%）	垩白度	透明度	碱消值	胶稠度（毫米）	直链淀粉（%）	蛋白质（%）
华中稻区（n=580）	变幅	74.9~88.5	14.7~78.1	3~99	0.4~35.9	1~5	3.2~7.0	38~89	6.2~21.9	6.9~17.1
	平均值	83.6	68.3	35	6.2	1.7	6.6	69	14.7	9.5
	CV（%）	1.9	12.1	52.9	70.9	42.9	10.9	11.1	13.3	12.6
北方稻区（n=155）	变幅	79.4~85.6	45.7~75.1	2~80	0.1~10.7	1~3	3.1~7.0	53~86	11.2~24.6	7~13.3
	平均值	82.7	69.6	24	3.0	1.4	6.4	66	15.9	8.6
	CV（%）	1.2	6.7	67.9	77.0	39.0	19.5	11.7	9.8	13.7

从表 10 - 10 看，总体上各指标达标率依次为糙米率＞胶稠度＞透明度＞碱消值＞直链淀粉含量＞整精米率＞垩白度，其中，碱消值、直链淀粉、整精米率和垩白度低于 80%；粳黏垩白度达标率最低，为 52.2%，其余各项指标达标率均在 80% 以上；籼黏达标率最低的是垩白度（53.4%），其次是整精米率（61.0%），糙米率、胶稠度和透明度等 3 项指标达标率均在 80% 以上。因此，垩白度是影响 2014 年稻米品质达标的关键因素。此外，籼稻还应关注整精米率偏低问题。

表 10 - 10 主要品质性状指标达标情况

检测项目	籼黏（$n=3658$）		粳黏（$n=897$）		合计达标	
	样品数	百分率（％）	样品数	百分率（％）	样品数	百分率（％）
糙米率	2 602	98.6	622	99.4	3 224	98.7
整精米率	1 611	61.0	531	84.8	2 142	65.6
垩白度	1 408	53.4	327	52.2	1 735	53.1
透明度	2 303	87.3	564	90.1	2 867	87.8
碱消值	2 069	78.4	527	84.2	2 596	79.5
胶稠度	2 385	90.4	554	88.5	2 939	90.0
直链淀粉	1 953	74.0	566	90.4	2 519	77.2

第二节　国内稻米品质发展趋势

　　部稻米质检中心按照 NY/T 593—2013《食用稻品种品质》对近 5 年来稻米品质检测结果进行综合分析，表明 2010—2014 年以来我国稻米品质总体较为平稳，不同类型在不同年份上的变化有所不同。

　　从 2010 年到 2014 年，食用品质达标率总体呈现中间高、两头低，2010 年和 2014 年达标率较低，2014 年仅为 24.1％。其中，粳稻达标率波动较大，2011 年和 2013 年达标率较低，2014 年为 32.6％；籼稻食用品质达标率 2014 年出现大幅下滑，比 2013 年降低了 10.6 个百分点（图 10 - 1）。

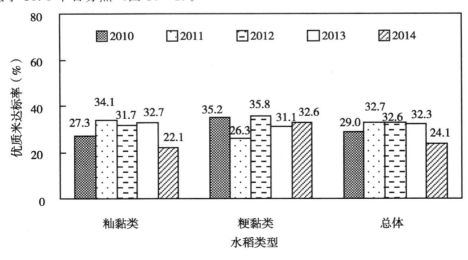

图 10 - 1　不同水稻类型优质食用稻米样品达标率变动情况

　　按选育、区试和应用环节分析，应用类和区试类的变化规律呈一年滞后现象（图

10-2），选育类在 2013 年出现达标率的高峰，但实践中并没有推动 2014 年区试类达标率提高。总体上应用类稻米品质相对较好，主要是与市场需求有关。从数据看，选育类稻米品质达标率变化较大，波动 27.7 个百分点，其次是应用类稻米，波动 10.7 个百分点。

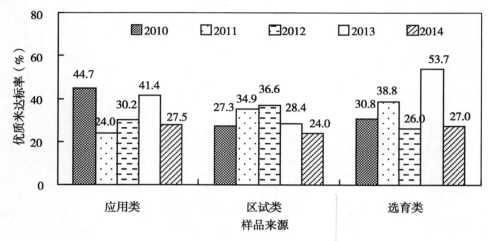

图 10 - 2 不同来源样品优质食用稻米样品达标率变动情况

北方稻区稻米食用品质达标率总体处于较好水平，但 2010 年后出现连续两年下滑，2012 年降至 35.6%，比 2010 年降低了 35.3 个百分点，2013、2014 年又逐步回升；华南稻区和华中稻区的稻米品质变化相对较小，华南稻区相对较好；西南稻区稻米品质上升势头较好，2013 年一度达到 42.4%，但 2014 年突然大幅下降至 18.0%，比 2013 年降低了 24.4 个百分点（图 10 - 3）。

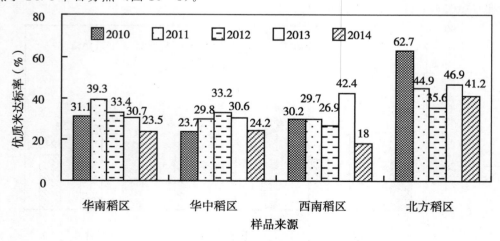

图 10 - 3 各稻区优质食用稻米达标率变动情况

整精米率、垩白度、透明度和直链淀粉是决定稻米品质的关键指标。在这 4 项品质指标中，整精米率的达标率虽然一直处于较高水平，但总体呈下降趋势，2014 年为

65.6%，比2013年大幅降低了16.6个百分点（图10-4）；透明度的达标率次之，总体呈上升趋势，2014年达到87.8%，比2013年提高了10.7个百分点；直链淀粉含量的达标率从2011年开始出现下滑趋势，2013年降至49.9%，但2014年又得到较大提升，达到77.2%，为近5年来的最高值，比2013年大幅提高了27.3个百分点；垩白度达标率2011年后出现明显回升，2013年达到73.9%，但2014年又回落至2010年水平，为53.1%，比2013年降低了20.8个百分点。

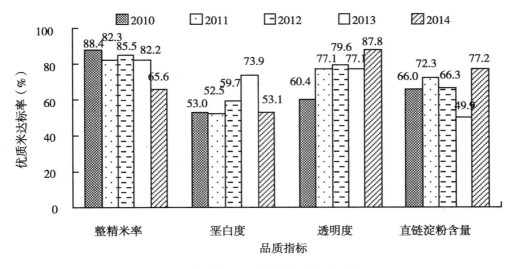

图10-4 稻米主要品质性状达标变动情况

第十一章　中国稻米市场与贸易动态

2014 年，在国家最低收购价继续提高、国外低价大米继续大量进口以及整体物价水平略涨等因素的综合影响下，国内稻米市场价格整体高于 2013 年水平，但上涨幅度十分有限。大米贸易继续保持净进口态势，其中，大米进口量 257.9 万吨，比 2013 年增加 30.8 万吨；出口量 41.9 万吨，比 2013 年减少 5.9 万吨，全年大米净进口 216.0 万吨。进口量继续稳定增加的主要原因是国际大米库存宽裕、国内外大米价差保持在较高水平，进口大米有利可图。2014 年国际大米贸易量有所增加，市场价格继续低迷，全年大米平均价格比 2013 年大幅下降 19.4%。

第一节　国内稻米市场与贸易概况

一、2014 年我国稻米市场情况

2014 年国内稻谷继续增产，稻米市场供给充足。为了稳定农民种粮积极性，国家继续提高稻谷最低收购价格，抬高稻米市场价格的底部空间。但在国内外大米市场巨大价差的影响下，越南、巴基斯坦等国家的低价大米继续大量进入国内市场，影响国内稻米市场稳定。

（一）2014 年国内稻谷市场收购价格走势分析

2014 年以来，受稻谷最低收购价继续提高及物价水平整体略涨支撑，国内稻米价格总体高于 2013 年水平运行，但受宏观经济增速缓慢、大米市场供需宽松以及低价大米大量进口等因素影响，市场价格涨幅十分有限。从全年价格走势来看，大体表现为 1～8 月平稳趋强运行，政策性拍卖主导市场；9～10 月高位震荡回落，新稻陆续上市、市场供需较为宽松；11～12 月托市收购政策强力支撑，恢复上涨势头。从稻谷市场看，据国家发改委价格监测，2014 年全国早籼稻、晚籼稻和粳稻谷平均收购价格分别为每吨 2 617.9 元、2 716.5 元和 3 001.7 元，分别比 2013 年上涨了 22.2 元、39.5 元和 76.1 元，涨幅分别为 0.9%、1.5% 和 2.6%。2014 年 12 月，我国早籼稻、晚籼稻和粳稻的平均收购价格分别为每吨 2 655.1 元、2 750.7 元和 3 061.8 元，分别比上年同期上涨 3.6%、3.2% 和 4.3%（图 11-1）。

1. 第一季度（1～3 月）

在国家公布 2014 年稻谷最低收购价格以及元旦、春节"双节"效应的拉动下，早籼稻、中晚籼稻市场价格涨幅明显；但粳稻谷受 2013 年东北粳稻运费补贴政策收紧等

因素影响，市场购销不旺、活跃度较低。3 月份，国内早籼稻、晚籼稻收购价格分别达到每吨 2 604.3 元、2 709.1 元，分别比 1 月份提高了 30.0 元，涨幅分别达到 1.2% 和 1.1%；而 3 月粳稻收购价格为 2 933.5 元，仅比 1 月提高了 1.67 元，涨幅为 0.1%，走势明显弱于籼稻市场。

2. 第二季度（4～6 月）

进入第二季度，国内 3 种稻谷品种市场价格呈现明显的差异化走势。受越南、巴基斯坦等国低价籼米进口影响，国产早籼稻市场低迷、价格略有走低，至 6 月跌至每吨 2 603.7 元，比 4 月下跌了 1.1 元；晚籼稻市场价格小幅上涨，至 6 月涨至每吨 2 719.1 元，比 4 月每吨上涨了 5.7 元，涨幅 0.2%。随着 5 月东北粳稻入关补贴政策结束，市场粳稻可流通粮源迅速减少，南方销区加工企业加快对于市场粳稻的抢购，导致全国粳稻价格短期内出现快速上涨，至 6 月涨至每吨 3 035.6 元，比 4 月上涨了 89.8 元。

3. 第三季度（7～9 月）

受天气炎热、学校放假导致集团采购减少等因素影响，大米消费开始进入传统淡季，稻谷市场以平稳为主，价格上涨乏力，9 月晚籼稻和粳稻市场价格分别为每吨 2 714.5 元和 3 042.6 元，与 7 月相比，晚籼稻市场收购价格每吨下跌了 9.4 元，粳稻市场收购价格则每吨略涨了 3.5 元。受局部低温寡照、洪涝灾害和台风等影响而导致早稻减产，提高了市场主体的收购积极性，早籼稻的市场走势强于晚籼稻和粳稻。至 9 月，早籼稻收购价格涨至每吨 2 645.6 元，比 6 月每吨提高了 26.6 元，涨幅 1.0%。

4. 第四季度（10～12 月）

随着新季中晚籼稻和粳稻的大量上市，主产区相继启动中晚籼稻和粳稻的托市收购，稻谷市场价格总体以企稳回升为主，但涨幅十分有限，主要是因为市场普遍认为全国稻谷增产已成定局。12 月，国内早籼稻、晚籼稻、粳稻收购价格分别为每吨 2 655.1 元、2 750.7 元和 3 061.8 元，分别比 10 月提高了 9.7 元、20.3 元和 39.6 元，涨幅分别为 0.4%、0.7% 和 1.3%（图 11-1）。

（二）2014 年国内大米市场批发价格走势

在国家托市收购政策支撑原粮价格、国外低价大米大量进口的双面夹击下，国内稻米市场"稻强米弱"现象依旧突出，大米加工企业利润受到进一步挤压，停工、减产、倒闭现象屡见不鲜。全年大米批发市场走势较为疲软、波动较大，特别是进口大米对南方早籼米的影响更大，市场批发价格持续走低。从全年价格走势看，标一晚籼米、晚粳米由于受低价进口大米影响较小，全年市场走势明显强于早籼米。其中，晚籼米年内价格上涨了 1.9%，晚粳米年内价格上涨了 1.3%，早籼米年内价格则下跌了 1.4%。2014 年，全国标一早籼米、晚籼米、晚粳米年平均批发价格分别为每吨 3 855.8 元、4 138.1 元和 4 447.6 元，分别比 2013 年上涨 26.2 元、90.5 元和 153.2 元，涨幅分别为 0.7%、2.2% 和 3.6%，早籼米市场走势明显要弱于晚籼米和晚粳米。

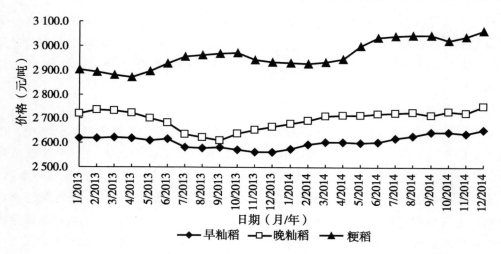

图 11 - 1　2013—2014 年全国粮食购销市场稻谷月平均收购价格走势
数据来源：国家发改委价格监测中心

1. 标一早籼米

受越南、巴基斯坦等国家低价籼米大量进口等因素影响，2014 年国内早籼米市场走势持续疲软。标一早籼米市场价格在经历了年初 1～2 月短暂上涨后即开始持续下跌。其中，6 月早籼米批发价格跌至每吨 3 811.7 元，为年内最低，比 1 月每吨下跌了 70.6 元，跌幅为 1.8%。7 月中下旬，南方新季早籼稻开始大量上市。由于市场价格较低，湖北、安徽、江西、湖南等早籼稻主产省相继启动托市收购。在原粮价格的支撑下，早籼米市场价格开始企稳回升，至 9 月份涨至每吨 3 868.1 元，比 6 月每吨上涨了 56.4 元，涨幅 1.5%。但托市收购政策对于大米市场的持续性明显不及稻谷市场，9 月以后，早籼米市场价格又开始持续下跌，至 12 月跌至每吨 3 828.4 元，比 9 月份每吨下跌了 39.7 元，跌幅 1.0%。与 1 月相比，早籼米批发价格每吨下跌了 53.9 元，跌幅达到 1.4%（图 11 - 2）。

2. 标一晚籼米

与早籼米市场相比，晚籼米批发市场尽管波动较大，但总体处于上涨趋势，全年市场表现呈现出"涨-跌-涨-跌"的波动走势。1～4 月，受节日需求提振等因素影响，晚籼米批发价格从每吨 4 037.6 元涨至 4 151.4 元，涨幅为 2.8%；5～6 月，晚籼米批发价格出现连续下跌，至 6 月跌至每吨 4 133.9 元，比 4 月份每吨下跌了 17.5 元，跌幅 0.4%；7～8 月，全国早稻减产的消息短暂提振了大米市场，晚籼米市场批发价格出现连续上涨，至 8 月涨至每吨 4 200.7 元的年内最高点，比 6 月上涨了 1.6%，比 1 月上涨了 4.0%。9 月以后，随着国内新季中晚籼稻的批量上市、市场粮源充裕，晚籼米市场价格开始持续下跌，至 12 月跌至每吨 4 115.7 元，比 8 月每吨下跌了 84.9 元，跌幅 2.0%，但比 1 月每吨上涨了 78.2 元，涨幅 1.9%（图 11 - 2）。

3. 标一晚粳米

与籼米市场相比，粳米市场相对保持强势，受进口大米影响较小。1～10 月，晚粳米市场批发价格稳步上涨，至 10 月涨至每吨 4 525.6 元，比 1 月的每吨 4 357.0 元上涨了 168.6 元，涨幅 3.9％；10 月以后，随着全国稻谷增产特别是东北粳稻大幅增产，新季粳米大量上市，市场供应充裕，晚粳米市场批发价格开始有所下跌，至 12 月份跌至每吨 4 415.0 元，比 10 月每吨下跌了 110.6 元，跌幅 2.4％。与 1 月相比，上涨了 58.0 元，涨幅 1.3％（图 11－2）。

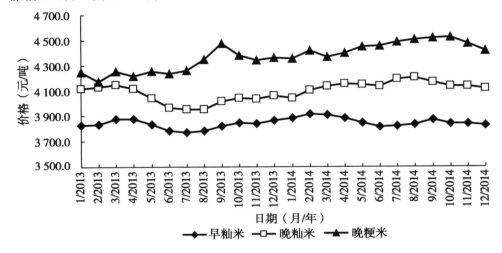

图 11－2　2013—2014 年全国粮食批发市场稻米月平均批发价格走势

数据来源：郑州粮油批发市场

（三）2014 年国内稻谷托市收购和竞价交易情况

据国家粮食局统计，2014 年各类粮食企业粮食收购量首次突破 3.5 亿吨，同比增加 2 045 万吨，其中，最低收购价和临时收储粮食 12 390 万吨，同比大幅增加 4 070 万吨，增幅高达 48.9％。受低价进口大米冲击等因素影响，2014 年国内稻谷市场价格上涨乏力，主产区新季稻谷开秤价全面低于国家公布的最低收购价格。针对这种情况，湖北、安徽、江西、湖南和广西等 5 个早籼稻最低收购价政策执行地区先后启动最低收购价执行预案。2014 年 9 月 16 日开始，湖北、安徽等 13 个中晚籼稻主产区先后启动中晚籼稻托市收购；2014 年 11 月 1 日开始，黑龙江、吉林等 7 个粳稻主产区先后启动粳稻托市收购，粳稻已经是连续第四年启动托市收购。截至 2014 年 9 月 30 日，江西、湖南等 8 个早籼稻主产区各类粮食企业累计收购新产早籼稻 786 万吨，比 2013 年同期减少 117 万吨；截至 12 月 31 日，湖北、安徽等 14 个中晚籼稻主产区各类粮食企业累计收购新产中晚籼稻 2 538 万吨，比 2013 年同期减少 195 万吨；黑龙江、吉林等 7 个粳稻主产区各类粮食企业累计收购新产粳稻 3 096 万吨，比 2013 年同期增加 623 万吨。

随着 2004 年以来国家最低收购价保护政策的出台，托市粮竞价交易已逐步成为国家调控粮食市场价格、满足市场需求的重要手段。2014 年国家通过公开拍卖、定向销售等方式累计投放政策性稻谷 6 393.7 万吨，共成交 423.3 万吨，成交率 6.6％。其中，早籼稻约 486 万吨，成交 12.3 万吨，成交率 2.5％；中晚籼稻约 1 594.2 万吨，成交 249.8 万吨，成交率 15.7％；粳稻约 4 313.5 万吨，成交 161.2 万吨，成交率 3.7％。

二、2014 年我国大米国际贸易情况

2014 年，我国继续维持对日、韩等国传统市场与我国港、澳地区的普通大米及蒸谷米等特殊品种的出口，出口总量比 2013 年略有减少。2014 年，我国累计出口大米 41.9 万吨，比 2013 年减少 4.2 万吨，减幅 9.1％（表 11 - 1）。

表 11 - 1　2013—2014 年我国大米分品种出口量

年份	项目	粳米	低档粳米	蒸谷米	籼米	合计
2013	数量（万吨）	45.9	0	0.2	0	46.1
	比例（％）	99.6	0	0.4	0	100
2014	数量（万吨）	40.9	0	1.0	0	41.9
	比例（％）	97.6	0	2.4	0	100

数据来源：海关数据/中粮公司

近年来，国际市场长粒型大米价格持续低迷，国内外价格倒挂，而我国优质粳米对外仍保持了较强的出口竞争力，2014 年出口量达到 40.9 万吨，占全部大米出口总量的 98％；蒸谷米出口 1 万吨，比 2013 年增加 0.8 万吨。

从出口国家和地区看，亚洲仍然是我国最主要的大米出口地区，2014 年出口大米 37.8 万吨，占出口总量的 90.2％。其中，出口韩国 23.7 万吨，占大米出口总量的 56.6％，居第一位；出口朝鲜 6.4 万吨，占 15.3％，同比增长 30％；出口日本 2.4 万吨，占 5.7％，同比下降了 25％。第二大出口地区为非洲，出口量为 0.9 万吨，占大米出口总量的 2.1％，同比增长 486％。2014 年对欧洲地区出口量为 0.9 万吨，比 2013 年增加了 0.7 万吨（表 11 - 2）。

表 11 - 2　2013—2014 年我国大米分市场出口量及占比情况

市场	数量（万吨）		比例（％）	
	2013	2014	2013	2014
日本	3.2	2.4	7.0	6
韩国	32.3	23.7	70.1	57
非洲	0.2	0.9	0.4	2
朝鲜	5.0	6.4	10.8	15

（续）

市场	数量（万吨）		比例（％）	
	2013	2014	2013	2014
中亚	0.3	0.2	0.7	0
港澳	2.6	2.5	5.6	6
南太平洋岛国	0.0	0.2	0	0
俄罗斯	0.5	0.8	1.1	2
波多黎各	0.0	0.0	0	0
其他	2.0	4.8	4.3	11
合计	46.1	41.9	100	100

数据来源：海关数据

2014 年，国家采取了一系列措施宏观调控主要粮食作物进口贸易，包括限制进口转基因玉米等，导致玉米、小麦进口量同比分别大幅下降 20.4％和 45.7％，大米则是唯一进口量继续保持增长的主粮品种。2014 年，我国进口大米 257.9 万吨，比 2013 年增加 30.8 万吨，增幅 13.6％，连续第四年呈现净进口，全年净进口量达到 216.0 万吨。进口国家主要是越南、泰国和巴基斯坦，占国内进口大米总量的 97.3％。其中，从越南进口大米 135.2 万吨，占 52.4％；从泰国进口大米 75.0 万吨，占 29.1％；从巴基斯坦进口大米 40.7 万吨，占 15.8％。

第二节 国际稻米市场与贸易概况

一、2014 年国际大米市场情况

2014 年国际大米市场呈现先跌后涨的 "V" 字形走势，但是总体价格低于 2013 年水平运行，市场异常低迷。具体走势如下：一是 1～5 月的振荡下跌阶段。以泰国含碎 25％大米 FOB 价格为例，国际大米市场在年初即一展颓势，价格一路下行。5 月，国际大米价格跌至每吨 350.0 美元，比 1 月每吨下跌了 50 美元，跌幅达到 12.5％；与 2013 年同期相比，价格下跌了 185 美元，跌幅高达 34.6％。二是 6～9 月的快速上涨阶段。随着泰国、越南、印度等大米主要出口国家库存逐渐减少，主要大米消费国家补充库存，国际大米市场价格有所提振。9 月，国际大米市场价格涨至每吨 405.0 美元，比 6 月每吨上涨了 50.0 美元，涨幅 14.1％；与上年同期相比，每吨价格下跌了 7.5 美元，跌幅 1.8％。三是 10～12 月的逐步稳定阶段。进入年末，世界稻谷丰收成为定局，国际大米市场价格稳定在每吨 400 美元左右。12 月份，国际大米价格为每吨 395.0 美元，比 10 月份每吨下跌了 7.3 美元，比上年同期下跌了 2.5 美元（图11-3）。

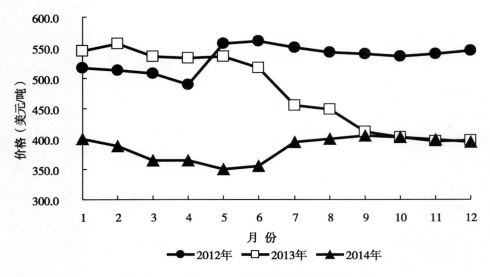

图 11 - 3　2012—2014 年国际大米市场价格走势

数据来源：国家发改委价格监测中心。大米价格为泰国含碎 25％大米 FOB 价

2014 年国际市场大米价格持续低迷的主要原因：一是全球大米供给较为宽松。根据联合国粮农组织（FAO）2015 年《作物前景与粮食形势》分析报告，2014 年全球稻谷总产 7.06 亿吨左右，比 2013 年小幅减产 100 万吨左右，减幅 0.2％。尽管全球稻谷略有减产，但得益于前几年的持续增产，国际大米库存仍然较为充裕，对国际粮价走势起决定性影响。二是大米主要出口国竞争日趋激烈。出于消耗库存的需要，泰国、印度、越南、巴基斯坦等大米主要出口国家不断调整大米贸易政策，大米出口市场竞争激烈，导致市场价格出现持续下滑。三是国际经济形势依旧低迷。在国际金融危机后续影响下，世界经济总体增长乏力。据国际货币基金组织（IMF）预测，2014 年全球经济增长率为 3.3％，远低于预期，同时也低于危机前的水平，对主要粮食市场发展走势形成不利影响。

二、2014 年国际大米贸易情况分析

（一）2014 年国际大米贸易品种分析

2014 年国际大米贸易量为 4 309 万吨，比 2013 年增加 329 万吨，增幅 8.3％。其中，粳米贸易量 350 万吨，比 2013 年增加 27 万吨，增幅 8.4％；籼米贸易量 3 234 万吨，比 2013 年增加了 247 万吨，增幅 8.3％；蒸谷米贸易量 433 万吨，比 2013 年增加 8.3％；香米（含泰国香米及印度顶级香米 BASMATI 大米）贸易量为 292 万吨，比 2013 年增加 22 万吨，增幅 8.2％（表 11 - 3）。

表 11 - 3 2012—2014 年国际大米分品种贸易情况 （单位：万吨）

年份	粳米	籼米	蒸谷米	香米	合计
2012	281	2 620	545	460	3 906
2013	323	2 987	400	270	3 980
2014	350	3 234	433	292	4 309

数据来源：RICE TRADER/USDA 报告

（二）2014 年主要大米进口地区情况

世界大米进口地区主要集中在亚洲、非洲、中东和拉美等。2014 年，亚洲累计进口大米 1 255.9 万吨，占全球大米进口总量的 29%，比 2013 年增加了 44%；非洲累计进口大米 917.5 万吨，占全球大米进口总量的 21%，比 2013 年增加了 8% 左右；中东地区累计进口大米 537.4 万吨，占全球大米进口总量的 12%，比 2013 年下降了 5%；拉美地区累计进口大米 270.6 万吨，占全球大米进口总量的 6%，比 2013 年增长了 119.3%（表 11 - 4）。

表 11 - 4 2012—2014 年主要大米进口地区和进口量 （单位：万吨）

洲别/地区	2012	2013	2014
非洲	700.0	848.5	917.5
中东	437.0	567.8	537.4
亚洲	838.3	873.0	1 255.9
拉美	171.2	123.4	270.6

数据来源：USDA 报告

（三）2014 年主要大米出口地区情况

国际大米主要出口国集中在亚洲，包括印度、越南、泰国、巴基斯坦等稻米主产国家。2014 年，泰国出口大米 1 097 万吨，占全球大米出口总量的 27.9%；印度出口大米 1 090 万吨，占全球大米出口总量的 27.7%；越南出口大米 633 万吨，占 16.1%；巴基斯坦出口大米 330 万吨，占 8.4%，4 个国家累计出口大米 3 150 万吨，占全球大米出口总量的 80.0%（表 11 - 5）。其中，泰国依靠其廉价的出口价格和充足的出口货源，出口量再次超过印度和越南，重新成为全球大米出口数量最多的国家。

表 11 - 5 2012—2014 年世界主要大米出口国家和出口数量 （单位：万吨）

国家/地区	2012	2013	2014
阿根廷	60.8	55	49.4

（续）

国家/地区	2012	2013	2014
澳大利亚	45	50	40.4
缅甸	69	75	168.8
中国	25.6	42.5	39.3
埃及	60	85	60
欧盟	19.7	20	28.4
印度	1 025	1 050	1 090
巴基斯坦	350	300	330
泰国	694.5	700	1 097
美国	330	325	304
乌拉圭	105.6	90	96
越南	771.7	720	633

数据来源：USDA 报告

三、2014—2015 年度世界大米库存供求情况

根据历年美国农业部世界农产品供需预测报告（表 11 - 6 ～ 表 11 - 8）数据，2012—2013 年度，世界大米初始库存为 10 683 万吨，本年度生产量达到 47 200 万吨；进口总量 3 654 万吨，总消费量为 46 868 万吨；出口总量 3 940 万吨，期末库存为 11 015 万吨。2013—2014 年度，世界大米初始库存为 11 015 万吨，本年度生产量达到 47 708 万吨；进口总量 3 895 万吨，总消费量为 48 078 万吨；出口总量 4 227 万吨，期末库存为 10 646 万吨。与 2013—2014 年度相比，2014—2015 年度世界大米生产降至 47 486 万吨，减少了 222 万吨，减幅 0.5%；进出口贸易量继续大幅增加，其中大米进口 4 003 万吨，分别比 2012—2013 年度、2013—2014 年度增加了 349 万吨、108 万吨，增幅分别为 9.6% 和 2.8%。大米出口 4 258 万吨，分别增加了 318 万吨和 31 万吨，增幅分别为 8.1% 和 0.7%；消费量继续稳定增长，分别比 2012—2013 年度、2013—2014 年度增加 1 500 万吨、290 万吨，增幅分别为 3.2% 和 0.6%。2014—2015 年度世界大米库存降至 9 764 万吨，近年来首次跌破 1 亿吨水平，库存消费比降至 20.2%，比 2012—2013 年度和 2013—2014 年度分别下降了 3.3 和 2.0 个百分点，尽管仍高于国际公认的 17% ～ 18% 的粮食安全线水平，但下滑趋势值得关注。

表 11 - 6　2012—2013 年度世界主要进出口国家稻米供求情况　（单位：万吨）

区　域	供应			消费		期末库存
	初始库存	生产	进口	国内消费	出口	
世界	10 683	47 200	3 654	46 868	3 940	11 015
主要出口国	3 681	15 878	75	12 885	2 787	3 961
泰国	933	2 020	60	1 060	672	1 281
越南	183	2 754	10	2 190	670	86
美国	130	635	67	378	339	116
印度	2 510	10 524	0	9 403	1 087	2 544
巴基斯坦	55	580	5	232	358	50
主要进口国	1 293	6 272	1 313	7 547	107	1 225
中东地区	97	177	484	607	0	150
印度尼西亚	740	3 655	65	3 813	0	648
尼日利亚	102	237	280	530	0	89
欧盟 27 国	115	210	140	325	20	119
菲律宾	151	1 143	140	1 285	0	149
巴西	54	804	64	785	84	53

数据来源：美国农业部全球农产品供需报告

表 11 - 7　2013—2014 年度世界主要进出口国家稻米供求情况　（单位：万吨）

区　域	供求			消费		期末库存
	初始库存	生产	进口	国内消费	出口	
世界	11 015	47 708	3 895	48 078	4 227	10 646
主要出口国	3 961	16 186	63	13 469	3 084	3 657
泰国	1 281	2 046	30	1 088	1 097	1 172
越南	86	2 816	30	2 200	633	100
美国	116	612	73	400	299	103
印度	2 544	10 654	0	9 918	1 015	2 265
巴基斯坦	50	670	3	263	340	120
主要进口国	1 225	6 367	1 299	7 652	118	1 119
中东地区	150	195	401	617	0	129
印度尼西亚	648	3 630	123	3 850	0	550
尼日利亚	89	277	280	580	0	66
欧盟 27 国	119	197	153	325	24	119
菲律宾	149	1 186	120	1 285	0	170
巴西	53	830	70	790	90	73

数据来源：美国农业部全球农产品供需报告

表 11 - 8　2014—2015 年度世界主要进出口国家稻米供求情况　（单位：万吨）

区　域	供应			消费		期末库存
	初始库存	生产	进口	国内消费	出口	
世界	10 646	47 486	4 003	48 368	4 258	9 764
主要出口国	3 657	15 640	73	13 485	3 060	2 825
泰国	1 172	1 915	30	1 090	1 100	927
越南	100	2 825	40	2 190	670	105
美国	103	707	73	419	333	131
印度	2 265	10 250	0	9 935	900	1 680
巴基斯坦	120	650	3	270	390	113
主要进口国	1 119	6 399	1 468	7 815	115	1 057
中东地区	129	195	445	636	0	133
印度尼西亚	550	3 650	130	3 920	0	410
尼日利亚	66	255	350	610	0	61
欧盟 27 国	119	197	150	326	22	119
菲律宾	170	1 220	160	1 320	0	230
巴西	73	830	70	790	90	93

数据来源：美国农业部全球农产品供需报告

附　表

附表 1　2013 年国内各省水稻生产面积、单产和总产情况表

省份	水稻			早稻			中稻和一季晚稻			双季晚稻		
	面积（万亩）	单产（千克/亩）	总产（万吨）	面积（万亩）	单产（千克/亩）	总产（万吨）	面积（万亩）	单产（千克/亩）	总产（万吨）	面积（万亩）	单产（千克/亩）	总产（万吨）
全国	45 467.6	447.8	20 361.2	8 706.8	392.1	3 413.7	27 530.0	485.6	13 367.8	9 231.0	387.8	3 579.9
北京	0.3	460.8	0.1				0.3	460.8	0.1			
天津	25.2	512.4	12.9				25.2	512.4	12.9			
河北	130.2	451.2	58.8				130.2	451.2	58.8			
山西	1.5	455.8	0.7				1.5	455.8	0.7			
内蒙古	113.8	492.0	56.0				113.8	492.0	56.0			
辽宁	973.8	520.5	506.9				973.8	520.5	506.9			
吉林	1 090.0	516.8	563.3				1 090.0	516.8	563.3			
黑龙江	4 763.4	466.2	2 220.6				4 763.4	466.2	2 220.6			
上海	152.9	568.1	86.8				152.9	568.1	86.8			
江苏	3 398.5	565.6	1 922.3				3 398.5	565.6	1 922.3			
浙江	1 243.1	466.7	580.2	172.7	415.3	71.7	889.5	494.5	439.8	180.9	379.5	68.7
安徽	3 321.2	410.2	1 362.3	353.3	370.2	130.8	2 595.2	424.4	1 101.5	372.8	348.8	130.0
福建	1 226.3	409.4	502.0	294.2	399.8	117.6	458.3	422.4	193.6	473.9	402.8	190.9
江西	5 006.9	400.2	2 004.0	2 096.6	394.9	828.0	589.4	448.4	264.3	2 321.0	392.8	911.7
山东	184.7	561.1	103.6				184.7	561.1	103.6			
河南	962.0	505.0	485.8				962.0	505.0	485.8			
湖北	3 151.7	532.0	1 676.6	578.4	385.1	222.8	1 898.5	607.6	1 153.6	674.8	445.0	300.3
湖南	6 127.5	418.0	2 561.5	2 170.1	396.5	860.5	1 757.7	438.3	770.4	2 199.9	423.1	930.7
广东	2 863.2	365.0	1 045.0	1 358.1	383.7	521.1				1 505.1	348.1	523.9
广西	3 069.9	376.6	1 156.2	1 391.9	398.9	555.2	227.0	409.6	93.0	1 451.1	350.0	508.0
海南	467.8	320.3	149.8	217.3	366.8	79.7	250.5		70.2			
重庆	1 033.0	487.0	503.1				1 033.0	487.0	503.1			
四川	2 986.1	518.9	1 549.5	1.5	333.3	0.5	2 984.0	519.0	1 548.7	0.6	500.0	0.3
贵州	1 026.7	351.9	361.3				1 026.7	351.9	361.3			
云南	1 729.1	386.3	667.9	73.1	353.2	25.8	1 605.2	390.4	626.7	50.9	302.9	15.4
西藏	1.4	386.0	0.6				1.4	386.0	0.6			
陕西	185.6	490.1	91.0				185.6	490.1	91.0			
甘肃	7.9	482.9	3.8				7.9	482.9	3.8			
青海												
宁夏	123.2	559.2	68.9				123.2	559.2	68.9			
新疆	100.9	592.7	59.8				100.9	592.7	59.8			

附表2　2013年世界水稻生产面积、单产和总产情况

	面积（万亩）	单产（千克/亩）	总产（万吨）
世界	249 127.3	299.1	74 517.2
亚洲	219 266.8	307.7	67 472.3
非洲	16 360.3	177.4	2 902.1
美洲	9 800.6	371.0	3 636.1
欧洲	3 523.7	110.5	389.5
大洋洲	175.8	666.4	117.2
印度	65 250.0	244.0	15 920.0
中国	45 339.0	448.4	20 329.0
印度尼西亚	20 752.9	343.5	7 128.0
泰国	18 559.7	209.0	3 878.8
孟加拉国	17 655.0	291.7	5 150.0
越南	11 849.1	372.0	4 407.6
缅甸	11 250.0	248.9	2 800.0
菲律宾	7 119.1	259.0	1 843.9
柬埔寨	4 650.0	200.9	934.0
巴基斯坦	4 200.0	233.3	980.0
尼日利亚	3 900.0	120.5	470.0
巴西	3 523.4	333.7	1 175.9
日本	2 398.5	448.5	1 075.8
尼泊尔	2 130.9	211.4	450.5
马达加斯加	1 950.0	185.2	361.1
几内亚	1 650.0	124.4	205.3
美国	1 498.1	574.9	861.3
斯里兰卡	1 357.5	329.4	447.1
坦桑尼亚	1 350.0	139.3	188.0
老挝	1 320.0	250.0	330.0
韩国	1 248.9	450.9	563.2
埃及	1 050.0	642.9	675.0
马来西亚	1 035.0	253.8	262.7
朝鲜	996.0	291.3	290.1
塞拉利昂	975.0	128.8	125.6

（续）

	面积（万亩）	单产（千克/亩）	总产（万吨）
马里	907.1	243.8	221.2
哥伦比亚	798.9	304.8	243.5
刚果	765.0	46.4	35.5
伊朗	750.0	338.7	254.0
厄瓜多尔	595.2	254.7	151.6
秘鲁	593.5	514.1	305.1
科特迪瓦	570.0	328.9	187.5

数据来源：FAO（联合国粮农组织），本表所列国家的水稻种植面积均在 500 万亩以上，共有 32 个。

附表 3　2010—2014 年我国早籼稻、晚籼稻和粳稻收购价格情况

（单位：元/吨）

年份	早籼稻	晚籼稻	粳稻
2010	1 986.0	2 090.0	2 496.0
2011	2 334.0	2 490.0	2 768.0
2012	2 622.0	2 778.0	2 898.0
2013	2 596.0	2 676.0	2 926.0
2014	2 617.9	2 716.5	3 001.7

数据来源：根据国家发改委价格监测中心数据整理

附表 4　2010—2014 年我国早籼米、晚籼米和晚粳米批发价格情况

（单位：元/吨）

年份	早籼米	晚籼米	晚粳米
2010	2 966.4	3 134.6	3 642.8
2011	3 521.2	3 821.4	4 189.4
2012	3 800.0	4 105.0	4 212.5
2013	3 829.6	4 047.6	4 294.4
2014	3 800.0	4 105.0	4 212.5

数据来源：根据国家发改委价格监测中心数据整理

附表 5　2010—2014 年国际市场大米现货价格情况　　（单位：美元/吨）

年份	泰国含碎 25% 大米 FOB 价格
2010	442.6
2011	508.7

（续）

年份	泰国含碎 25% 大米 FOB 价格
2012	533.1
2013	477.9
2014	385.0

数据来源：根据国家发改委价格监测中心数据整理

附表 6　2010—2014 年我国大米进出口情况

年份	进口（万吨）	出口（万吨）
2010	39.0	62.0
2011	56.9	49.0
2012	231.6	25.6
2013	227.1	46.1
2014	257.9	41.9

数据来源：海关总署

附表 7　2010—2014 年我国水稻生产主要环节机械化水平　（单位：%）

年份	耕种收综合	机耕	机种	机收
2010	58.0	85.0	20.0	60.0
2011	65.0	87.3	26.2	69.3
2012	67.0	91.0	30.0	71.0
2013	73.0	92.0	35.0	72.0
2014	74.0	95.0	38.0	81.0

数据来源：农业机械化统计年鉴

附表 8　2015 年农业部超级稻品种认定情况

序号	品种/组合	类型	选育单位
1	扬育粳 2 号	粳型常规稻	江苏省盐城市盐都区农业科学研究所
2	南粳 9108	粳型常规稻	江苏省农业科学研究院粮食作物研究所
3	镇稻 18 号	粳型常规稻	江苏省丰源种业有限公司、江苏丘陵地区镇江农业科学研究所
4	华航 31	籼型常规稻	华南农业大学植物航天育种研究中心
5	H 两优 991	籼型两系杂交稻	广西兆和种业有限公司
6	N 两优 2 号	籼型两系杂交稻	长沙年丰种业有限公司、湖南杂交水稻研究中心

（续）

序号	品种/组合	类型	选育单位
7	宜香优 2115	籼型三系杂交稻	四川绿丹种业有限责任公司、四川农业大学农学院、宜宾市农业科学院
8	深优 1029	籼型三系杂交稻	江西现代种业股份有限公司
9	甬优 538	籼粳杂交稻	宁波市种子公司
10	春优 84	籼粳杂交稻	中国水稻研究所、浙江农科种业有限公司
11	浙优 18	籼粳杂交稻	浙江省农业科学院作物与核技术利用研究所、浙江农科种业有限公司、中国科学院上海生命科学研究所

注：根据超级稻品种退出规定，2015 年农业部决定取消推广面积达不到要求的"沈农 265""吉粳 83""淮稻 9 号""03 优 66"等 4 个超级稻品种资格，不再冠名"超级稻"；截至 2015 年，由农业部冠名的超级稻示范推广品种共有 118 个

附表 9　2014 年国家和地方品种审定情况表

品种名称	审定编号	类型	品种来源	选育单位
陵两优 7717	国审稻 2014001	籼型两系杂交水稻	H750S×HY717	湖南亚华种业科学院
株两优 39	国审稻 2014002	籼型两系杂交水稻	株 1S×中早 39	中国水稻研究所、株洲市农业科学研究所
陆两优 1733	国审稻 2014003	籼型两系杂交水稻	陆 18S×R173	中国水稻研究所、湖南亚华种业科学研究院、湖南金健种业有限责任公司
陵两优 22	国审稻 2014004	籼型两系杂交水稻	湘陵 628S×中早 22	湖南亚华种业科学研究院、中国水稻研究所
陵两优 722	国审稻 2014005	籼型两系杂交水稻	H750S×中早 22	中国水稻研究所、湖南亚华种业科学研究院
荣优 107	国审稻 2014006	籼型三系杂交水稻	荣丰 A×T0107	江西先农种业有限公司
早优 9 号	国审稻 2014007	籼型三系杂交水稻	早丰 A×R49	北京金色农华种业科技有限公司
荣优 286	国审稻 2014008	籼型三系杂交水稻	荣丰 A×中恢 286	江西现代种业股份有限公司
温 814	国审稻 2014009	籼型常规水稻	G9946/甬籼 57	温州市农业科学研究院
内 6 优 538	国审稻 2014010	籼型三系杂交水稻	内香 6A×蜀恢 538	四川农业大学水稻研究所
蓉 3 优 918	国审稻 2014011	籼型三系杂交水稻	343A×天恢 918	武胜县农业科学研究所
正优 808	国审稻 2014012	籼型三系杂交水稻	902A×R8088	四川正兴种业有限公司
成优 489	国审稻 2014013	籼型三系杂交水稻	成丰 A×G489	贵州省水稻研究所

（续）

品种名称	审定编号	类型	品种来源	选育单位
宜香优 5979	国审稻 2014014	籼型三系杂交水稻	宜香 1A×宜恢 5979	宜宾市农业科学院
内 7 优 39	国审稻 2014015	籼型三系杂交水稻	内香 7A×内恢 2539	内江杂交水稻科技开发中心
川优 6203	国审稻 2014016	籼型三系杂交水稻	川 106A×成恢 3203	四川省农业科学院作物研究所
乐优 918	国审稻 2014017	籼型三系杂交水稻	乐丰 A×天恢 918	仲衍种业股份有限公司、四川正兴种业有限公司
宜香优 1108	国审稻 2014018	籼型三系杂交水稻	宜香 1A×宜恢 1108	宜宾市农业科学院
德优 4727	国审稻 2014019	籼型三系杂交水稻	德香 074A×成恢 727	四川省农业科学院水稻高粱研究所、四川省农业科学院作物研究所
DM 优 6188	国审稻 2014020	籼型三系杂交水稻	DM63A×乐恢 188	双流县发兴农作物研究所
乐优 891	国审稻 2014021	籼型三系杂交水稻	乐丰 A×R891	双流县发兴农作物研究所
内 5 优 16	国审稻 2014022	籼型三系杂交水稻	内香 5A×内恢 4816	成都丰乐种业有限责任公司
全优 785	国审稻 2014023	籼型三系杂交水稻	全丰 A×R785	贵州省水稻研究所
Y 两优 6 号	国审稻 2014024	籼型两系杂交水稻	Y58S×望恢 006	湖南希望种业科技有限公司
两优 619	国审稻 2014025	籼型两系杂交水稻	徽农 S×R619	安徽省蓝田农业开发有限公司
深两优 865	国审稻 2014026	籼型两系杂交水稻	深 08S×R565	江西科源种业有限公司、临湘市兆农科技研发中心
Y 两优 896	国审稻 2014027	籼型两系杂交水稻	Y58S×R896	合肥信达高科农科所
Y 两优 3218	国审稻 2014028	籼型两系杂交水稻	Y58S×湘恢 3218	湖南科裕隆种业有限公司、国家杂交水稻工程研究中心
正两优 825	国审稻 2014029	籼型两系杂交水稻	正 67S×嘉恢 825	四川省嘉陵农作物品种研究中心
两优 228	国审稻 2014030	籼型两系杂交水稻	6105S×R228	安徽绿亿种业有限公司
五优 103	国审稻 2014031	籼型三系杂交水稻	五丰 A×R103	南昌市德民农业科技有限公司、广东省农业科学院水稻研究所
广两优 7203	国审稻 2014032	籼型两系杂交水稻	广占 63S×中恢 7203	中国水稻研究所、中国科学院遗传与发育生物学研究所
两优 5266	国审稻 2014033	籼型两系杂交水稻	W05 - 2×R066	合肥信达高科农业科学研究所

品种名称	审定编号	类型	品种来源	选育单位
镇糯 19 号	国审稻 2014034	粳型常规糯稻	武运粳 21 号/江 2402	江苏丘陵地区镇江农业科学研究所、江苏丰源种业有限公司
瑞优 3399	国审稻 2014035	籼型三系杂交水稻	瑞 3A×瑞恢 399	四川科瑞种业有限公司
成优 981	国审稻 2014036	籼型三系杂交水稻	成丰 A×G981	贵州金农科技有限责任公司、贵州省水稻研究所
徐稻 8 号	国审稻 2014037	粳型常规水稻	徐 21596/镇稻 99	江苏徐淮地区徐州农业科学研究所
光灿 1 号	国审稻 2014038	粳型常规水稻	豫粳 6 号//豫粳 7 号/黄金晴///东俊 5 号	获嘉县友光农作物研究所、河南光灿种业有限公司
津稻 179	国审稻 2014039	粳型常规水稻	津稻 9618/R148	天津市农作物研究所、天津市国瑞谷物科技发展有限公司
桥科 951	国审稻 2014040	粳型常规水稻	盐粳 188 航天诱变	辽宁省盐碱地利用研究所
铁粳 11 号	国审稻 2014041	粳型常规水稻	辽 294/9621	铁岭市农业科学院
吉粳 809	国审稻 2014042	粳型常规水稻	吉粳 88/93072	吉林省农业科学院水稻研究所、中国农业科学院作物科学研究所
津稻 372	国审稻 2014043	粳型常规水稻	镇稻 88/津稻 1007	天津市农作物研究所
阳光 600	国审稻 2014044	粳型常规水稻	镇稻 88/旭梦	郯城县种子公司、郯城县农业种子研究所
新稻 25	国审稻 2014045	粳型常规水稻	郑粳 9018/镇稻 88	河南省新乡市农业科学院
金粳 818	国审稻 2014046	粳型常规水稻	津稻 9618/津稻 1007	天津市水稻研究所

南方稻区

品种名称	审定编号	类型	品种来源	选育单位
镇籼优 146	苏审稻 201401	籼型三系杂交水稻	镇籼 1A×镇恢 46	江苏丘陵地区镇江农业科学研究所、江苏丰源种业有限公司
川优 065	苏审稻 201402	籼型三系杂交水稻	川香 29A×盐恢 065	盐城市盐都区农业科学研究所
盐两优 1618	苏审稻 201403	籼型两系杂交水稻	盐 161S×盐恢 888	江苏沿海地区农业科学研究所
宁香优 88	苏审稻 201404	籼型三系杂交水稻	宁香 1A×宁恢 288	江苏省农业科学院粮食作物研究所
连粳 12 号	苏审稻 201405	粳型常规水稻	镇稻 88/淮稻 7 号	江苏省金地种业科技有限公司、连云港市农业科学院
连糯 1 号	苏审稻 201406	粳型常规糯稻	连丰糯/镇稻 88	江苏胜田农业科技发展有限公司

（续）

品种名称	审定编号	类型	品种来源	选育单位
苏粳 815	苏审稻 201407	粳型常规水稻	镇稻 99/武运粳 11 号//盐稻 1229	江苏中江种业股份有限公司
盐粳 13 号	苏审稻 201408	粳型常规水稻	武运粳 21/盐粳 10 号	盐城市盐都区农业科学研究所
宁 9213	苏审稻 201409	粳型常规水稻	武粳 13/关东 194	江苏省优质水稻工程技术研究中心、江苏省农业科学院粮食作物研究所
扬育粳 3 号	苏审稻 201410	粳型常规水稻	新稻 18 号//镇稻 99/南粳 41	江苏田源种业有限公司
盐丰稻 2 号	苏审稻 201411	粳型常规水稻	W001/镇稻 88	盐城市种业有限公司
常农粳 8 号	苏审稻 201412	粳型常规水稻	H07-37/武运粳 23 号	常熟市农业科学研究所
武运粳 30 号	苏审稻 201413	粳型常规水稻	葵风/98-3 后代选株//台 0206	江苏（武进）水稻研究所
淮香粳 15 号	苏审稻 201414	粳型常规水稻	银玉 2239/淮 238	江苏徐淮地区淮阴农业科学研究所
南粳 51	苏审稻 201415	粳型常规水稻	扬粳 201/盐稻 8 号	江苏省农业科学院粮食作物研究所
苏粳 9 号	苏审稻 201416	粳型常规水稻	2615/扬辐粳 4901	江苏太湖地区农业科学研究所
申优 17	沪农品审水稻 2014 第 001 号	杂交粳稻	申武 1A×申繁 17	上海市农业科学院、上海农科种苗有限公司
交源优 69	沪农品审水稻 2014 第 002 号	杂交粳稻	交源 5A×JP69	上海旗冰种业科技有限公司
沪 LPR18	沪农品审水稻 2014 第 003 号	常规粳稻	2105/9520	上海市农业科学院
青香软粳	沪农品审水稻 2014 第 004 号	常规粳稻	从"南粳 46"中系选而成	上海市青浦区农业技术推广服务中心
常农粳 9 号	沪农品审水稻 2014 第 005 号	常规粳稻	93-63/04 年中晚粳 01	常熟市农业科学研究所
松早香 1 号	沪农品审水稻 2014 第 006 号	常规粳稻	早香软繁 2/早香长粒粳	上海市松江区农业技术推广中心
光明糯 1 号	沪农品审水稻 2014 第 007 号	糯稻	南粳 44×香糯 2402	光明种业有限公司
甬籼 975	浙审稻 2014001	籼型常规水稻	嘉早 311/嘉育 293	宁波市农业科学研究院、舟山市农业科学研究院、宁波市种子有限公司
温 926	浙审稻 2014002	籼型常规水稻	嘉育 46/中组 1 号	温州市农业科学研究院、浙江可得丰种业有限公司、浙江科苑种业有限公司
中冷 23	浙审稻 2014003	籼型常规水稻	嘉育 253/耐冷广四	中国水稻研究所

（续）

品种名称	审定编号	类型	品种来源	选育单位
陵两优 0516	浙审稻 2014004	籼型两系杂交水稻	湘陵 628S×05YP16	浙江省农业科学院作物与核技术利用研究所、湖南亚华种业科学研究院
华风优 6086	浙审稻 2014005	籼型三系杂交水稻	巨风 A×华恢 6086	华中农业大学、宜昌市农业科学研究院
钱优 146	浙审稻 2014006	籼型三系杂交水稻	钱江 1 号 A×中恢 H146	江苏省大华种业集团有限公司
内 5 优 36	浙审稻 2014007	籼型三系杂交水稻	内香 5A×中恢 36	浙江勿忘农种业股份有限公司
钱优 16	浙审稻 2014008	籼型三系杂交水稻	钱江 3 号 A×浙恢 916	浙江省农业科学院作物与核技术利用研究所、福建六三种业有限责任公司
广两优 9388	浙审稻 2014009	籼型两系杂交水稻	广占 63S×中恢 9388	中国水稻研究所
甬优 1512	浙审稻 2014010	籼型三系杂交水稻	甬粳 15A（A15）×F7512	宁波市种子有限公司
深两优 884	浙审稻 2014011	籼型两系杂交水稻	深 08S×R5884	浙江勿忘农种业股份有限公司
甬优 1510	浙审稻 2014012	籼型三系杂交水稻	甬粳 15A（A15）×F7510	宁波市种子有限公司
钱优 911	浙审稻 2014013	籼型三系杂交水稻	钱江 1 号 A×浙恢 9111	浙江省农业科学院作物与核技术利用研究所、浙江勿忘农种业股份有限公司
浙优 13	浙审稻 2014014	粳型三系杂交水稻	浙 04A×浙恢 H813	浙江省农业科学院作物与核技术利用研究所
甬优 362	浙审稻 2014015	粳型三系杂交水稻	甬粳 5 号 A（A3）×F7562	宁波市种子有限公司
春优 149	浙审稻 2014016	粳型三系杂交水稻	春江 19A×CH149	中国水稻研究所、浙江农科种业有限公司
甬优 1540	浙审稻 2014017	三系杂交水稻	甬粳 15A（A15）×F7540	宁波市种子有限公司
绍粳 31	浙审稻 2014018	粳型常规水稻	嘉 03－23/R03－109	绍兴市农业科学研究院
闽标优 1095	闽审稻 2014001	籼型三系杂交水稻	闽标 1A×福恢 1095	福建省农业科学院水稻研究所、福建农林大学作物科学学院
民优 5338	闽审稻 2014002	籼型三系杂交水稻	民源 A×福恢 5338	福建省农业科学院水稻研究所
京福 8 优 77	闽审稻 2014003	籼型三系杂交水稻	京福 8A×明恢 77	福建省农业科学院水稻研究所、福建亚丰种业有限公司
全优 1093	闽审稻 2014004	籼型三系杂交水稻	全丰 A×福恢 1093	福建省农业科学院水稻研究所
福两优 2155	闽审稻 2014005	籼型两系杂交水稻	86315S×明恢 2155	福建旺穗种业有限公司

（续）

品种名称	审定编号	类型	品种来源	选育单位
M优2155	闽审稻2014006	籼型三系杂交水稻	M20A×明恢2155	福建农林大学作物科学学院、三明市农业科学研究院
夷优266（香丰优266）	闽审稻2014007	籼型三系杂交水稻	夷A（原名：香丰1A）×JR266（原名：早R266）	福建禾丰种业有限公司
赣优810	闽审稻2014008	籼型三系杂交水稻	赣香A×东南恢810	福建省农业科学院水稻研究所、江西省农业科学院水稻研究所
金谷优3301	闽审稻2014009	籼型三系杂交水稻	金谷A×闽恢3301	福建省农业科学院生物技术研究所、四川农大高科农业有限责任公司
广优673	闽审稻2014010	籼型三系杂交水稻	广抗13A×福恢673	中种集团福建农嘉种业股份有限公司、福建省农业科学院水稻研究所、三明市农业科学研究院
桐优039（泉9优039）	闽审稻2014011	籼型三系杂交水稻	桐A（原名：泉9A）×泉恢039	泉州市农业科学研究所、福建神农大丰种业科技有限公司
广两优676	闽审稻2014012	籼型两系杂交水稻	广占63-4S×福恢676	福建兴禾种业科技有限公司、福建省农业科学院水稻研究所
聚两优636（粤两优636）	闽审稻2014013	籼型三系杂交水稻	RGD-7S×福恢636	福建省农业科学院水稻研究所、广东省农业科学院水稻研究所
聚两优673（粤两优673）	闽审稻2014014	籼型两系杂交水稻	RGD-7S×福恢673	中种集团福建农嘉种业股份有限公司、福建省农业科学院水稻研究所、广东省农业科学院水稻研究所
花优218	闽审稻2014015	籼型三系杂交水稻	花2A×金恢218	福建农林大学作物科学学院
花2优315	闽审稻2014016	籼型三系杂交水稻	花2A×FR315	福建农林大学作物科学学院、福建亚丰种业有限公司
福龙两优29	闽审稻2014017	籼型两系杂交水稻	福龙S2×龙恢29	龙岩市农业科学研究所、中国种子集团有限公司三亚分公司
甬优17号（甬优412；G412）	闽审稻2014018	粳型三系杂交水稻	甬粳4号A×甬恢12（原号F8001）	浙江省宁波市农业科学研究院作物研究所、宁波市种子有限公司
钱优3301	闽审稻2014019	籼型三系杂交水稻	钱江1A×闽恢3301	福建省农业科学院生物技术研究所、浙江省农业科学院作物与核技术利用研究所
乐优3301	闽审稻2014020	籼型三系杂交水稻	乐丰A×闽恢3301	福建省农业科学院生物技术研究所、福建省农业科学院水稻研究所
谷优2736	闽审稻2014021	籼型三系杂交水稻	谷丰A×福恢2736	福建亚丰种业有限公司、福建省农业科学院水稻研究所

（续）

品种名称	审定编号	类型	品种来源	选育单位
M20A	闽审稻 2014022	籼型不育系	金 23A/（金 23B 抗病近等基因系 04AMA-88/金山 B-1 的抗病近等基因系 04AMA-49）	福建农林大学作物科学学院
祥 A（泉 7A）	闽审稻 2014023	籼型不育系	珍汕 97A/（V41B/闽泉 2 号//金 23B）	泉州市农业科学研究所
桐 A（泉 9A）	闽审稻 2014024	籼型不育系	珍汕 97A/（V41B/闽泉 2 号//金 23B），区试名：泉 9A	泉州市农业科学研究所
恒达 A	闽审稻 2014025	籼型不育系	珍汕 97A/（D62B/IR58025B//龙特甫 B）	福建省农业科学院水稻研究所
陵两优 915	赣审稻 2014001	杂交早稻	湘陵 628S×华 915	江西博大种业有限公司、湖南亚华种业科学研究院
五优 9833	赣审稻 2014002	杂交早稻	五丰 A×R9833	江西汇丰源种业有限公司、抚州市临川区绿江南农业新产品研究所
陆两优 35	赣审稻 2014003	杂交早稻	陆 18S×中早 35	中国水稻研究所、湖南亚华种业科学研究院、江西金山种业有限公司
五优 463	赣审稻 2014004	杂交早稻	五丰 A×TO463	江西汇丰源种业有限公司
五丰优 286	赣审稻 2014005	杂交早稻	五丰 A×中恢 286	江西现代种业股份有限公司、中国水稻研究所
69 优 02	赣审稻 2014006	杂交早稻	69A×R02	江西金山种业有限公司
C 两优 168	赣审稻 2014007	杂交一季稻	C815S×跃恢 168	江西省超级水稻研究发展中心、江西大众种业有限公司、南昌华天种业有限公司
广两优 1128	赣审稻 2014008	杂交一季稻	广占 63S×HR1128	江西博大种业有限公司
Y 两优 202	赣审稻 2014009	杂交一季稻	Y58S×R202	江西金山种业有限公司
农香优 676	赣审稻 2014010	杂交一季稻	农香 A×R673	江西天涯种业有限公司
湘优 100	赣审稻 2014011	杂交晚稻	湘丰 70A×07X-100	江西雅农科技实业有限公司

（续）

品种名称	审定编号	类型	品种来源	选育单位
永优 9380	赣审稻 2014012	杂交晚稻	永 6A×海恢 9380	江西兴农种业有限公司
吉优 225	赣审稻 2014013	杂交晚稻	吉丰 A×R225	江西省农业科学院水稻研究所、江西省超级水稻研究发展中心、广东省农业科学院水稻研究所
早丰优华占	赣审稻 2014014	杂交晚稻	早丰 A×华占	江西先农种业有限公司、中国水稻研究所、广东省农业科学院水稻研究所
中百优华占	赣审稻 2014015	杂交晚稻	中 100A×华占	江西大众种业有限公司、中国水稻研究所
五优 268	赣审稻 2014016	杂交晚稻	五丰 A×R268	江西金山种业有限公司
吉优 3 号	赣审稻 2014017	杂交晚稻	吉丰 A×绿恢 3 号	江西汇丰源种业有限公司、江西省超级水稻研究发展中心、广东省农业科学院水稻研究所
两优黄占	赣审稻 2014018	杂交晚稻	Y20S×黄占	江西众人种业有限责任公司
五优 1573	赣审稻 2014019	杂交晚稻	五丰 A×跃恢 1573	江西省超级水稻研究发展中心、江西汇丰源种业有限公司、广东省农业科学院水稻研究所
天优 827	赣审稻 2014020	杂交晚稻	天丰 A×R827	南昌市农业科学院粮油作物研究所、江西科为农作物研究所、广东省农业科学院水稻研究所
炳优华占	赣审稻 2014021	杂交晚稻	炳 1A×华占	江西先农种业有限公司、中国水稻研究所、湖南杂交水稻研究中心
益优华占	赣审稻 2014022	杂交晚稻	益丰 A×华占	江西大众种业有限公司、中国水稻研究所
深优 516	赣审稻 2014023	杂交晚稻	深 95A×R716	江西科源种业有限公司
五优 666	赣审稻 2014024	杂交晚稻	五丰 A×跃恢 666	江西金信种业有限公司、江西省超级水稻研究发展中心、广东省农业科学院水稻研究所
江早 361	赣审稻 2014026	常规早稻	嘉早 311/Z6340	南昌市农业科学院粮油作物研究所、江西科为农作物研究所
两优 48	赣审稻 2014027	杂交早稻	157S×T048	上饶市农业科学研究所
株两优 316	赣审稻 2014028	杂交早稻	株 1S×R316	上饶市农业科学研究所
株两优 538	赣审稻 2014029	杂交早稻	株 1S×科早 538	江西天涯种业有限公司、株洲市农业科学研究所

（续）

品种名称	审定编号	类型	品种来源	选育单位
株两优 101	赣审稻 2014030	杂交早稻	株 1S×EZ10-10	江西兴安种业有限公司
帮两优 9103	赣审稻 2014031	杂交早稻	帮 191S×R9103	江西兴农种业有限公司
五优 566	赣审稻 2014032	杂交早稻	五丰 A×R156	江西天涯种业有限公司
荣优 585	赣审稻 2014033	杂交早稻	荣丰 A×R585	江西天涯种业有限公司、江西现代种业股份有限公司、江西天稻粮安种业有限公司
陵两优 193	赣审稻 2014034	杂交早稻	湘陵 628S×J193	江西天涯种业有限公司、湖南亚华种业科学研究院
威优 822	赣审稻 2014035	杂交早稻	威 20A×R822	江西金山种业有限公司
早籼 616	皖稻 2014001	籼型常规水稻	嘉育 21/嘉早 12	马鞍山神农种业有限责任公司
早籼 009	皖稻 2014002	籼型常规水稻	（湘早籼 7 号/早籼 65）//浙 733	安徽省农业科学院水稻研究所
深两优 5183	皖稻 2014003	籼型两系杂交水稻	深 51S×R7183	深圳市兆农农业科技有限公司；湖南亚华种子有限公司
Ⅱ优 MR28	皖稻 2014004	籼型三系杂交水稻	Ⅱ-32A×MR28	宣城市农业科学研究所
徽两优 882	皖稻 2014005	籼型两系杂交水稻	1892S×YR082	安徽荃银高科种业股份有限公司；安徽省农业科学院水稻研究所
惠两优 369	皖稻 2014006	籼型两系杂交水稻	惠 34S×R369	武汉惠华三农种业有限公司
Ⅱ优 228	皖稻 2014007	籼型三系杂交水稻	Ⅱ-32A×R228	安徽省农业科学院水稻研究所
徽两优 630	皖稻 2014008	籼型两系杂交水稻	1892S×M630	安徽省农业科学院水稻研究所
开两优 17	皖稻 2014009	籼型两系杂交水稻	开 06S×淮恢 9817	淮南市种子公司
两优 432	皖稻 2014010	籼型两系杂交水稻	T432S×R0625	安徽徽商同创高科种业有限公司
两优 98816	皖稻 2014011	籼型两系杂交水稻	徽农 S×R816	合肥信达高科农业科学研究所
鑫两优 318	皖稻 2014012	籼型两系杂交水稻	蜀鑫 6S×鑫恢 318	合肥市蜀香种子有限公司
福两优 5 号	皖稻 2014013	籼型两系杂交水稻	福稻 19S×H66-5	安徽理想种业有限公司
两优 6816	皖稻 2014014	籼型两系杂交水稻	5306S×8F016	安徽省农业科学院水稻研究所

（续）

品种名称	审定编号	类型	品种来源	选育单位
广两优 76	皖稻 2014015	籼型两系杂交水稻	广占 63S×望恢 76	长沙市岳麓区希望农业研究所
Y两优 2 号	皖稻 2014016	籼型两系杂交水稻	Y58S×远恢 2 号	湖南杂交水稻研究中心
宣两优 2106	皖稻 2014017	籼型两系杂交水稻	宣 69S×R2106	湖南隆平种业有限公司
甬优 1109	皖稻 2014018	粳型三系杂交水稻	甬粳 11 号 A×F7509	宁波市种子有限公司
富粳 1 号	皖稻 2014019	粳型常规水稻	从晚粳 22中系统选育	安徽创富种业有限责任公司
禾糯四号	皖稻 2014020	粳型常规糯稻	99－25/盐糯二号	合肥市恋农农业科技研究所
宝旱 1 号	皖稻 2014021	籼型常规旱稻	沪旱 15 号变异株	合肥市丰宝农业科技服务有限公司
鑫两优 212	皖稻 2014022	籼型两系杂交旱稻	蜀鑫 1S×鑫恢 212	合肥市蜀香种子有限公司
永旱 1 号	皖稻 2014023	籼型常规旱稻	丰两优一号 F_2 早熟株/非洲野生稻	合肥市永乐水稻研究所
旱优 73	皖稻 2014024	籼型三系杂交旱稻	沪旱 7A×旱恢 3 号	上海市农业生物基因中心
旱稻 906	皖稻 2014025	籼型常规旱稻	（秋光/班利 1 号）//汕优 63	中国农业大学
广两优 6308	皖稻 2014026	籼型两系杂交水稻	广茉 S×中籼 6308	四川农大高科农业有限责任公司
矮两优 6 号	皖稻 2014027	籼型两系杂交水稻	矮占 43S×金香 6 号	安徽金山都农业发展有限公司
六两优 216	皖稻 2014028	籼型两系杂交水稻	6105S×K216	安徽绿亿种业有限公司
Ⅲ优 304	皖稻 2014029	粳型三系杂交水稻	2003A×XH04	安徽省农业科学院水稻研究所
两优早 17	湘审稻 2014001	两系杂交中熟早稻	9771S×中嘉早 17	湖南金健种业科技有限公司
潭原优 4903	湘审稻 2014002	三系杂交迟熟早稻	潭原 A×R4903	湘潭市原种场
炳优 98	湘审稻 2014003	三系杂交中熟中稻	炳 1A×泰恢 1298	四川泰隆农业科技有限公司、湖南杂交水稻研究中心
天龙 1 号	湘审稻 2014004	常规中熟中稻	籼小粘/特玻粘	湖南省天龙米业有限公司
Y两优 8188	湘审稻 2014005	两系杂交迟熟中稻	Y58S×奥 R8188	湖南奥谱隆科技股份有限公司、湖南杂交水稻研究中心

（续）

品种名称	审定编号	类型	品种来源	选育单位
Y 两优 828	湘审稻 2014006	两系杂交迟熟中稻	Y58S×R828	湖南大农种业科技有限公司、国家杂交水稻工程技术研究中心
Y 两优 1998	湘审稻 2014007	两系杂交迟熟中稻	Y58S×新恢 1998	湖南希望种业科技股份有限公司
深优 9595	湘审稻 2014008	三系杂交迟熟中稻	深 95A×R6295	袁隆平农业高科技股份有限公司
C 两优 386	湘审稻 2014009	两系杂交迟熟中稻	C815S×R386	湖南农业大学、湖南神农大丰种业科技有限责任公司
广两优 210	湘审稻 2014010	两系杂交迟熟中稻	广占 63－4S×怀恢 210	怀化市农业科学研究所、湖南永益农业科技发展有限公司
科两优 529	湘审稻 2014011	两系杂交迟熟中稻	科 S×湘恢 529	湖南科裕隆种业有限公司
C 两优 018	湘审稻 2014012	两系杂交一季晚稻	C815S×R018	湖南洞庭高科种业股份有限公司、岳阳市农业科学研究所、湖南农业大学
五优 369	湘审稻 2014013	三系杂交中熟晚稻	五丰 A×R369	湖南泰邦农业科技股份有限公司、广东省农科院水稻研究所
岳优 2115	湘审稻 2014014	三系杂交中熟晚稻	岳 4A×R2115	湖南桃花源种业有限责任公司、岳阳市农业科学研究所
早丰优华占	湘审稻 2014015	三系杂交中熟晚稻	早丰 A×华占	中国水稻研究所、广东省农业科学院水稻研究所、江西先农种业有限公司
深优 5105	湘审稻 2014016	三系杂交中熟晚稻	深 95A×华恢 1054	湖南亚华种业科学研究院
丰源优 2297	湘审稻 2014017	三系杂交中熟晚稻	丰源 A×R2297	袁隆平农业高科技股份有限公司
宜香优 618	湘审稻 2014018	三系杂交迟熟晚稻	宜香 1A×R618	湖南民生种业科技有限公司
华润 2 号	湘审稻 2014019	常规迟熟晚稻	黄华占/鄂中 5 号	湖北省农业科学研究院粮食作物研究所、湖南亚华种子有限公司
晚籼紫宝	湘审稻 2014020	常规中熟偏迟紫色晚糯稻	晚 205/97 紫	湖南省水稻研究所
五优华占	湘审稻 2014021	三系杂交迟熟偏早晚稻	五丰 A×华占	广东省农业科学院水稻研究所、中国水稻研究所、湖南金稻种业有限公司
隆科 638S	湘审稻 2014022	中籼型温敏两用核不育系	湘陵 628S×C815S	湖南亚华种业科学研究院
晶 4155S	湘审稻 2014023	中籼型温敏两用核不育系	湘陵 628S×Y58S	湖南亚华种业科学研究院
T91S	湘审稻 2014024	籼型光温敏不育系	Y58S/1103S	湖南师范大学生命科学学院
两优 27	鄂审稻 2014001	中熟偏迟籼型早稻品种	HD9802S×R27	湖北荆楚种业股份有限公司

（续）

品种名称	审定编号	类型	品种来源	选育单位
两优 3313	鄂审稻 2014002	迟熟籼型中稻品种	033S×R13	襄阳市农业科学院
荆两优 233	鄂审稻 2014003	迟熟籼型中稻品种	荆 118S×R233	湖北荆楚种业股份有限公司
绿稻 Q7	鄂审稻 2014004	迟熟籼型中稻品种	黄华占/Basmati - Superfine	湖北省种子集团有限公司
广两优 1128	鄂审稻 2014005	早熟籼型中稻品种	广占 63S×HR1128	袁隆平农业高科技股份有限公司、湖南杂交水稻研究中心
武香优华占	鄂审稻 2014006	中熟籼型中稻品种	武香 A×华占	武汉大学
川优 6203	鄂审稻 2014007	中熟籼型中稻品种	川 106A×成恢 3203	四川省农业科学院作物研究所
益优 988	鄂审稻 2014008	中熟籼型晚稻品种	益 51A×冈恢 988	中垦锦绣华农武汉科技有限公司、黄冈市农业科学院和湖北农益生物科技有限公司
湘优 69	鄂审稻 2014009	中熟籼型晚稻品种	湘丰 70A×R69	武汉武大天源生物科技股份有限公司
两优 0328	鄂审稻 2014010	中熟偏迟籼型晚稻品种	1103S×Q28	湖北省农业科学院粮食作物研究所
泰优 398	鄂审稻 2014011	早熟籼型晚稻品种	泰丰 A×广恢 398	广东省农业科学院水稻研究所
金优 957	鄂审稻 2014012	中熟偏迟籼型晚稻品种	金 23A×R957	湖北华之夏种子有限责任公司
益 51A	鄂审稻 2014013	野败型早籼不育系	金 23A×51B（嘉育 948/金 23B 后代的选系）	黄冈市农业科学院和湖北农益生物科技有限公司
蓉 18 优 609	川审稻 2014001	籼型三系杂交水稻	蓉 18A×蓉恢 609	仲衍种业股份有限公司、成都市农林科学院作物研究所
全优 357	川审稻 2014002	籼型三系杂交水稻	全丰 A×南恢 357	南充市农业科学院、福建省农业科学院水稻研究所
乐优 808	川审稻 2014003	籼型三系杂交水稻	乐丰 A×宝恢 808	四川喜望种业有限公司、成都华科农作物研究所
德优 4727	川审稻 2014004	籼型三系杂交水稻	德香 074A×成恢 727	四川省农业科学院水稻高粱研究所、四川省农业科学院作物研究所、中国种子集团有限公司
乐优 709	川审稻 2014005	籼型三系杂交水稻	乐丰 A×金恢 709	四川金苗农业科技有限公司、福建省农业科学院水稻研究所
川谷优 642	川审稻 2014006	籼型三系杂交水稻	川谷 A×泸恢 642	四川省农业科学院水稻高粱研究所、四川农业大学水稻研究所

（续）

品种名称	审定编号	类型	品种来源	选育单位
福伊优 188	川审稻 2014007	籼型三系杂交水稻	福伊 A×乐恢 188	四川省正奇农业开发有限责任公司、乐山市农业科学研究院、福建省农业科学院水稻研究所
内 5 优 979	川审稻 2014008	籼型三系杂交水稻	内香 5A×得恢 979	四川得月科技种业有限公司、内江杂交水稻科技开发中心
B 优 268	川审稻 2014009	籼型三系杂交水稻	B2A×西科恢 768	西南科技大学水稻研究所
乐优 5 号	川审稻 2014010	籼型三系杂交水稻	乐丰 A×金恢 5 号	泸州金土地种业有限公司、福建省农业科学院水稻研究所
旌优 727	川审稻 2014011	籼型三系杂交水稻	旌 2A×成恢 727	四川省农业科学院水稻高粱研究所、四川省农业科学院作物研究所
中 1 优 188	川审稻 2014012	籼型三系杂交水稻	中 1A×乐恢 188	四川华丰种业有限责任公司、中国水稻研究所、乐山市农业科学研究院
泸香优 177	川审稻 2014013	籼型三系杂交水稻	泸香 078A×成恢 177	四川省农业科学院水稻高粱研究所、四川省农业科学院作物研究所
广优 66	川审稻 2014014	籼型三系杂交水稻	广抗 13A×奎恢 66	绵阳市奎丰种业有限公司、三明市农业科学研究院
泸优 137	川审稻 2014015	籼型三系杂交水稻	泸 98A×蜀恢 137	四川农业大学水稻研究所、四川省农业科学院水稻高粱研究所、四川国垠天府种业有限责任公司
川作优 619	川审稻 2014016	籼型三系杂交水稻	川作 6A×成恢 19	四川省农业科学院作物研究所
泸香优 104	川审稻 2014017	籼型三系杂交水稻	泸香 618×川恢 104	四川省农业科学院生物技术核技术研究所、四川省农业科学院水稻高粱研究所、中国种子集团有限公司
赣香优 510	川审稻 2014018	籼型三系杂交水稻	赣香 A×东南恢 510	福建省农业科学院水稻研究所、江西省农业科学院水稻研究所、四川省瑞福祥种业有限公司
糯优 962	川审稻 2014019	籼型三系杂交糯稻	香糯 518A×糯恢 962	四川达丰种业科技种业有限责任公司、成都南方杂交水稻研究所
T 优 663	渝审稻 2014001	籼型三系杂交水稻	T98A×R663	重庆大爱种业有限公司
金冈优 181	渝审稻 2014002	籼型三系杂交水稻	金冈 35A×丰恢 181	重庆辉煌农业发展有限公司、丰都县丰睿农业科学研究所

（续）

品种名称	审定编号	类型	品种来源	选育单位
陵优 815	渝审稻 2014003	籼型三系杂交水稻	陵 1A×万恢 815	重庆三峡农业科学院、重庆市涪陵区农业科学研究所
赣优明占	渝审稻 2014004	籼型三系杂交水稻	赣香 A×双抗明占	三明市农业科学研究院、重庆市重农种业有限公司
万优 66	渝审稻 2014005	籼型三系杂交水稻	万 8A×万恢 66	重庆三峡农业科学院
繁优 709	渝审稻 2014006	籼型三系杂交水稻	繁源 A×帮恢 709	重庆帮豪种业有限责任公司、福建省农业科学院水稻研究所
T 优 023	渝审稻 2014007	籼型三系杂交水稻	T98A×R023	重庆大爱种业有限公司
热粳优 35	渝审稻 2014008	粳型三系杂交水稻	热粳 1A×粳恢 35	重庆中一种业有限公司
K 优 7463	桂审稻 2014001 号	籼型三系杂交水稻	K17A×R463 （R402/泸恢 17）	四川川种种业有限公司
奥两优 499	桂审稻 2014002 号	籼型两系杂交水稻	奥龙 1S×R499 （R152－3－49/ ZR02//R18）	湖南奥谱隆科技股份有限公司
奥富优 655	桂审稻 2014003 号	籼型三系杂交水稻	奥富 A×R655 （R48－2/ R160//R463）	湖南奥谱隆科技股份有限公司
孟两优 9118	桂审稻 2014004 号	籼型两系杂交水稻	孟 S×R9118 （金优 207F1/ 龙特甫 B）	广西绿田种业有限公司
安优 404	桂审稻 2014005 号	籼型三系杂交水稻	安丰 A×R404 （R402/C20－ 7－85）	湖南永益农业科技发展有限公司
安优 607	桂审稻 2014006 号	籼型三系杂交水稻	安丰 A×华恢 607 （R463×R160 （R463/R974））	湖南长沙市三华农业科技有限公司
Y 两优 9136	桂审稻 2014007 号	籼型两系杂交水稻	Y58S×R91136 （晚籼占/珍桂矮）	南宁市恒茂种业科学研究院、湖南杂交水稻研究中心、广西恒茂农业科技有限公司
泰两优 086	桂审稻 2014008 号	籼型两系杂交水稻	63－1S×泰 R1086 （R17/ R02428//明恢 63）	泸州泰丰种业有限公司
泸优 2155	桂审稻 2014009 号	籼型三系杂交水稻	泸香 618A×明恢 2155 （K59× 多系一号）	福建六三种业有限公司、福建三明市农业科学研究院
H 两优 1712	桂审稻 2014010 号	籼型两系杂交水稻	HD9802S×R1712 （桂农 07P5/ 鄂早 17）	广西兆和种业有限公司

（续）

品种名称	审定编号	类型	品种来源	选育单位
晶优 1067	桂审稻 2014011 号	籼型三系杂交水稻	晶 A×R1067（R838/IR30）	广西百香高科种业有限公司
德优 108	桂审稻 2014012 号	籼型三系杂交水稻	德山 A×洲恢 108（籼粳交后代 PH56/湘恢 299）	广西智友生物科技股份有限公司
兆两优 7213	桂审稻 2014013 号	籼型两系杂交水稻	272S×R13（蜀恢 527/02C-13）	福建农林大学作物科学学院、广西兆和种业有限公司
特优 918	桂审稻 2014014 号	籼型两系杂交水稻	龙特甫 A×R918（CR18×R98）	广西瀚林农业科技有限公司
软华优 128	桂审稻 2014015 号	籼型三系杂交水稻	G 软华 A×R128	华南农业大学农学院
旱优 113	桂审稻 2014016 号	籼型三系杂交旱稻	沪旱 11A×旱恢 3 号（旱恢 13 号/（6078/明恢 86）F₁）	上海市农业生物基因中心、上海天谷生物科技股份有限公司
群优 1256	桂审稻 2014017 号	籼型三系杂交水稻	群 A×金恢 1256（桂香占/桂 1025）	杨立坚
华两优 128	桂审稻 2014018 号	籼型两系杂交水稻	华 68S×R128	华南农业大学农学院
特优 831	桂审稻 2014019 号	籼型三系杂交水稻	龙特甫 A×桂 831（5B4/印度大穗稻）	广西农业科学院水稻研究所
龙丰优 1 号	桂审稻 2014020 号	籼型三系杂交水稻	龙丰 A×R838-1（从辐恢 838 长粒变异株系中选育而成）	广西农业科学院水稻研究所
兆丰优 9928	桂审稻 2014021 号	籼型三系杂交水稻	兆丰 A×R9928（桂 99/广恢 128//R273/广恢 998）	广西兆和种业有限公司
博优 N33	桂审稻 2014022 号	籼型三系杂交水稻	博 A×N33（辐恢 838/长尊）	广西恒茂农业科技有限公司、中国水稻研究所
永丰优 9802	桂审稻 2014023 号	籼型三系杂交水稻	永丰 A×粤恢 9802（广恢 998×BL122）	广东粤良种业有限公司

（续）

品种名称	审定编号	类型	品种来源	选育单位
兆丰优 8008	桂审稻 2014024 号	籼型三系杂交水稻	兆丰 A×R8008（广恢 128×R968/广恢 3550×广恢 998）	广西兆和种业有限公司
孟两优 907	桂审稻 2014025 号	籼型两系杂交水稻	孟 S×907R（从扬稻 6 号分离株选育而成）	广西绿田种业有限公司
犇优 317	桂审稻 2014026 号	籼型三系杂交水稻	犇 A×IR30（桂 99/IR30）	广西百香高科种业有限公司
群优 3550	桂审稻 2014027 号	籼型三系杂交水稻	群 A×广恢 3550	杨立坚
裕优 131	桂审稻 2014028 号	籼型三系杂交水稻	1013A×裕恢 3401（R128/R130）	广西麟丰种业有限公司、四川裕香种业有限责任公司
和两优 1 号	桂审稻 2014029 号	籼型两系杂交水稻	和 620S×丙 4114（扬稻 6 号/蜀恢 527）	广西恒茂农业科技有限公司
Y 两优 9683	桂审稻 2014030 号	籼型两系杂交水稻	Y58S×R9683（蜀恢 162/桂 33//多系 1 号）	广西万禾种业有限公司、国家杂交水稻工程技术研究中心
Y 两优 5806	桂审稻 2014031 号	籼型两系杂交水稻	Y58S×R5806（R9311/蜀恢 527）	姚剑、陈志伟
Y 两优 8866	桂审稻 2014032 号	籼型两系杂交水稻	Y58S×R8866（蜀恢 527×镇恢 084）	湖南奥谱隆科技股份有限公司
Y 两优 9038	桂审稻 2014033 号	籼型两系杂交水稻	Y58S×R9038（9311/R98）	广西瀚林农业科技有限公司
湘两优 2446	桂审稻 2014034 号	籼型两系杂交水稻	广湘 24S×F646（9311/广恢 12）	湖南年丰种业科技有限公司
中浙优 10 号	桂审稻 2014035 号	籼型三系杂交水稻	中浙 A×06 制 7-10（R17/H570//明恢 86）	中国水稻研究所、浙江勿忘农种业股份有限公司
中谷优 8 号	桂审稻 2014036 号	籼型三系杂交水稻	中谷 A×天美恢 8 号（中恢 161 繁殖田变异株）	浙江国稻高科技种业有限公司
宜优 168	桂审稻 2014037 号	籼型三系杂交水稻	宜香 1A/×瑞恢 68（乐恢 188/019）	广西皓凯生物科技有限公司、重庆瑞丰种业有限责任公司
耐德 606	桂审稻 2014038 号	籼型常规水稻	南宁紫米×玉香油占	柳州市农业科学研究所

（续）

品种名称	审定编号	类型	品种来源	选育单位
桂育 9 号	桂审稻 2014039 号	籼型常规水稻	黄华占× 力源占 1 号	广西农业科学院水稻研究所
中 3 优 1 号	桂审稻 2014040 号	籼型三系杂交水稻	中 3A×钟恢 1 号 （26 窄早/402）	广西壮族自治区种子公司
湘两优 2 号	桂审稻 2014041 号	籼型两系杂交水稻	广湘 24S× 远恢 2 号	湖南年丰种业科技有限公司
野香优 688	桂审稻 2014042 号	籼型三系杂交水稻	野香 A×R688， R688 源自"桂 99// 明恢 86/9311"	广西绿海种业有限公司
川香优 569	黔审稻 2014001 号	籼型三系杂交水稻	川香 29A×G569	贵州省水稻工程技术研究中心
川农优 894	黔审稻 2014002 号	籼型三系杂交水稻	川农 4A×R894	贵州省水稻工程技术研究中心、四川农业大学水稻研究所
Y 两优 585	黔审稻 2014003 号	籼型两系杂交水稻	Y58S×黔恢 085	贵州省水稻研究所、贵州省水稻工程技术研究中心、贵州卓豪农业科技有限公司
两优 6785	黔审稻 2014004 号	籼型两系杂交水稻	885S×黔恢 785	贵州省水稻工程技术研究中心、贵州筑农科种业有限公司
成优 1479	黔审稻 2014005 号	籼型三系杂交水稻	成丰 A×R1479	遵义市农业科学研究所、福建省农业科学院水稻研究所
内香优 6139	黔审稻 2014006 号	籼型三系杂交水稻	内香 6A×江恢 3139	江油市川江水稻研究所
宜香优 800	黔审稻 2014007 号	籼型三系杂交水稻	宜香 1A×祥恢 800	眉山市东坡区祥禾作物研究所、宜宾市农业科学院
冈香 199	黔审稻 2014008 号	籼型三系杂交水稻	冈香 1A×隆恢 99	四川嘉禾种子有限公司
金优 990	黔审稻 2014009 号	籼型三系杂交水稻	金 23A×安恢 990	安顺新金秋科技股份有限公司、安顺市农业科学院
民优 93	黔审稻 2014010 号	籼型三系杂交水稻	民源 A×黔恢 93	贵州省水稻工程技术研究中心、贵州省水稻研究所、福建省农业科学院水稻研究所
天龙优 1188	黔审稻 2014011 号	籼型三系杂交水稻	天龙 101A×R188	贵州百隆源种业有限公司、遵义市百隆源农业科学研究所
奇优 546	黔审稻 2014012 号	籼型三系杂交水稻	G98A×R546	贵州省水稻研究所、贵州省水稻工程技术研究中心
安优 5819	黔审稻 2014013 号	籼型三系杂交水稻	安丰 A×黔恢 5819	贵州省农作物品种资源研究所、中国水稻研究所、贵州省水稻研究所
安糯 2 号	黔审稻 2014014 号	籼型常规糯稻	红富糯/黑糯 860	安顺新金秋科技股份有限公司、安顺市农业科学院

（续）

品种名称	审定编号	类型	品种来源	选育单位
Q香优100	黔审稻2014015号	籼型三系杂交水稻	Q香1A×R100	贵州新中一种业股份有限公司
兆两优7213	滇审稻2014001号	籼型杂交水稻	272s×R13	福建农林大学作物科学学院、福建丰田种业有限公司、云南禾朴农业科技有限公司
广优1186	滇审稻2014002号	籼型杂交水稻	广抗13A×金恢1186	福建农林大学作物科学学院、三明市农业科学研究院、云南禾朴农业科技有限公司
花香优1618	滇审稻2014003号	籼型杂交水稻	花香A×川恢1618	四川省农业科学院生物技术核技术研究所
奥龙优282	滇审稻2014004号	籼型杂交水稻	奥龙1S×H282	湖南奥谱隆科技股份有限公司
宜香3728	滇审稻2014005号	籼型杂交水稻	宜香1A×绵恢3728	绵阳市农业科学研究院
内5优4号	滇审稻2014006号	籼型杂交水稻	内香5A×金恢4号	泸州金土地水稻研究所
明两优829	滇审稻2014007号	籼型杂交水稻	明香1OS×明恢829	福建省三明市农业科学研究所
内优5022	滇审稻2014008号	籼型杂交水稻	内香5A×绿022	云南绿晶种业有限公司
红稻10号	滇审稻2014009号	籼型常规水稻	红优1号/云恢290	红河哈尼族彝族自治州农业科学研究所
文稻11号	滇审稻2014010号	籼型常规水稻	文稻4号/红香软米	文山壮族苗族自治州农业科学院
文稻13号	滇审稻2014011号	籼型常规水稻	滇屯502/紫宝香	文山壮族苗族自治州农业科学院
临籼24号	滇审稻2014012号	籼型常规水稻	湘晚籼稻3号/中国香稻	临沧市农业科学研究所
滇昆优8号	滇审稻2014013号	粳型杂交水稻	K5A×S8	云南省滇型杂交水稻研究中心、昆明学院生命科学与技术系
文粳1号	滇审稻2014014号	粳型常规水稻	楚粳香1号/丽粳314	文山壮族苗族自治州农业科学院
丽粳14号	滇审稻2014015号	粳型常规水稻	靖粳03063/丽粳04—6	丽江市农业科学研究所
丽粳15号	滇审稻2014016号	粳型常规水稻	滇粳优14号/凤香稻2号	丽江市农业科学研究所
会粳16号	滇审稻2014017号	粳型常规水稻	J90－33/H26//会9203	会泽县农业技术推广中心
昆粳5号	滇审稻2014018号	粳型常规水稻	云粳12号/云粳16号	昆明市农业科学研究院、云南省农业科学院粮食作物研究所

品种名称	审定编号	类型	品种来源	选育单位
凤稻 29 号	滇审稻 2014019 号	粳型常规水稻	02-111/ 凤稻 20	大理白族自治州农业科学推广研究院
云粳 38 号	滇审稻 2014020 号	粳型常规水稻	云粳 17 号/ 云粳 16 号	云南省农业科学院粮食作物研究所
云粳 39 号	滇审稻 2014021 号	粳型常规水稻	合系 41/ 云粳 20 号	云南省农业科学院粮食作物研究所
云粳 35 号	滇审稻 2014022 号	粳型常规水稻	云粳优 5 号/ 合系 41 号	云南省农业科学院粮食作物研究所
陆育 3 号	滇审稻 2014023 号	粳型常规水稻	陆育一号/ 云粳香 1 号	陆良县农业技术推广中心
玉粳 17 号	滇审稻 2014024 号	粳型常规水稻	南 99-8/ 滇超 2 号	玉溪市农业科学院、玉溪市红塔区农业技术推广站、云南省农业科学院粮食作物研究所
塔粳 3 号	滇审稻 2014025 号	粳型常规水稻	云粳优 3 号//云粳优 3 号/云粳 4 号	玉溪市红塔区农业技术推广站
楚粳 37 号	滇审稻 2014026 号	粳型常规水稻	楚粳 26 号/ 滇系 12 号	楚雄州农业科学研究推广所
楚粳 38 号	滇审稻 2014027 号	粳型常规水稻	滇系 15 号/ 04 鉴 32	楚雄州农业科学研究推广所
楚粳 39 号	滇审稻 2014028 号	粳型常规水稻	楚粳 30 号/ 04 鉴 48	楚雄州农业科学研究推广所
靖粳 26 号	滇审稻 2014029 号	粳型常规水稻	银光/合靖 6 号//曲 7	曲靖市农业技术推广中心（农科院）水稻室
云陆 140	滇审稻 2014030 号	陆稻	滇粳优 1 号/ B6144F-MR-6 //滇粳优 1 号 ///滇粳优 1 号	云南省农业科学院粮食作物研究所、砚山县农业和科学技术局
文陆稻 26 号	滇审稻 2014031 号	陆稻	文陆稻 4 号/ 滇超 2 号	文山壮族苗族自治州农业科学院
景泰糯	滇特（版纳）审稻 2014001 号	中晚熟白糯稻	泰国糯/ "6×景"	西双版纳纳丰种业有限公司
版纳糯 18	滇特（版纳）审稻 2014002 号	常规中熟白糯稻	滇引 313 号/ 勐腊糯	西双版纳州农业科学研究所
农兴四号	滇特（版纳）审稻 2014003 号	常规选育品种	2000 型/ 滇瑞 456	西双版纳农兴科技有限责任公司
固丰占	粤审稻 2014001	籼型常规稻	合丰占×固银占	广东省农业科学院水稻研究所
华航 33 号	粤审稻 2014002	籼型常规稻	华航丝苗×H-33	华南农业大学国家植物航天育种工程技术研究中心

（续）

品种名称	审定编号	类型	品种来源	选育单位
禅特丰占	粤审稻 2014003	籼型常规稻	特籼占25/新软占//佛山油占×丰二占	佛山市农业科学研究所
五山丰占	粤审稻 2014004	籼型常规稻	五山华占×丰莉丝苗	广东省农业科学院水稻研究所
五山美占	粤审稻 2014005	籼型常规稻	美油占×五山丝苗	广东省农业科学院水稻研究所
广源占12号	粤审稻 2014006	籼型常规稻	五山丝苗×L45-3	广州市农业科学研究院
五优618	粤审稻 2014007	籼型三系杂交稻	五丰A×广恢618	广东省农业科学院水稻研究所等
吉优8号	粤审稻 2014008	籼型三系杂交稻	吉田A×R8	连山壮族瑶族自治县农业科学研究所
吉丰优208	粤审稻 2014009	籼型三系杂交稻	吉丰A×广恢208	广东省农业科学院水稻研究所等
恒丰优9802	粤审稻 2014010	籼型三系杂交稻	恒丰A×R9802	广东粤良种业有限公司
深优9528	粤审稻 2014011	籼型三系杂交稻	深95A×R6228	深圳市兆农农业科技有限公司等
深优9777	粤审稻 2014012	籼型三系杂交稻	深97A×油恢277	汕头市农业科学研究所等
安丰优3301	粤审稻 2014013	籼型三系杂交稻	安丰A×闽恢3301	广东省农业科学院水稻研究所等
深优9594	粤审稻 2014014	籼型三系杂交稻	深95A×R1394	深圳市兆农农业科技有限公司等
谷优428	粤审稻 2014015	籼型三系杂交稻	谷丰A×弘恢248	广东天弘种业有限公司等
中研优519	粤审稻 2014016	籼型三系杂交稻	中1A×泰519	广东源泰农业科技有限公司等
深95优华占	粤审稻 2014017	籼型两系杂交稻	深95A×华占	江西先农种业有限公司等
玉两优红宝	粤审稻 2014018	籼型两系杂交稻	玉S×银红宝	广东省农业科学院水稻研究所等
Y两优7号	粤审稻 2014019	籼型两系杂交稻	Y58S×R163	湖南杂交水稻研究中心
特优7116	粤审稻 2014020	籼型三系杂交稻	龙特浦A×R7116	紫金兆农两系杂交水稻研发中心
银丰优华占	粤审稻 2014021	籼型三系杂交稻	银丰A×华占	广东粤良种业有限公司等
玉晶软占	粤审稻 2014022	籼型常规水稻	玉晶占//黄莉占/粤广丝苗	广东省农业科学院水稻研究所

（续）

品种名称	审定编号	类型	品种来源	选育单位
黄秀丝苗	粤审稻 2014023	籼型常规水稻	丰莉丝苗/ 黄秀占	广东省农业科学院水稻研究所
桂晶丝苗	粤审稻 2014024	籼型常规水稻	粤晶丝苗2号/ 桂农占	广东省农业科学院水稻研究所
五山莉占	粤审稻 2014025	籼型常规水稻	五山丝苗/ 黄莉占	广东省农业科学院水稻研究所
粤禾丝苗	粤审稻 2014026	籼型常规水稻	粤农丝苗/ 粤银丝苗	广东省农业科学院水稻研究所
丰籼占	粤审稻 2014027	籼型常规水稻	粤早占/丰粤占	佛山市农业科学研究所
金航油占	粤审稻 2014028	籼型常规水稻	金航丝苗/ 玉香油占	国家植物航天育种工程技术研究中心（华南农业大学）
粤莉占	粤审稻 2014029	籼型常规水稻	粤银丝苗// 丰秀占/黄莉占	广东省农业科学院水稻研究所
安丰优3698	粤审稻 2014030	籼型三系杂交水稻	安丰A×广恢3698	广东省农业科学院水稻研究所、广东省金稻种业有限公司
广8优金占	粤审稻 2014031	籼型三系杂交水稻	广8A×金占	广东省金稻种业有限公司、广东省农业科学院水稻研究所
五优84	粤审稻 2014032	籼型三系杂交水稻	五丰A×C84	中国水稻研究所、广东省农业科学院水稻研究所
恒丰优华占（恒丰华占）	粤审稻 2014033	籼型三系杂交水稻	恒丰A×华占	广东粤良种业有限公司、中国水稻研究所
裕优9611	粤审稻 2014034	籼型三系杂交水稻	裕A×G9611	广州市金粤生物科技有限公司
吉丰优3301	粤审稻 2014035	籼型三系杂交水稻	吉丰A×闽恢3301	广东省农业科学院水稻研究所、福建省农业科学院生物技术研究所、广东省金稻种业有限公司
银丰优666	粤审稻 2014036	籼型三系杂交水稻	银丰A×粤恢666	广东粤良种业有限公司
深两优870	粤审稻 2014037	籼型两系杂交水稻	深08S×P5470	广东兆华种业有限公司、深圳市兆农农业科技有限公司
Y两优3088	粤审稻 2014038	籼型两系杂交水稻	Y58S×恢3088	广东海洋大学农学院、湖南杂交水稻研究中心、广东天弘种业有限公司
安丰优806	粤审稻 2014039	籼型三系杂交水稻	安丰A×广恢806	广东省农业科学院水稻研究所、广东省金稻种业有限公司
博优618	粤审稻 2014040	籼型三系杂交水稻	博A×广恢618	广东省农业科学院水稻研究所、广东省金稻种业有限公司
美优9802	粤审稻 2014041	籼型三系杂交水稻	美A×粤恢9802	广东省农业科学院植物保护研究所
博Ⅲ优9802	粤审稻 2014042	籼型三系杂交水稻	博ⅢA×粤恢9802	广东粤良种业有限公司

（续）

品种名称	审定编号	类型	品种来源	选育单位
丰田优9802	粤审稻2014043	籼型三系杂交水稻	丰田A×粤恢9802	广东粤良种业有限公司
宁优1179	粤审稻2014044	籼型三系杂交水稻	宁A×航恢1179	国家植物航天育种工程技术研究中心（华南农业大学）
万胜优1号	粤审稻2014045	籼型三系杂交水稻	万胜A×T恢1号	广东天弘种业有限公司
荣优华占	粤审稻2014046	籼型三系杂交水稻	荣丰A×华占	广东省农业科学院水稻研究所、中国水稻研究所、北京金色农华种业科技有限公司江西分公司
红丝苗	粤审稻2014047	籼型常规水稻	软红米/五山丝苗	广东省农业科学院水稻研究所
Y两优191	粤审稻2014048	籼型两系杂交水稻	Y58S×航恢191	国家植物航天育种工程技术研究中心（华南农业大学）
博Ⅱ优华占	琼审稻2014001	籼型三系杂交水稻	博Ⅱ-A×华占	中国水稻研究所 北京金色农华种业科技股份有限公司 海南海亚南繁种业有限公司
博Ⅱ优5128	琼审稻2014002	籼型三系杂交水稻	博Ⅱ-A×琼恢5128	海南广陵高科实业有限公司 中国科学院遗传与发育生物学研究所 海南省农科院粮作所
星火优206	琼审稻2014003	籼型三系杂交水稻	星火A×R201	海南天道种业有限公司、韦明军
陵两优182	琼审稻2014004	籼型两系杂交水稻	湘陵628S×华恢182	湖南亚华种业科学研究院 海南广陵高科实业有限公司
中浙2优58	琼审稻2014005	籼型三系杂交水稻	中浙2A×F58	福建金山都发展有限公司
龙两优1303	琼审稻2014006	籼型两系杂交水稻	龙S×中种恢1303	中国种子集团有限公司三亚分公司 湖南农业大学
金福A	琼审稻2014007	籼型不育系	永6A×金福B	萍乡市农业科学研究所 三亚金稻谷南繁种业有限公司
正67S	琼审稻2014008	籼型不育系	培矮64S/粤香占//秀水47/培矮64S	四川省嘉陵农作物品种研究中心
北方稻区				
东富102	黑审稻2014001	粳型常规稻	东农419/东农2128	东北农业大学、齐齐哈尔市富尔农艺有限公司
松粳20	黑审稻2014002	粳型常规稻	松98-131/松804	黑龙江省农业科学院五常水稻研究所
龙稻19	黑审稻2014003	粳型常规稻	牡96-1/上育397	黑龙江省农业科学院耕作栽培研究所

（续）

品种名称	审定编号	类型	品种来源	选育单位
龙稻 17	黑审稻 2014004	粳型常规稻	哈 04 - 308/ 莎莎妮	黑龙江省农业科学院耕作栽培研究所
龙稻 18	黑审稻 2014005	粳型常规稻	东农 423/ 龙稻 3 号	黑龙江省农业科学院耕作栽培研究所
哈粳稻 1 号	黑审稻 2014006	粳型常规稻	"春承"系选	哈尔滨市农业科学院
东富 103	黑审稻 2014007	粳型常规稻	东农 424/ 垦 99004	东北农业大学、齐齐哈尔市富尔农艺有限公司
绥粳 17	黑审稻 2014008	粳型常规稻	越光/绥 02 - 1032	黑龙江省农业科学院绥化分院、黑龙江省龙科种业集团有限公司
龙粳 42	黑审稻 2014009	粳型常规稻	空育 131/龙盾 20 - 240	黑龙江省农业科学院佳木斯水稻研究所、黑龙江省龙科种业集团有限公司
绥粳 16	黑审稻 2014010	粳型常规稻	上育 418/龙粳 10	黑龙江省农业科学院绥化分院
兴盛 1 号	黑审稻 2014011	粳型常规稻	绥粳 3/垦稻 11	黑龙江省兴盛种业有限公司
龙粳 43	黑审稻 2014012	粳型常规稻	龙交 02 - 192/ 龙花 00 - 233	黑龙江省农业科学院佳木斯水稻研究所、黑龙江省龙科种业集团有限公司
龙桦 1 号	黑审稻 2014013	粳型常规稻	五优稻 1/绥粳 3 号	黑龙江田友种业有限公司
龙庆稻 4 号	黑审稻 2014014	粳型常规稻	东农 424/空育 131	庆安县北方绿洲稻作研究所
明科 1 号	黑审稻 2014015	粳型常规稻	明科 92 - 16 - 1/ 明科 96 - 3 - 16	桦川县明科种业有限公司
绿珠 3 号	黑审稻 2014016	粳型常规稻	五优稻 4 号/ 松粳 9 号	五常市绿珠水稻原种场
哈粳稻 2 号	黑审稻 2014017	粳型常规稻	"五优 A"系选	哈尔滨市农业科学院
苗稻 2 号	黑审稻 2014018	粳型常规稻	绥粳 4 号/特 82	黑龙江省苗氏种业有限责任公司
金禾 2 号	黑审稻 2014019	粳型常规稻	合江 19/ 金禾香 0126	绥化市金禾种子有限公司
绥稻 3 号	黑审稻 2014020	粳型常规稻	绥粳 4 号/垦稻 10	绥化市盛昌种子繁育有限责任公司
绥粳 18	黑审稻 2014021	粳型常规稻	绥粳 4 号/绥粳 3 号	黑龙江省龙科种业集团有限公司
北稻 6 号	黑审稻 2014022	粳型常规稻	上育 397/垦稻 10// 绥粳 4 号	黑龙江省北方稻作研究所
龙粳 44	黑审稻 2014023	粳型常规稻	龙糯 98 - 425/ 龙粳 16	黑龙江省龙科种业集团有限公司

（续）

品种名称	审定编号	类型	品种来源	选育单位
绥粳 15	黑审稻 2014024	粳型常规稻	绥粳 4 号/垦稻 12	黑龙江省龙科种业集团有限公司
绥稻 4 号	黑审稻 2014025	粳型常规稻	绥粳 4 号/龙粳 12	绥化市盛昌种子繁育有限责任公司
宏科 57	吉审稻 2014001		辉选 98 - 8/ 吉粳 88 号	辉南县宏科水稻科研中心
吉粳 113	吉审稻 2014002	粳型常规稻	吉丰 20 为受体，碱 茅草叶片总 DNN 为供体，创造遗 传变异	吉林省农业科学院
庆林 518	吉审稻 2014003	粳型常规稻	吉粳 88/通 313// 九稻 44	吉林市丰优农业研究所
吉粳 301	吉审稻 2014004	粳型常规稻	长白 15/长白 16	吉林吉农水稻高新科技发展有限责任 公司、吉林省农业科学院
延粳 28	吉审稻 2014005	粳型常规稻	吉玉粳/延 316	延边朝鲜族自治州农业科学院
九稻 75	吉审稻 2014006	粳型常规稻	九稻 47 号/通粳 611	吉林市农业科学院
德禹 317	吉审稻 2014007	粳型杂交稻	九 - 333A×松 93 - 8	吉林德禹种业有限责任公司
旭粳 8	吉审稻 2014008	粳型常规稻	吉粳 88/吉 89 - 45//丰选 3 号	吉林东丰东旭农业有限公司
松峰 899	吉审稻 2014009	粳型常规稻	秋田 63 号/松粳 5	吉林市松丰农业研究所
通科 29	吉审稻 2014010	粳型常规稻	通 2000 - 1652/ 通 98 - 59	通化市农业科学研究院
吉农大 888	吉审稻 2014011	粳型常规稻	吉农大 3 号/ 外引系 8892	吉林农业大学
通育 263	吉审稻 2014012	粳型常规稻	通育 120/珍富 10	通化市农业科学研究院
吉粳 513	吉审稻 2014013	粳型常规稻	02F6 - 155/ 丰优 301	吉林省农业科学院
绿达 9320	吉审稻 2014014	粳型常规稻	九稻 41 号/ 众禾一号	吉林市绿达农业技术发展有限公司
中亚粳稻 5	吉审稻 2014015	粳型常规稻	珍珠粳/D96// 松 98131	公主岭市中亚水稻种子繁育有限公司
通系 939	吉审稻 2014016	粳型常规稻	通 8583 - 3/ 秋田 32	通化市农业科学研究院
延粳 27	吉审稻 2014017	粳型常规稻	超产 3 号//一品稻/ 延粳 21	延边朝鲜族自治州农业科学院

（续）

品种名称	审定编号	类型	品种来源	选育单位
吉洋 1	吉审稻 2014018	粳型常规稻	通院 11 号/ yy2001 - 1	梅河口吉洋种业有限责任公司、吉林省吉阳农业科学研究院
吉宏 6	吉审稻 2014019	粳型常规稻	吉玉粳/九引一号	吉林市宏业种子有限公司
通禾 816	吉审稻 2014020	粳型常规稻	通院 6 号/ 01 - 125	通化市农业科学研究院
吉大 898	吉审稻 2014021	粳型常规稻	通育 211/通 95 - 74 //金浪 301	吉林大学植物科学学院
旭粳 6	吉审稻 2014022	粳型常规稻	丰选二号/农大 3 号	吉林东丰东旭农业有限公司
佳稻 428	吉审稻 2014023	粳型常规稻	九稻 41/九引一号	吉林省佳信种业有限公司
吉农大 815	吉审稻 2014024	粳型常规稻	吉农大 13 号/ 辽粳 207	吉林农业大学
吉优 3985	吉审稻 2014025	粳型杂交稻	639A×吉粳 85	吉林省农业科学院
通禾 899	吉审稻 2014026	粳型常规稻	Y_{348}//01 - 125/ 通禾 830	通化市农业科学研究院
铁粳 13	辽审稻 2014001	中早熟品种	96135/铁 8992	铁岭市农业科学院
辽粳 399	辽审稻 2014002	中熟品种	辽河 5 号/沈农 9741	辽宁省水稻研究所
铁粳 14	辽审稻 2014003	中熟品种	盐丰 47/辽 248	铁岭市农业科学院
晟豪稻 1 号	辽审稻 2014004	中熟品种	盐丰 47/秋光	刘晓飞
北粳 1 号	辽审稻 2014005	中熟品种	沈农 265/ S9741//通 135	沈阳农业大学
沈星稻 2 号	辽审稻 2014006	中熟品种	盐粳 68/辽粳 454	沈阳市北星水稻研究所
美锋稻 669	辽审稻 2014007	中熟品种	辽 21/T116	辽宁东亚种业有限公司
乾贵粳 1 号	辽审稻 2014008	中晚熟品种	辽盐 166/盐丰 47	辽阳市太子河区祥禾农业科学研究所
辽粳 401	辽审稻 2014009	中晚熟品种	辽河 5/盐粳 68	辽宁省水稻研究所
辽 73 优 62	辽审稻 2014010	中晚熟品种	辽 73A×C62	辽宁省水稻研究所
盐粳 927	辽审稻 2014011	中晚熟品种	盐粳 188 航天诱变	辽宁省盐碱地利用研究所

（续）

品种名称	审定编号	类型	品种来源	选育单位
盐粳糯 66	辽审稻 2014012	中晚熟品种	盐丰 47/H1024	辽宁省盐碱地利用研究所
东研稻 11	辽审稻 2014013	晚熟品种	港源 8 号/辽星一号	东港市示范繁殖农场
丹粳优 1 号	辽审稻 2014014	晚熟品种	丹粳 4A×丹恢 1 号	丹东农业科学院稻作研究所水稻试验站
粳优 106	辽审稻 2014015	晚熟品种	粳 139A×C2106	辽宁省水稻研究所
辽 16 优 06	辽审稻 2014016	晚熟品种	辽 5216A×C2106	辽宁省水稻研究所
宁粳 47 号	宁审稻 2014001	粳型常规水稻	五优稻一号/吉粳 101	吉林省农业科学院水稻研究所
津原黑 1 号	津审稻 2013001	常规黑粳稻	龙锦 1 号/津原 45	天津市原种场
皖垦津清	津审稻 2013002	常规粳稻	武运 2330/香繁 103	天津市农作物研究所、安徽皖垦种业股份有限公司
垦育 60	冀审稻 2014001 号	粳型常规水稻	盐丰 47/垦育 8 号	河北省农林科学院滨海农业研究所
津原 53	冀审稻 2014002 号	粳型常规水稻	盐丰 47/津原 45	天津市原种场
育粳 1 号	冀审稻 2014003 号	粳型常规水稻	辽粳 207/辽粳 454	辽宁熙园种业科技有限公司
鲲旱 70	冀审稻 2014004 号	粳型常规水稻	爪哇稻//旱稻 297/镇稻 88	河北鲲鹏种业有限公司
郑稻 20	豫审稻 2014001	粳型常规水稻	郑稻 18 号/徐稻 5 号	河南省农业科学院粮食作物研究所
长粳 6 号	豫审稻 2014002	粳型常规水稻	镇变 2 号/原 96168	河南省长河种业有限公司
宛粳 096	豫审稻 2014003	粳型常规水稻	宛粳 28/花育 446	南阳市农业科学院
获稻 008	豫审稻 2014004	粳型常规水稻	五粳 008/豫粳 6 号	新乡市卫滨区科丰种植农民专业合作社
五粳 519	豫审稻 2014005	粳型常规水稻	新粮 501/镇稻 88	新乡市新粮水稻研究所
Y 两优 551	豫审稻 2014006	籼型两系杂交水稻	Y58S×利恢 551	长沙利诚种业有限公司
Y 两优 66	豫审稻 2014007	籼型两系杂交水稻	Y58s×R66	信阳市浉河区申丰种子批发站、信阳华信种业科技有限公司
冈优 7954	豫审稻 2014008	籼型三系杂交水稻	冈 46A×浙恢 7954	浙江农科种业有限公司、四川华丰种业有限责任公司

（续）

品种名称	审定编号	类型	品种来源	选育单位
冈优 218	豫审稻 2014009	籼型三系杂交水稻	冈 46A×ZR218	四川省正奇农业开发有限责任公司
Y 两优 77	豫审稻 2014010	籼型两系杂交水稻	Y58S×D1177	罗山县农科种业有限公司
广两优 916	豫审稻 2014011	籼型两系杂交水稻	广占 63－4s× 香丰 916	信阳市农业科学院、河南省籼稻工程技术研究中心
D 优 3138	豫审稻 2014012	籼型三系杂交水稻	D62A×R3138	信阳市农业科学院
晋稻 13 号	晋审稻 2014001	粳型常规水稻	开 9502/早轮 422	山西省农业科学院作物科学研究所
新稻 44 号（高丰 1 号）	新审稻 2014001	南北疆早中熟粳稻	A 稻 6 号/辽 19－1	新疆农业科学院核生所、新疆农业科学院温宿水稻试验站、新疆金丰源种业股份有限公司
新稻 45 号（核粳 1 号）	新审稻 2014002	南北疆早中熟粳稻	长白 17 号/ 秋田小町	新疆农业科学院核生所、新疆农业科学院温宿水稻试验站、新疆金丰源种业股份有限公司
新稻 46 号（伊选 4 号）	新审稻 2014003	南北疆早中熟粳稻	农林 315/24－3（伊粳 13 号）	伊犁哈萨克自治州农业科学研究所

附表 10　2014 年水稻新品种授权情况

授权日	品种权号	品种名称	品种权人	备注
2014－11－1	CNA20070624.X	光灿 1 号	张友光	
2014－11－1	CNA20070781.7	旱优 3 号	上海市农业生物基因中心	
2014－11－1	CNA20080089.2	淮糯 12 号	江苏徐淮地区淮阴农业科学研究所	
2014－11－1	CNA20080130.9	长白 19 号	吉林吉农水稻高新科技发展有限责任公司	
2014－11－1	CNA20080224.0	黔优 568	贵州省水稻研究所	
2014－11－1	CNA20080226.7	奇优 894	贵州省水稻研究所	
2014－11－1	CNA200780510.X	花优 14	上海市农业科学院	
2014－11－1	CNA20080693.9	东南 301	福建省农业科学院水稻研究所	
2014－11－1	CNA20080700.5	春江 47A	中国水稻研究所	
2014－11－1	CNA20080749.8	川农优 498	四川农业大学	
2014－11－1	CNA20080793.5	亮 A	广西瑞特种子有限责任公司	

（续）

授权日	品种权号	品种名称	品种权人	备注
2014 - 11 - 1	CNA20080794.3	发 A	广西瑞特种子有限责任公司	
2014 - 11 - 1	CNA20080826.5	株两优 268	湖南亚华种业科学研究院	
2014 - 11 - 1	CNA20080827.3	陵两优 268	湖南亚华种业科学研究院	
2014 - 11 - 1	CNA20080828.1	陆两优 819	湖南亚华种业科学研究院	
2014 - 11 - 1	CNA20080829.X	SV916A	湖南亚华种业科学研究院	
2014 - 11 - 1	CNA20080843.5	灵红 A	广西大学	
2014 - 11 - 1	CNA20090055.1	特优 816	广东田联种业有限公司	
2014 - 11 - 1	CNA20090074.8	Ⅱ优 52	安徽省农业科学院水稻研究所	
2014 - 11 - 1	CNA20090102.4	川香 8108	四川天宇种业有限责任公司	
2014 - 11 - 1	CNA20090216.7	生命之光	今井隆	
2014 - 11 - 1	CNA20090529.9	星 A	湛江神禾生物技术有限公司	
2014 - 11 - 1	CNA20090571.6	良丰 A	广西壮族自治区农业科学院水稻研究所	
2014 - 11 - 1	CNA20090572.5	竞优 A	广西壮族自治区农业科学院水稻研究所	
2014 - 11 - 1	CNA20090919.7	神恢 568	海南神农大丰种业科技股份有限公司	
2014 - 11 - 1	CNA20090920.4	R238	海南神农大丰种业科技股份有限公司	
2014 - 11 - 1	CNA20090921.3	玉 213	玉林市农业科学研究所	
2014 - 11 - 1	CNA20090928.6	常 01 - 11A	常熟市农业科学研究所	
2014 - 11 - 1	CNA20090951.6	湘陵 750S	湖南亚华种业科学研究院	
2014 - 11 - 1	CNA20090971.2	山农 601	山东农业大学	
2014 - 11 - 1	CNA20090986.5	豫农粳 6 号	河南农业大学	
2014 - 11 - 1	CNA20100078.1	D优 781	四川农业大学	

（续）

授权日	品种权号	品种名称	品种权人	备注
2014 - 11 - 1	CNA20100315.4	龙粳 29	黑龙江省农业科学院佳木斯水稻研究所	
2014 - 11 - 1	CNA20100427.9	旱糯 2 号	河北省农林科学院滨海农业研究所	
2014 - 11 - 1	CNA20100510.7	盐 582S	江苏沿海地区农业科学研究所	
2014 - 11 - 1	CNA20100547.4	华恢 8166	华南农业大学	
2014 - 11 - 1	CNA20100731.0	凯 A	广西桂穗种业有限公司	
2014 - 11 - 1	CNA20100811.3	建优 795	广东源泰农业科技有限公司	
2014 - 11 - 1	CNA20100830.0	建优 115	广东源泰农业科技有限公司	
2014 - 11 - 1	CNA20101175.1	陵两优 472	袁隆平农业高科技股份有限公司	
2014 - 11 - 1	CNA20101176.0	陵两优 611	袁隆平农业高科技股份有限公司	
2014 - 11 - 1	CNA20101177.9	陵两优 32	袁隆平农业高科技股份有限公司	
2014 - 9 - 1	CNA20070745.0	千重浪 2 号	沈阳农业大学	
2014 - 9 - 1	CNA20080133.3	垦育 88	河北省农林科学院滨海农业研究所	
2014 - 9 - 1	CNA20080134.1	垦稻 2016	河北省农林科学院滨海农业研究所	
2014 - 9 - 1	CNA20080252.6	吉粳 110	吉林吉农水稻高新技术发展有限公司	
2014 - 9 - 1	CNA20080253.4	吉粳 505	吉林吉农水稻高新技术发展有限公司	
2014 - 9 - 1	CNA20080254.2	吉粳 506	吉林吉农水稻高新技术发展有限公司	
2014 - 9 - 1	CNA20080255.0	吉粳 802	吉林吉农水稻高新技术发展有限公司	
2014 - 9 - 1	CNA20080256.9	吉粳 804	吉林吉农水稻高新技术发展有限公司	
2014 - 9 - 1	CNA20080257.7	长白 18 号	吉林吉农水稻高新技术发展有限公司	
2014 - 9 - 1	CNA20080376.X	五优稻 4 号	五常市利元种子有限公司	
2014 - 9 - 1	CNA20090091.7	宜香 4245	宜宾市农业科学院	

（续）

授权日	品种权号	品种名称	品种权人	备注
2014-9-1	CNA20090092.6	宜恢 4245	宜宾市农业科学院	
2014-9-1	CNA20090111.3	北 0706	黑龙江省北方稻作研究所	
2014-9-1	CNA20090112.2	北 0717	黑龙江省北方稻作研究所	
2014-9-1	CNA20090587.8	Q3A	重庆中一种业有限公司	
2014-9-1	CNA20090588.7	Q 优 8 号	重庆中一种业有限公司	
2014-9-1	CNA20100043.3	龙粳香 1 号	黑龙江省农业科学院佳木斯水稻研究所	
2014-9-1	CNA200100410.8	F 优 498	四川农业大学	
2014-9-1	CNA200100421.5	金农 2 优 3 号	福建农林大学	
2014-9-1	CNA20100441.1	镇稻 15 号	江苏丰源种业有限公司	
2014-9-1	CNA20100442.0	镇恢 832	江苏丘陵地区镇江农业科学研究所	
2014-9-1	CNA20100523.2	金农 3 优 3 号	福建农林大学	
2014-9-1	CNA20100735.6	龙粳 32	黑龙江省农业科学院佳木斯水稻研究所	
2014-9-1	CNA20100736.5	龙花 00485	黑龙江省农业科学院佳木斯水稻研究所	
2014-9-1	CNA20100737.4	龙粳 31	黑龙江省农业科学院佳木斯水稻研究所	
2014-9-1	CNA20100739.2	北 0888	黑龙江省北方稻作研究所	
2014-5-1	CNA20090538.8	金汇 A	上海交通大学	
2014-3-1	CNA20070018.9	粳恢 1 号	安徽省农业科学院水稻研究所	
2014-3-1	CNA20070518.0	两优 100	安徽省农业科学院水稻研究所	
2014-3-1	CNA20070519.9	广两优 100	安徽省农业科学院水稻研究所	

授权日	品种权号	品种名称	品种权人	备注
2014－3－1	CNA20070573.3	垦稻 18	黑龙江省农垦科学院	
2014－3－1	CNA20070679.9	粮粳 5 号	新疆农业科学院粮食作物研究所	
2014－3－1	CNA20070779.5	沪太 1 号	上海市农业生物基因中心	
2014－3－1	CNA20070780.9	旱优 2 号	上海市农业生物基因中心	
2014－3－1	CNA20080009.4	连粳 7 号	江苏徐淮地区连云港农业科学研究所	
2014－3－1	CNA20080010.8	连粳 2008	连云港市黄淮农作物育种研究所	
2014－3－1	CNA20080047.7	圣稻 105	山东省水稻研究所	
2014－3－1	CNA20080059.0	华占	中国水稻研究所	
2014－3－1	CNA20080076.0	博恢 202	博白县作物品种资源研究所	
2014－3－1	CNA20080077.9	太 A	博白县作物品种资源研究所	
2014－3－1	CNA20080078.7	宝农 34	上海市宝山区农业良种繁育场	
2014－3－1	CNA20080086.8	吉 eA	赣州市农业科学研究所	
2014－3－1	CNA20080088.4	淮稻 11 号	江苏徐淮地区淮阴农业科学研究所	
2014－3－1	CNA20080103.1	双抗明占	福建省三明市农业科学研究所广东省农业科学院植物保护研究所	
2014－3－1	CNA20080136.8	嘉恢 99	浙江省嘉兴市农业科学研究院（所）	
2014－3－1	CNA20080137.6	嘉优 99	浙江省嘉兴市农业科学研究院（所）福建纳科农作物育种研究所	
2014－3－1	CNA20080141.4	Ⅱ优 508	宿州市种子公司	
2014－3－1	CNA20080143.0	武运粳 19 号	常州市武进区农业科学研究所	
2014－3－1	CNA20080147.3	东农 427	东北农业大学	
2014－3－1	CNA20080162.7	东农 425	东北农业大学	

（续）

授权日	品种权号	品种名称	品种权人	备注
2014－3－1	CNA20080173.2	辐 R568	湖南隆科种业有限公司	
2014－3－1	CNA20080174.0	宁恢 268	湖南希望种业科技有限公司	
2014－3－1	CNA20080180.5	沪旱 15 号	上海市农业生物基因中心	
2014－3－1	CNA20080181.3	泸香 618A	四川省农业科学院水稻高粱研究所	
2014－3－1	CNA20080219.4	紫 A	贵州省水稻研究所	
2014－3－1	CNA20080221.6	黔恢 085	贵州省水稻研究所	
2014－3－1	CNA20080230.5	R894	贵州省水稻研究所	
2014－3－1	CNA20080231.3	R2190	贵州省水稻研究所	
2014－3－1	CNA20080232.1	R634	贵州省水稻研究所	
2014－3－1	CNA20080247.X	农香 18	湖南省水稻研究所	
2014－3－1	CNA20080248.8	农香 19	湖南省水稻研究所	
2014－3－1	CNA20080249.6	农香 21	湖南省水稻研究所	
2014－3－1	CNA20080258.8	越光 H4 号	本田技研工业株式会社	
2014－3－1	CNA20080259.3	越光籽 3 号	本田技研工业株式会社	
2014－3－1	CNA20080261.5	早籼恢 P433	衡阳市农业科学研究所	
2014－3－1	CNA20080265.8	槟榔红 A	广西象州黄氏水稻研究所	
2014－3－1	CNA20080273.9	科德 186A	广西菩提农业开发有限责任公司	
2014－3－1	CNA20080290.9	庐优 875	合肥市峰海标记水稻研究所	
2014－3－1	CNA20080298.4	吉粳 803	吉林省农业科学院	
2014－3－1	CNA20080333.6	科旱 1 号	中国科学院上海生命科学研究院植物生理生态研究所	
2014－3－1	CNA20080353.0	临稻 13 号	临沂市水稻研究所	
2014－3－1	CNA20080354.9	临稻 15 号	临沂市水稻研究所	
2014－3－1	CNA20080358.1	9311S	江苏徐淮地区连云港农业科学研究所	

（续）

授权日	品种权号	品种名称	品种权人	备注
2014 - 3 - 1	CNA20080393.X	金优 1398	福建省三明市农业科学研究所	
2014 - 3 - 1	CNA20080394.8	明恢 1398	福建省三明市农业科学研究所	
2014 - 3 - 1	CNA20080395.6	Ⅱ优 356	宁德市农业科学研究所	
2014 - 3 - 1	CNA20080396.4	福恢 673	福建省农业科学院水稻研究所	
2014 - 3 - 1	CNA20080425.1	泗稻 11 号	江苏省农业科学院宿迁农科所	
2014 - 3 - 1	CNA20080431.6	浙辐 111	浙江大学	
2014 - 3 - 1	CNA20080432.4	浙辐 02	浙江大学	
2014 - 3 - 1	CNA20080433.2	浙辐 JD3A	浙江大学	
2014 - 3 - 1	CNA20080434.0	浙辐 JD8A	浙江大学	
2014 - 3 - 1	CNA20080442.1	特优 969	福建兴禾种业科技有限公司	
2014 - 3 - 1	CNA20080447.2	神恢 328	海南神农大丰种业科技股份有限公司	
2014 - 3 - 1	CNA20080448.0	神恢 329	海南神农大丰种业科技股份有限公司	
2014 - 3 - 1	CNA20080473.1	H9815	湖南丰源种业有限责任公司	
2014 - 3 - 1	CNA20080495.2	绥粳 11	黑龙江省农业科学院绥化分院	
2014 - 3 - 1	CNA20080497.9	龙盾 01 - 249	黑龙江省天盈种子有限公司	
2014 - 3 - 1	CNA20080509.6	申 6A	上海市农业科学院	
2014 - 3 - 1	CNA20080517.7	华小黑 2 号	华南农业大学	
2014 - 3 - 1	CNA20080525.8	中 20A	中国水稻研究所	
2014 - 3 - 1	CNA20080560.6	淦恢 319	江西现代种业股份有限公司	
2014 - 3 - 1	CNA20080564.9	中 2A	中国水稻研究所	
2014 - 3 - 1	CNA20080565.7	中 3A	中国水稻研究所	
2014 - 3 - 1	CNA20080566.5	中 3 优 1681	中国水稻研究所	
2014 - 3 - 1	CNA20080567.3	中 3 优 810	中国水稻研究所	
2014 - 3 - 1	CNA20080614.9	扬育粳 1 号	江苏田源种业有限公司	

（续）

授权日	品种权号	品种名称	品种权人	备注
2014 - 3 - 1	CNA20080637.8	新稻 20 号	河南省新乡市农业科学院	
2014 - 3 - 1	CNA20080649.1	昌恢 T025	江西农业大学	
2014 - 3 - 1	CNA20080698.X	镇稻 6 号	江苏丘陵地区镇江农业科学研究所	
2014 - 3 - 1	CNA20080744.7	功米 3 号	云南省农业科学院	
2014 - 3 - 1	CNA20080783.8	松粳 15	黑龙江省农业科学院五常水稻研究所	
2014 - 3 - 1	CNA20080813.3	龙 S	湖南农业大学	
2014 - 3 - 1	CNA20080824.9	华恢 624	湖南亚华种业科学研究院	
2014 - 3 - 1	CNA20080825.7	华恢 564	湖南亚华种业科学研究院	
2014 - 3 - 1	CNA20090399.6	福龙 S2	福建省龙岩市农业科学研究所	
2014 - 3 - 1	CNA20090563.6	新科稻 21	河南省新乡市农业科学院	
2014 - 3 - 1	CNA20090700.0	跃丰 202 号	江西省农业科学院水稻研究所	
2014 - 3 - 1	CNA20090724.2	1023S	江苏省农业科学院	
2014 - 3 - 1	CNA20090725.1	徐稻 7 号	江苏徐淮地区徐州农业科学研究所	
2014 - 3 - 1	CNA20090727.9	中早 39	中国水稻研究所	
2014 - 3 - 1	CNA20090728.8	中早 35	中国水稻研究所	
2014 - 3 - 1	CNA20090773.2	广优明 118	福建省三明市农业科学研究所	
2014 - 3 - 1	CNA20090778.7	中协 A	中国水稻研究所	
2014 - 3 - 1	CNA20090795.6	宁 8006	江苏省农业科学院	
2014 - 3 - 1	CNA20090796.5	宁 7023	江苏省农业科学院	
2014 - 3 - 1	CNA20090797.4	宁 5069	江苏省农业科学院	
2014 - 3 - 1	CNA20090798.3	宁 5059	江苏省农业科学院	
2014 - 3 - 1	CNA20090803.6	Ⅱ优 3216	黄山市农业科学研究所	
2014 - 3 - 1	CNA20090820.5	Ⅱ优 986	刘文炳	
2014 - 3 - 1	CNA20090860.6	株两优 4026	湖南农业大学	
2014 - 3 - 1	CNA20090862.4	H 优 518	湖南农业大学	

（续）

授权日	品种权号	品种名称	品种权人	备注
2014 - 3 - 1	CNA20090864.2	C 两优 4488	湖南农业大学	
2014 - 3 - 1	CNA20090866.0	C 两优 755	湖南农业大学	
2014 - 3 - 1	CNA20090868.8	C 两优 513	湖南农业大学	
2014 - 3 - 1	CNA20090949.1	晶 4155S	湖南亚华种业科学研究院	
2014 - 3 - 1	CNA20090950.7	隆科 638S	湖南亚华种业科学研究院	
2014 - 3 - 1	CNA20090959.8	南粳 49	江苏省农业科学院	
2014 - 3 - 1	CNA20090960.5	南粳 51	江苏省农业科学院	
2014 - 3 - 1	CNA20090969.6	广两优 476	湖北省农业科学院粮食作物研究所	
2014 - 3 - 1	CNA20090970.3	R106	湖北省农业科学院粮食作物研究所	
2014 - 3 - 1	CNA20090991.8	甬优 12	宁波市农业科学研究院	
2014 - 3 - 1	CNA20090992.7	甬优 13	宁波市农业科学研究院	
2014 - 3 - 1	CNA20100473.2	科优 73	江汉大学	
2014 - 3 - 1	CNA20100474.1	R7723	江汉大学	
2014 - 1 - 1	CNA20070215.7	川农优 528	四川农业大学	
2014 - 1 - 1	CNA20070218.1	花香 A	四川省农业科学院生物技术核技术研究所	
2014 - 1 - 1	CNA20070219.X	花香 7 号	四川省农业科学院生物技术核技术研究所	
2014 - 1 - 1	CNA20070431.1	YR602	安徽荃银高科种业股份有限公司	
2014 - 1 - 1	CNA20070432.X	荃紫 S	安徽荃银高科种业股份有限公司	
2014 - 1 - 1	CNA20070433.8	YR1671	安徽荃银高科种业股份有限公司	
2014 - 1 - 1	CNA20070537.7	2E06	安徽省农业科学院绿色食品工程研究所	
2014 - 1 - 1	CNA20070539.3	绿 102S	安徽省农业科学院绿色食品工程研究所	

（续）

授权日	品种权号	品种名称	品种权人	备注
2014－1－1	CNA20080034.5	R163	湖南杂交水稻研究中心	
2014－1－1	CNA20080135.X	Y两优8号	湖南杂交水稻研究中心	
2014－1－1	CNA20080349.2	洲恢481	江西九洲种业有限公司	
2014－1－1	CNA20080414.6	准两优312	国家杂交水稻工程技术研究中心清华深圳龙岗研究所	
2014－1－1	CNA20080609.2	中香A	中国水稻研究所	
2014－1－1	CNA20080616.5	培两优8007	中国水稻研究所	
2014－1－1	CNA20080617.3	中9优8012	中国水稻研究所	
2014－1－1	CNA20080623.8	佳丰68s	湖北省农业科学院粮食作物研究所	
2014－1－1	CNA20080624.6	两优1528	湖北省农业科学院粮食作物研究所	
2014－1－1	CNA20080772.2	SI169	江苏焦点农业科技有限公司	
2014－1－1	CNA20080775.7	R2047	湖北省农业科学院粮食作物研究所	
2014－1－1	CNA20080792.7	迪A	广西瑞特种子有限责任公司	
2014－1－1	CNA20080812.5	金恢1186	福建农林大学	
2014－1－1	CNA20080814.1	黄丝占	广东省农科院水稻研究所	
2014－1－1	CNA20090003.4	津原E28	天津市原种场	
2014－1－1	CNA20090589.6	35s	湖北省农业科学院粮食作物研究所	
2014－1－1	CNA20090723.3	JD1516	江苏焦点农业科技有限公司	
2014－1－1	CNA20090911.5	炳1A	湖南杂交水稻研究中心	
2014－1－1	CNA20090956.1	内5优5399	内江杂交水稻科技开发中心	
2014－1－1	CNA20100408.2	蜀恢329	四川农业大学	
2014－3－1	CNA20080010.8	连粳2008	连云港市黄淮农作物育种研究所	2014年11月1日公告：品种权转让给连云港市农作物育种研究所有限公司
2014－3－1	CNA20080173.2	辐R568	湖南隆科种业有限公司	2014年11月1日公告：品种权转让给湖南省核农学与航天育种研究所

（续）

授权日	品种权号	品种名称	品种权人	备注
2010-9-1	CNA20070115.0	扬粳4038	江苏里下河地区农业科学研究所、江苏金土地种业有限公司	2014年9月1日公告：品种权转让给江苏金土地种业有限公司
2011-3-1	CNA20070116.9	扬两优412	江苏里下河地区农业科学研究所、江苏金土地种业有限公司	2014年9月1日公告：品种权转让给江苏金土地种业有限公司
2001-11-1	CNA20000006.3	鄂籼杂一号	湖北荆楚种业股份有限公司	2014年9月1日公告：于2013年9月1日品种权终止
2005-9-1	CNA20020094.1	裕恢336	眉山市裕丰种业有限责任公司	2014年9月1日公告：于2013年9月1日品种权终止
2005-11-1	CNA20020237.5	花1A	福建农林大学	2014年9月1日公告：于2013年11月1日品种权终止
2007-11-1	CNA20040117.3	I优4761	贵州省农业科学院水稻研究所	2014年9月1日公告：于2013年11月1日品种权终止
2007-11-1	CNA20040221.8	天A	陈超扬	2014年9月1日公告：于2013年11月1日品种权终止
2007-11-1	CNA20040222.6	先A	陈超扬	2014年9月1日公告：于2013年11月1日品种权终止
2005-11-1	CNA20040223.4	博III优273	王腾金、刘振卓、广西壮族自治区博白县农业科学研究所	2014年9月1日公告：于2013年11月1日品种权终止
2007-9-1	CNA20040274.9	D66A	四川农业大学	2014年9月1日公告：于2013年9月1日品种权终止
2007-9-1	CNA20040275.7	D68A	四川农业大学	2014年9月1日公告：于2013年9月1日品种权终止
2007-11-1	CNA20040315.X	D奇宝优527	刘文炳	2014年9月1日公告：于2013年11月1日品种权终止
2007-11-1	CNA20040339.7	博IIIA	广西壮族自治区博白县农业科学研究所、王腾金	2014年9月1日公告：于2013年11月1日品种权终止
2007-11-1	CNA20040406.7	R815	广西壮族自治区博白县农业科学研究所	2014年9月1日公告：于2013年11月1日品种权终止
2007-11-1	CNA20040485.7	D奇宝优1号	刘文炳	2014年9月1日公告：于2013年11月1日品种权终止
2007-11-1	CNA20040709.0	通系158	通化市农业科学研究院	2014年9月1日公告：于2013年11月1日品种权终止

（续）

授权日	品种权号	品种名称	品种权人	备注
2007－11－1	CNA20040710.4	通系820	通化市农业科学研究院	2014年9月1日公告：于2013年11月1日品种权终止
2007－11－1	CNA20040718.X	通丰8号	通化市农业科学研究院	2014年9月1日公告：于2013年11月1日品种权终止
2009－11－1	CNA20050944.6	R268	肇庆市农业科学研究院	2014年9月1日公告：于2013年11月1日品种权终止
2009－11－1	CNA20050945.4	R263	肇庆市农业科学研究院	2014年9月1日公告：于2013年11月1日品种权终止
2009－11－1	CNA20050946.2	R239	肇庆市农业科学研究院	2014年9月1日公告：于2013年11月1日品种权终止
2009－11－1	CNA20060003.6	测808	广西壮族自治区种子公司	2014年9月1日公告：于2013年11月1日品种权终止
2009－9－1	CNA20060040.0	长龙37	长沙长龙生物科技有限公司	2014年9月1日公告：于2013年9月1日品种权终止
2009－9－1	CNA20060079.6	淮稻10号	江苏徐淮地区淮阴农业科学研究所	2014年9月1日公告：于2013年11月1日品种权终止
2009－9－1	CNA20060121.0	29优559	江苏沿海地区农业科学研究所	2014年9月1日公告：于2013年9月1日品种权终止
2009－11－1	CNA20060131.8	新两优6380	南京农业大学	2014年9月1日公告：于2013年11月1日品种权终止
2010－9－1	CNA20060533.X	申优693	上海市农业科学院	2014年9月1日公告：于2013年9月1日品种权终止
2010－9－1	CNA20060534.8	申优8号	上海市农业科学院	2014年9月1日公告：于2013年9月1日品种权终止
2010－9－1	CNA20060579.8	特优399	湖南隆平种业有限公司	2014年9月1日公告：于2013年9月1日品种权终止
2010－9－1	CNA20060645.X	II优1308	江西先农种业有限公司	2014年9月1日公告：于2013年9月1日品种权终止
2010－9－1	CNA20060648.4	平粳6号	吉林省平安农业科学院	2014年9月1日公告：于2013年9月1日品种权终止
2010－9－1	CNA20060723.5	信丰A	罗敬昭	2014年9月1日公告：于2013年9月1日品种权终止
2010－9－1	CNA20060724.3	宝丰A	罗敬昭	2014年9月1日公告：于2013年9月1日品种权终止
2010－9－1	CNA20060735.9	测785	广西壮族自治区种子公司	2014年9月1日公告：于2013年9月1日品种权终止
2010－9－1	CNA20060736.7	测783	广西壮族自治区种子公司	2014年9月1日公告：于2013年9月1日品种权终止
2009－11－1	CNA20060751.0	培两优3.76	湖北省农业科学院粮食作物研究所	2014年9月1日公告：于2013年11月1日品种权终止

（续）

授权日	品种权号	品种名称	品种权人	备注
2010 - 9 - 1	CNA20060767.7	京福1优943	福建省农业科学院水稻研究所	2014年9月1日公告：于2013年9月1日品种权终止
2009 - 9 - 1	CNA20060798.7	龙交01B-1330	黑龙江省农业科学院水稻研究所	2014年9月1日公告：于2013年9月1日品种权终止
2009 - 11 - 1	CNA20060803.7	测359	广西大学	2014年9月1日公告：于2013年11月1日品种权终止
2009 - 11 - 1	CNA20060807.X	II优431	安徽徽商同创高科种业有限公司	2014年9月1日公告：于2013年11月1日品种权终止
2010 - 9 - 1	CNA20060862.3	玉279	玉林市农业科学研究所	2014年9月1日公告：于2013年9月1日品种权终止
2010 - 9 - 1	CNA20070022.7	圣稻519	山东省水稻研究所	2014年9月1日公告：于2013年9月1日品种权终止
2010 - 9 - 1	CNA2007050.2	C815S-34	湖南农业大学	2014年9月1日公告：于2013年9月1日品种权终止
2010 - 9 - 1	CNA20070241.6	龙花00-290	黑龙江省农业科学院水稻研究所	2014年9月1日公告：于2013年9月1日品种权终止
2010 - 9 - 1	CNA20070392.7	W006	湖南农业大学	2014年9月1日公告：于2013年9月1日品种权终止
2010 - 9 - 1	CNA20070659.4	W1721	湖南农业大学	2014年9月1日公告：于2013年9月1日品种权终止
2010 - 9 - 1	CNA20070209.7	W008	湖南农业大学	2014年9月1日公告：于2013年9月1日品种权终止
2010 - 9 - 1	CNA20070210.0	W010	湖南农业大学	2014年9月1日公告：于2013年9月1日品种权终止
2008 - 1 - 1	CNA20040541.1	绵香1A	绵阳市农业科学所、四川国豪种业有限公司	2014年7月1日公告：品种权人变更为绵阳市农业科学院、四川国豪种业有限公司
2008 - 1 - 1	CNA20040542.X	绵香2A	绵阳市农业科学所、四川国豪种业有限公司	2014年7月1日公告：品种权人变更为绵阳市农业科学院、四川国豪种业有限公司
2007 - 11 - 1	CNA20040545.4	绵恢9912	绵阳市农业科学所、四川国豪种业有限公司	2014年7月1日公告：品种权人变更为绵阳市农业科学院、四川国豪种业有限公司
2007 - 11 - 1	CNA20040546.2	绵恢9937	绵阳市农业科学所、四川国豪种业有限公司	2014年7月1日公告：品种权人变更为绵阳市农业科学院、四川国豪种业有限公司
2014 - 1 - 1	CNA20070537.7	2E06	安徽省农业科学院绿色食品工程研究所	2014年7月1日公告：品种权人变更为安徽省农业科学研究院水稻研究所

（续）

授权日	品种权号	品种名称	品种权人	备注
2014 - 1 - 1	CNA20070539.3	绿 102S	安徽省农业科学院绿色食品工程研究所	2014 年 7 月 1 日公告：品种权人变更为安徽省农业科学研究院水稻研究所
2005 - 7 - 1	CNA20010093.9	D069	乐山市川农种子开发有限公司、四川省原子核应用技术研究所	2014 年 5 月 1 日公告：于 2014 年 1 月 1 日品种权终止
2003 - 5 - 1	CNA20020001.1	3 优 18	天津市丰美种业科技开发有限公司	2014 年 5 月 1 日公告：于 2013 年 11 月 1 日品种权终止
2007 - 7 - 1	CNA20030037.7	萍恢 752	萍乡市农业科学研究所、海南神农大丰种业科技股份有限公司	2014 年 5 月 1 日公告：于 2014 年 1 月 1 日品种权终止
2007 - 7 - 1	CNA20030095.4	皖恢 7058	安徽省农业科学院水稻研究所	2014 年 5 月 1 日公告：于 2014 年 1 月 1 日品种权终止
2006 - 7 - 1	CNA20030178.0	863A	江苏省农业科学院	2014 年 5 月 1 日公告：于 2014 年 1 月 1 日品种权终止
2006 - 5 - 1	CNA20030286.8	安两优青占	吴桂生、刘名镇、鄢祖林、徐小红	2014 年 5 月 1 日公告：于 2013 年 11 月 1 日品种权终止
2006 - 5 - 1	CNA2000318.X	先农 1 号	江西先农种业有限公司	2014 年 5 月 1 日公告：于 2013 年 11 月 1 日品种权终止
2006 - 7 - 1	CNA2000328.7	玉 266	玉林市农业科学研究所	2014 年 5 月 1 日公告：于 2014 年 1 月 1 日品种权终止
2007 - 5 - 1	CNA20030426.7	川 7 优 89	绵阳市农业科学所、四川国豪种业有限公司	2014 年 5 月 1 日公告：于 2013 年 11 月 1 日品种权终止
2006 - 5 - 1	CNA2000435.6	R120	江西农业大学	2014 年 5 月 1 日公告：于 2013 年 11 月 1 日品种权终止
2007 - 5 - 1	CNA2000447.X	II 优 1577	宜宾市农业科学研究所	2014 年 5 月 1 日公告：于 2013 年 11 月 1 日品种权终止
2006 - 5 - 1	CNA2000481.X	M103S	华中农业大学	2014 年 5 月 1 日公告：于 2013 年 11 月 1 日品种权终止
2007 - 7 - 1	CNA2000007.X	徐稻 4 号	江苏徐淮地区徐州农业科学研究所	2014 年 5 月 1 日公告：于 2014 年 1 月 1 日品种权终止
2007 - 7 - 1	CNA2000029.0	玉 A	玉林市农业科学研究所	2014 年 5 月 1 日公告：于 2014 年 1 月 1 日品种权终止
2007 - 7 - 1	CNA2000291.9	京福 2A	福建超大现代种业有限公司	2014 年 5 月 1 日公告：于 2014 年 1 月 1 日品种权终止
2007 - 5 - 1	CNA2000468.7	宁恢 158	江苏省农业科学院	2014 年 5 月 1 日公告：于 2013 年 11 月 1 日品种权终止

（续）

授权日	品种权号	品种名称	品种权人	备注
2007－7－1	CNA2000473.3	粤优 997	襄樊市农业科学院	2014 年 5 月 1 日公告：于 2014 年 1 月 1 日品种权终止
2008－7－1	CNA2000523.3	金山 s－1	福建农林大学	2014 年 5 月 1 日公告：于 2014 年 1 月 1 日品种权终止
2008－7－1	CNA2000525.X	金山 A－2	福建农林大学	2014 年 5 月 1 日公告：于 2014 年 1 月 1 日品种权终止
2008－5－1	CNA2000720.1	两优 277	湖北省农科院作物育种栽培研究所	2014 年 5 月 1 日公告：于 2013 年 11 月 1 日品种权终止
2008－5－1	CNA2000154.2	玉香 88	湖南隆平种业有限公司	2014 年 5 月 1 日公告：于 2013 年 11 月 1 日品种权终止
2008－7－1	CNA2000305.7	II 优 550	信阳市农业科学研究所	2014 年 5 月 1 日公告：于 2014 年 1 月 1 日品种权终止
2009－7－1	CNA2000332.4	中优 117	湖南金健种业有限责任公司、常德市农业科学研究所	2014 年 5 月 1 日公告：于 2014 年 1 月 1 日品种权终止
2009－7－1	CNA2000333.2	金健 7 号	湖南金健种业有限责任公司、常德市农业科学研究所	2014 年 5 月 1 日公告：于 2014 年 1 月 1 日品种权终止
2009－7－1	CNA2000334.0	金优 540	湖南金健种业有限责任公司、常德市农业科学研究所	2014 年 5 月 1 日公告：于 2014 年 1 月 1 日品种权终止
2009－7－1	CNA20060365.5	新丰 2 号	河南丰源种子有限公司	2014 年 5 月 1 日公告：于 2014 年 1 月 1 日品种权终止
2009－7－1	CNA20060567.4	华优 18	贵州油研种业有限公司	2014 年 5 月 1 日公告：于 2014 年 1 月 1 日品种权终止
2009－7－1	CNA20060835.5	嘉恢 30	浙江省嘉兴市农业科学研究院（所）、福州纳科农作物育种研究所	2014 年 5 月 1 日公告：于 2014 年 1 月 1 日品种权终止
2009－7－1	CNA20060836.3	嘉 60A	浙江省嘉兴市农业科学研究院（所）、福州纳科农作物育种研究所	2014 年 5 月 1 日公告：于 2014 年 1 月 1 日品种权终止
2011－7－1	CNA20070229.7	F302	长沙长龙生物科技有限公司	2014 年 5 月 1 日公告：于 2014 年 1 月 1 日品种权终止
2011－7－1	CNA20070223.0	Q555	长沙长龙生物科技有限公司	2014 年 5 月 1 日公告：于 2014 年 1 月 1 日品种权终止
2011－7－1	CNA20070401.X	W 两优 3418	湖北省农业科学院粮食作物研究所	2014 年 5 月 1 日公告：于 2014 年 1 月 1 日品种权终止
2012－5－1	CNA20070620.9	新丰 05198	河南丰源种子有限公司	2014 年 5 月 1 日公告：于 2013 年 11 月 1 日品种权终止

（续）

授权日	品种权号	品种名称	品种权人	备注
2012-5-1	CNA20070680.2	粮粳杂1号	新疆农业科学院粮食作物研究所	2014年5月1日公告：于2013年11月1日品种权终止
2012-5-1	CNA20070799.X	滇杂40	云南农业大学	2014年5月1日公告：于2013年11月1日品种权终止
2012-5-1	CNA20080021.3	龙育05-158	黑龙江省农业科学院水稻研究所	2014年5月1日公告：于2013年11月1日品种权终止
2012-5-1	CNA20080701.3	春优948	中国水稻研究所	2014年5月1日公告：于2013年11月1日品种权终止
2003-3-1	CNA20000106.X	K22A	四川省农业科学院、四川省农业科学院水稻高粱研究所	2014年1月1日公告：于2013年3月1日品种权终止
2003-3-1	CNA20010222.2	GD-1S	广东省农业科学院水稻研究所	2014年1月1日公告：于2013年3月1日品种权终止
2006-3-1	CNA20020096.8	红莲优6号	武汉大学	2014年1月1日公告：于2013年3月1日品种权终止
2006-3-1	CNA20030445.3	II优87	湖北荆楚种业股份有限公司	2014年1月1日公告：于2013年3月1日品种权终止
2006-3-1	CNA20030503.4	测315	广西大学	2014年1月1日公告：于2013年3月1日品种权终止
2009-3-1	CNA20050317.0	三香优714	湖南丰源种业有限责任公司	2014年1月1日公告：于2013年3月1日品种权终止
2009-3-1	CNA20050487.9	盛恢567	四川盛裕种业有限公司	2014年1月1日公告：于2013年3月1日品种权终止
2010-3-1	CNA20060067.2	R6-163	湖南泰邦农业科技发展有限公司	2014年1月1日公告：于2013年3月1日品种权终止
2010-3-1	CNA20060358.2	测288	广西壮族自治区种子公司	2014年1月1日公告：于2013年3月1日品种权终止
2010-3-1	CNA20060379.5	测358	广西大学	2014年1月1日公告：于2013年3月1日品种权终止
2010-3-1	CNA20060380.9	测26	广西大学	2014年1月1日公告：于2013年3月1日品种权终止
2010-3-1	CNA20060774.X	楚恢16号	楚雄彝族自治州农业科学研究推广所	2014年1月1日公告：于2013年3月1日品种权终止
2010-3-1	CNA20060831.2	C023S	湖南农业大学	2014年1月1日公告：于2013年3月1日品种权终止
2011-3-1	CNA20070048.0	C两优87	湖南农业大学	2014年1月1日公告：于2013年3月1日品种权终止
2011-3-1	CNA20070315.3	珠光	新疆农业科学院核技术生物技术研究所	2014年1月1日公告：于2013年3月1日品种权终止

注：来源于《农业植物新品种保护公报》（2014年）